"十四五"职业教育国家规划教材

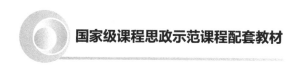
国家级课程思政示范课程配套教材

植物组织培养

ZHIWU ZUZHI PEIYANG

第二版

黄晓梅　主编

·北京·

内 容 简 介

《植物组织培养》(第二版)包括概述和十一个项目(植物组织培养室的设计、建造及管理,培养基的配制及灭菌,无菌操作技术,试管苗的驯化移栽,植物脱毒技术,花卉快速繁殖技术,蔬菜快速繁殖技术,果树快速繁殖技术,树木快速繁殖技术,药用植物快速繁殖技术,组培苗工厂化生产的经营与管理)。学生通过学习,可以独立完成组培室的设计与预算工作,组培苗的快速繁殖及脱毒,能够开发新的培养基配方,完成组培苗的推广与销售工作。本教材贯彻党的二十大精神,落实立德树人根本任务,传承农耕文化,挖掘课程思政元素、配备关键技术操作视频(以二维码形式呈现),方便读者加深知识理解与实践操作。

本教材可供高职高专院校园艺、园林、设施农业、生物技术及应用、农学等专业学生使用,也可作为从事组织培养苗木生产的企业员工培训用书,还可供从事植物组织培养的技术人员、研究人员和经营管理者参考使用。

图书在版编目(CIP)数据

植物组织培养/黄晓梅主编. —2版.—北京：
化学工业出版社,2018.9(2025.2重印)
"十三五"职业教育规划教材
ISBN 978-7-122-32494-8

Ⅰ.①植⋯ Ⅱ.①黄⋯ Ⅲ.①植物-组织培养-职业教育-教材 Ⅳ.①Q943.1

中国版本图书馆CIP数据核字(2018)第136538号

责任编辑：章梦婕　李植峰　迟　蕾　　　　　　装帧设计：刘丽华
责任校对：王　静

出版发行：化学工业出版社(北京市东城区青年湖南街13号　邮政编码100011)
印　　装：北京建宏印刷有限公司
787mm×1092mm　1/16　印张11¾　字数286千字　2025年2月北京第2版第12次印刷

购书咨询：010-64518888　　　　　　　　　　　售后服务：010-64518899
网　　址：http://www.cip.com.cn
凡购买本书,如有缺损质量问题,本社销售中心负责调换。

定　价：32.00元　　　　　　　　　　　　　　　　　　　　版权所有　违者必究

《植物组织培养》(第二版) 编审人员

主　　编　黄晓梅

副 主 编　蔡　金　张　爽　张　瑜　李春艳

编写人员　(按照姓名汉语拼音排列)

　　　　　蔡　金（黑龙江农业工程职业学院）

　　　　　黄晓梅（黑龙江农业工程职业学院）

　　　　　姜玉东（北京市海淀区植物组织培养技术实验室）

　　　　　李春艳（辽宁农业职业技术学院）

　　　　　李小艳（山西林业职业技术学院）

　　　　　刘慧芹（和田职业技术学院）

　　　　　刘继伟（北京农业职业学院）

　　　　　吕　爽（黑龙江农业工程职业学院）

　　　　　孙红瑞（黑龙江迪坦生物科技有限公司）

　　　　　张　爽（黑龙江农业职业技术学院）

　　　　　张艳丽（郑州职业技术学院）

　　　　　张　瑜（黑龙江农业职业技术学院）

主　　审　陈秀玲（东北农业大学）

前　言

随着社会的不断进步和发展，植物组织培养已渗透到生物学科的各个领域，成为生物工程技术中的一个重要组成部分。为植物快繁、植物脱毒、种质保存以及基因库建立等方面开辟了新途径。它广泛应用于农业、林业、工业和医药业，成为当今生物科学中的重点领域之一，尤其是快繁技术和无毒苗培育技术，在现代农业发展中发挥着重要作用。

本教材为校企双元合作开发的项目化融媒体教材，全面贯彻党的二十大精神，落实立德树人根本任务，深化生态文明教育，不断推进教材改革，深入挖掘课程思政元素，建设了一系列课程思政资源。

本教材按照组培苗的生产、经营、管理过程为导向，重新序化了教学内容，构建了完整的学习过程即完整的生产过程，实现了知识体系的重构。教材实现"岗课赛证"融通，学习内容和职业技能等级证书紧密相结合，利于提高学生的综合应用能力，培养学生的可持续发展能力。

本教材包括概述和十一个项目：概述、项目一、项目二，由张瑜、刘继伟、孙红瑞编写；项目三，由张爽、刘慧芹编写；项目四，由黄晓梅编写；项目五，由张爽、李小艳编写；项目六至项目十，由黄晓梅、姜玉东、张艳丽编写；项目十一，由吕爽、李春艳编写。书中关键技术配有操作视频，与"课程思政资源"一同以二维码形式呈现，可扫码观看了解。视频部分由黄晓梅、张瑜、张爽完成，"课程思政资源"由蔡金和黄晓梅完成。教材同步配套国家级精品在线开放课，并同时入选国家职业教育和国家高等教育2个智慧教育平台。

本书由黄晓梅统稿，陈秀玲审稿。通过对本教材的学习，学生可以独立完成组培室的设计与预算工作、组培苗的快繁及脱毒，能够开发新的培养基配方、完成组培苗的推广与销售工作，同时考取职业技能等级证书。

由于编者水平有限，书中难免会有疏漏及不当之处，恳请专家和读者给予批评指正。

编　者

目　录

概述 …………………………………………… 1
　一、植物组织培养的基本概念 ………… 1
　二、植物组织培养的发展简史与研究
　　　动态 ………………………………… 2
　三、植物组织培养的理论基础 ………… 7
　四、植物组织培养的途径和类型 ……… 8
　五、植物组织培养的意义 ……………… 9

项目一　植物组织培养室的设计、建造
　　　　　及管理 ……………………………… 11
　必备知识 ………………………………… 11
　　一、实验室的设计原则与总体要求 … 11
　　二、实验室的基本组成 ……………… 12
　　三、主要用具及仪器设备 …………… 15
　　四、实验室的管理 …………………… 18
　课后作业 ………………………………… 19
　工作任务 ………………………………… 19
　　任务　植物组织培养实验室规划设计
　　　　　与预算 ………………………… 19

项目二　培养基的配制及灭菌 ……………… 22
　必备知识 ………………………………… 22
　　一、培养基的主要成分 ……………… 22
　　二、培养基的 pH 值 ………………… 27
　　三、常用培养基的种类、配方及特点 … 27
　　四、培养基配方试验设计与筛选 …… 29
　　五、培养基的配制和保存 …………… 30
　课后作业 ………………………………… 32
　工作任务 ………………………………… 32
　　任务 1　MS 培养基母液的配制与保存 … 32
　　任务 2　常用激素母液的配制与保存 … 33
　　任务 3　MS 固体培养基的配制与灭菌 … 34
　　任务 4　培养基配方的设计 ………… 35

项目三　无菌操作技术 ……………………… 37
　必备知识 ………………………………… 37
　　一、外植体的选择 …………………… 37
　　二、外植体的处理与消毒 …………… 38
　　三、外植体接种 ……………………… 39
　　四、外植体培养 ……………………… 39
　课后作业 ………………………………… 77

　工作任务 ………………………………… 78
　　任务 1　初代培养 …………………… 78
　　　子任务 1-1　离体根的初代培养 … 78
　　　子任务 1-2　马铃薯茎尖初代培养 … 79
　　　子任务 1-3　茎段初代培养 ……… 81
　　　子任务 1-4　离体叶的培养 ……… 82
　　　子任务 1-5　胚初代培养 ………… 83
　　　子任务 1-6　花药初代培养 ……… 84
　　任务 2　继代培养 …………………… 86
　　　子任务 2-1　愈伤组织继代培养 … 86
　　　子任务 2-2　瓶苗继代培养 ……… 86
　　任务 3　生根培养 …………………… 87

项目四　试管苗的驯化移栽 ………………… 90
　必备知识 ………………………………… 90
　　一、试管苗的特点 …………………… 90
　　二、试管苗驯化移栽的目的 ………… 90
　　三、驯化移栽的设施与设备 ………… 91
　　四、驯化移栽 ………………………… 93
　课后作业 ………………………………… 95
　工作任务 ………………………………… 96
　　任务　试管苗的驯化移栽 …………… 96

项目五　植物脱毒技术 ……………………… 98
　必备知识 ………………………………… 98
　　一、植物病毒概述 …………………… 98
　　二、植物脱毒的意义及应用前景 … 105
　　三、植物脱毒的途径及机制 ……… 105
　　四、植物脱毒技术流程 …………… 107
　　五、植物脱毒苗的鉴定 …………… 109
　　六、脱毒苗的快速繁殖及保存 …… 113
　课后作业 ……………………………… 114
　工作任务 ……………………………… 114
　　任务 1　植物茎头脱毒 …………… 114
　　任务 2　植物花药脱毒 …………… 116

项目六　花卉快速繁殖技术 ……………… 119
　任务 1　蝴蝶兰的组培与快速繁殖 … 119
　任务 2　菊花的组织培养 …………… 120
　任务 3　非洲菊的组培快速繁殖 …… 121
　任务 4　大花蕙兰的组培快速繁殖 … 122

任务5　卡特兰的组培快速繁殖 …………… 123
　任务6　文心兰的组培快速繁殖 …………… 124
　任务7　君子兰的组培快速繁殖 …………… 126
　任务8　花叶芋的组培快速繁殖 …………… 127
　任务9　矮牵牛的组培快速繁殖 …………… 128
　任务10　彩叶草的组培快速繁殖 ………… 129
　任务11　百合的组培快速繁殖 …………… 129
　任务12　观赏凤梨的组培快速繁殖 ……… 130
　任务13　香石竹的组培快速繁殖 ………… 132
　任务14　红掌的组培快速繁殖 …………… 132
　任务15　玫瑰的组培快速繁殖 …………… 133
　任务16　大岩桐的组培快速繁殖 ………… 134
　任务17　杜鹃花的组培快速繁殖 ………… 135
　任务18　彩色马蹄莲的组培快速繁殖 …… 136
　任务19　鸟巢蕨的组培快速繁殖 ………… 137
　任务20　一品红的组培快速繁殖 ………… 138

项目七　蔬菜快速繁殖技术 …………………… 140
　任务1　马铃薯的组培快速繁殖 …………… 140
　任务2　大蒜的组培快速繁殖 ……………… 141
　任务3　分蘖洋葱的组培快速繁殖 ………… 141

项目八　果树快速繁殖技术 …………………… 143
　任务1　软枣猕猴桃的组培快速繁殖 ……… 143
　任务2　蓝莓的组培快速繁殖 ……………… 144
　任务3　树莓的组培快速繁殖 ……………… 145
　任务4　蓝靛果的组培快速繁殖 …………… 146
　任务5　草莓的组培快速繁殖 ……………… 147
　任务6　葡萄的组培快速繁殖 ……………… 148

项目九　树木快速繁殖技术 …………………… 150
　任务1　平榛的组培快速繁殖 ……………… 150

　任务2　毛白杨树的组培快速繁殖 ………… 151
　任务3　香樟的组培快速繁殖 ……………… 152

项目十　药用植物快速繁殖技术 ……………… 154
　任务1　东北红豆杉的组培快速繁殖 ……… 154
　任务2　芦荟的组培快速繁殖 ……………… 155
　任务3　驱蚊草的组培快速繁殖 …………… 156
　任务4　灯盏花的组培快速繁殖 …………… 157
　任务5　刺五加的组培快速繁殖 …………… 157
　任务6　半夏的组培快速繁殖 ……………… 158
　任务7　罗汉果的组培快速繁殖 …………… 159
　任务8　甘草的组培快速繁殖 ……………… 160
　任务9　桔梗的组培快速繁殖 ……………… 161
　任务10　黄芩的组培快速繁殖 …………… 162
　任务11　牛蒡的组培快速繁殖 …………… 163

项目十一　组培苗工厂化生产的经营
　　　　　与管理 …………………………… 165
　必备知识 ……………………………………… 165
　　一、组培苗商品化工厂规划与设计 ……… 165
　　二、植物组织培养工厂化生产设施及
　　　　设备 ……………………………………… 165
　　三、工厂化生产规模与生产计划制订 …… 169
　　四、成本核算与效益分析 ………………… 174
　　五、降低成本提高效益的措施 …………… 175
　课后作业 ……………………………………… 176
　工作任务 ……………………………………… 176
　任务1　组培苗工厂化生产厂房设计 ……… 176
　任务2　组培苗工厂化生产计划的制订与
　　　　　成本核算 …………………………… 177

参考文献 ………………………………………… 179

概　述

知识目标：掌握植物组织培养的基本概念、理论基础、途径和类型、植物组织培养的意义以及植物组织培养实验室的管理任务。

重点难点：植物组织培养的类型和途径。

植物组织培养是现代生物技术的基础和重要组成部分，也是植物生物技术中应用最广泛的技术，并且逐渐形成产业化，为种苗快速繁殖（简称"快繁"）、脱毒苗培育、突变筛选培育、植物工厂化生产、种质保存和植物基因库建立等方面开辟了新途径，并广泛应用于工、农、林、医等领域，取得了显著的成效。

一、植物组织培养的基本概念

1. 植物组织培养

广义的植物组织培养就是指在无菌条件下，将离体的植物器官（如根、茎、叶、茎尖、花、果等）、组织（如形成层、表皮、皮层、髓部细胞、胚乳等）、细胞（如大孢子、小孢子及体细胞）、愈伤组织及原生质体，在人工控制的环境里培养，使其再生形成完整的植株。狭义的植物组织培养是指在无菌条件下利用人工培养基对植物组织或器官进行培养，使其再生为完整植株。组织培养也称离体培养。

2. 外植体

从植物体上切取分离下来进行无菌培养的部分称外植体。

3. 接种

在无菌条件下将外植体插到培养基上的过程称为接种。

4. 继代培养

植物的组织、器官或细胞在培养基（或培养液）上生长一段时间后转移到新的培养基上继续培养的过程称为继代培养。

5. 植物细胞的分化

所谓细胞分化，就是由于细胞的分工而导致的细胞结构和功能的改变，或发育方式改变的过程。

6. 植物细胞的脱分化

细胞分化使植物细胞成为结构和功能特征特异的成熟细胞，这些成熟细胞即使已经高度成熟和分化，也还有恢复到分生状态的能力。一个成熟细胞转变为分生组织状态或胚性细胞状态的过程就是细胞脱分化。

7. 愈伤组织

在人工培养基上，由外植体长出来的一团无序生长的薄壁细胞是脱分化后的细胞，经过细胞分裂产生的无组织结构、无明显极性、松散的细胞团称为愈伤组织。愈伤组织细胞大而不规则，高度液泡化，没有次生细胞壁和胞间连丝。

8. 植物细胞的再分化

细胞再分化是指脱分化后的分生细胞（愈伤组织）在特定的条件（离体培养）下，重新恢复细胞分化能力，并经历器官发生形成单极性的芽或根，或经历胚胎发生形成双极性的胚状体，进一步发育成完整植物体，这一过程称为细胞再分化。

9. 植物细胞的全能性

植物细胞的全能性是指植物体内任何具有完整细胞核的细胞都包含着该物种的全部遗传信息（即一套完整的基因组），并具有发育成完整植株的能力。

10. 脱毒

脱毒指去除植物体内病毒，获得无病毒植株。茎尖脱毒法，是利用病毒在植株体内分布不平衡的特点，在茎尖生长点处切取 0.1~0.2mm，经组织培养、病毒鉴定，生产脱病毒植株的方法。

二、植物组织培养的发展简史与研究动态

（一）植物组织培养的发展简史

植物组织培养的研究可以追溯到 20 世纪初期，根据其发展情况，大体可分为以下三个阶段。

1. 萌芽阶段（从 20 世纪初至 30 年代中）

根据 Schleiden 和 Schwann 的细胞学说，1902 年德国植物生理学家 Haberlandt 提出了细胞全能性理论，认为在适当的条件下，离体的植物细胞具有不断分裂和繁殖并发育成完整植株的潜在能力。为了证实这一观点，他在 Knop 培养液中离体培养野芝麻、凤眼兰的栅栏组织和虎眼万年青属植物的表皮细胞。由于选择的实验材料高度分化和培养基过于简单，他只观察到细胞的增长，并没有观察到细胞分裂。但这一理论对植物组织培养的发展起了先导作用，激励后人继续探索和追求。1904 年 Hanning 在无机盐和蔗糖溶液中对萝卜和辣根菜的胚进行培养，结果发现离体胚可以充分发育成熟，并提前萌发形成小苗。1922 年，Haberlandt 的学生 Kotte 和美国的 Robins 在含有无机盐、葡萄糖、多种氨基酸和琼脂的培养基上培养豌豆、玉米和棉花的茎尖与根尖，发现离体培养的组织可进行有限的生长，形成缺绿的叶和根。1925 年 Laibach 将亚麻种间杂交不能成活的胚取出来培养，使杂种胚成熟，继而萌发成苗。

2. 奠基阶段（从 20 世纪 30 年代末至 50 年代中）

在萌芽阶段的基础上，人们将植物组织培养的各个方面进行了大量研究，从而为植物组织培养的快速发展和应用奠定了基础。1934 年，美国植物生理学家 White 在由无机盐、蔗糖和酵母提取液组成的培养基上进行番茄根离体培养，建立了第一个活跃生长的无性繁殖系，使根的离体培养实验获得了真正的成功，并在以后的 28 年间反复转移到新鲜培养基中继代培养了 1600 代。1937 年 White 又以小麦根尖为材料，研究了光照、温度、培养基组成等各种培养条件对生长的影响，发现了 B 族维生素对离体根生长的作用，并用吡哆醇、硫胺素、烟酸 3 种 B 族维生素取代酵母提取液，建立了第一个由已知化合物组成的综合培养基，该培养基后来被定名为 White 培养基。与此同时，法国的 Gautherer 在研究山毛柳和黑杨等形成层的组织培养实验中，提出了 B 族维生素和生长素对组织培养的重要意义，并于 1939 年连续培养胡萝卜根形成层获得首次成功，Nobecourt 也由胡萝卜建立了与上述类似的连续生长的组织培养物。

White 于 1943 年出版了《植物组织培养手册》专著，使植物组织培养开始成为一门新兴的学科。因此，White、Gautherer 和 Nobecourt 3 位科学家被誉为植物组织培养学科的奠

基人，而 White 被誉为"植物组织培养之父"。

1944 年，美国的 Skoog 用烟草愈伤组织研究器官发生，他观察到生长素对根的促进作用，同时对芽的形成也有抑制作用，而这种抑制作用可部分地为有机磷酸盐和蔗糖所克服。1948 年，Skoog 和我国学者崔澂在烟草茎切段和髓的培养及其器官形成的研究中，发现腺嘌呤或腺苷可以解除培养基中生长素 IAA 对芽的抑制作用，而使烟草茎段诱导形成芽，从而确定了腺嘌呤/生长素的比例是控制芽和根形成的主要因素之一。1955 年，Miller 和 Skoog 在鲱鱼精子提取物中发现激动素，它能促进芽的形成，效果比腺嘌呤强约 3 万倍。1957 年，Skoog 和他的同事又发现了生长素与激动素不同配比对植物生长和分化的作用，即激动素/生长素的比例高则形成芽，而比例低则形成根。从此在植物离体培养中，建立起了器官分化的激素配比模式。这一规律的发现，不仅在植物离体培养中具有极其重要的意义，而且还揭示了植物生长发育生理学中的一个奥秘。

3. 快速发展和应用阶段（从 20 世纪 50 年代末至今）

自从影响植物细胞分裂和器官形成的机制被揭示后，植物组织培养进入了快速发展阶段，在这个时期前后，研究者们从大量的物种诱导获得再生植株，并广泛应用于园艺和农业生产。单倍体育种、无菌苗的获得、快速繁殖等均是这个阶段的成就。

1958 年，英国学者 Steward 在美国将胡萝卜髓细胞通过体细胞胚胎发生途径培养成为完整的植株。这是人们第一次实现人工体细胞胚，使 Haberlandt 的愿望得以实现，同时也证明了植物细胞的全能性。这是植物组织培养的第一个突破，他对植物组织和细胞培养产生了深远的影响。1960 年，英国学者 Cocking 用酶法分离原生质体成功，开创了植物原生质体培养和体细胞杂交的先河，这是植物组织培养的第二个突破。同年，Morel 等培养兰花的茎尖，获得了快速繁殖的脱毒兰花。其后，世界各地先后开始了兰花快速繁殖工作，并形成了"兰花产业"。在"兰花产业"高效益的刺激下，植物离体快速繁殖和脱毒技术得到了快速发展，实现了试管苗产业化。目前这一技术已在国内外大量应用，香蕉、甘蔗等不少作物均是这一技术直接应用的结果，取得了巨大的社会效益和经济效益。

1962 年 Murashige 和 Skoog 发表了适用于烟草愈伤组织快速生长的改良培养基，也就是现在广泛使用的 MS 培养基。1964 年印度 Guha 等成功地在毛叶曼陀罗花药培养中，由花粉诱导得到单倍体植株，从而促进了花药和花粉培养的研究。1971 年 Takebe 等在烟草上首次由原生质体获得了再生植株，这不仅证实了原生质体同样具有全能性，而且在实践上为外源基因的导入提供了理想的受体材料。1972 年 Carlson 等利用硝酸钠进行了两个烟草物种之间原生质体的融合，获得了第一个体细胞种间杂种植株。1974 年 Kao 等建立了原生质体的高钙、高 pH 的 PEG 融合法，把植物体细胞杂交技术推向新阶段。

随着分子遗传学和植物基因工程的迅速发展，以植物组织培养为基础的植物基因转化技术得到了广泛应用，并取得了丰硕成果。

1983 年 Zambryski 等采用根癌农杆菌介导转化烟草，获得了首例转基因植物；1984 年 Paskowski 等利用质粒转化烟草原生质体获得成功；1985 年 Horsch 等建立了农杆菌介导的叶盘法；1987 年，Sanford 发明了基因枪法用于单子叶植物的遗传转化。迄今为止，相继获得了水稻、棉花、玉米、小麦、大麦和番茄等转基因植物，已育成了一批抗病、抗虫、抗除草剂、抗逆境的优质转基因植物。其中有的开始在生产上大面积推广使用。转基因技术的发展和应用表明组织培养技术的研究已开始深入到细胞和分子水平。

在组培苗快速繁殖方面，全世界的组培苗从 1985 年的 1.3 亿株猛增到 1991 年的 5.13

亿株，2000年全球生产的植物组培苗超过15亿株。组培苗的年生产量每年以10%～15%的速率递增，但需求仍超过生产，为组培产业留下了足够的发展空间。

（二）植物组织培养的研究动态

目前，植物组织培养技术研究取得了巨大的进展，也取得了明显的社会效益和经济效益，其研究领域主要包括以下几个方面。

1. 脱毒及快速繁殖

植物脱毒与快速繁殖（简称"快繁"）是目前植物组织培养应用最多、最广泛和最有效的技术，主要进行茎尖培养以脱除病毒。对于脱毒苗、新育成、新引进、稀缺良种、优良单株、濒危植物和基因工程植株等可通过离体快速繁殖，同时不受地区、气候的影响，比常规方法的扩大繁殖快数万倍到数百万倍，可及时提供大量优质种苗。现今世界上已建成许多年产百万苗木的工厂和数十万苗木的商业性实验室及组培作坊。一个新育成的品种问世后，两年即可在生产上广泛应用。马铃薯茎尖脱毒、无毒种苗和微型脱毒种薯已在马铃薯生产上广泛应用，从根本上解决了马铃薯品种退化问题。现今观赏植物、园艺作物、经济林木、无性繁殖作物等部分或大部分用离体快繁提供苗木。

2. 植物育种

（1）单倍体育种　单倍体植株往往不能结实，难以进行繁殖。在培养中用秋水仙素处理，可使染色体加倍成纯合二倍体。这种培养技术在育种上的应用多为单倍体育种。单倍体育种具有高速、高效、基因型一次纯合等优点。因此，通过花药或花粉培养的单倍体育种已成为一种新的育种手段。目前通过花药培养，加速后代纯合、快速组合多种性状、缩短育种进程、简化选育程序已育成一大批高产优质品种并在生产上得到应用。我国在水稻和小麦上选育的品种就达100多个，推广面积已超过数百万亩。又如通过体细胞无性系变异、突变体选育，已培育出有利用价值的特殊品种或材料。

（2）制作"人工种子"　在国际上一个新的研究动向是人工种子的试验。所谓人工种子，是指以胚状体为材料，经过人工薄膜包装的种子，在适宜条件下可萌发长成幼苗。人工种子不但可以克服杂交后胚的衰亡，保证种内或种间杂交的成功，还可以克服种子的休眠和败育，一般用于无性繁殖困难的植物的培养。据美国遗传公司报道，美国科学家已成功地把芹菜、苜蓿、花椰菜的胚状体包装成人工种子，并得到较高的萌发率，已生产并投放市场。我国科学工作者也已成功地研制出水稻人工种子。可见，组织培养将在遗传育种、作物改良和改革作物栽培中获得更大的成效。

（3）培养细胞突变体　在组织培养过程中，细胞处于不断分生状态，易受培养条件和外界环境（如放射、化学物质）的影响而产生诱变，从中可以筛选出对人们有利的突变体，从而培育新品种。如抗寒性、耐盐碱性突变新品种的培育。

（4）细胞融合　通过植物原生质体的融合，可以克服有性杂交不亲和性而获得体细胞杂种，从而创造出新种群或育成优良品种。目前采用细胞融合方法已培育出多种植物新品种。

（5）基因工程　利用植物组织培养技术建立植物的遗传再生体系，是转基因育种的关键所在。在1990年，我国自行研制的抗烟草花叶病毒烟草在辽宁进行了商业化种植，成为世界上第一例商业化生产转基因植株。目前我国转基因植株研发的整体水平在发展中国家处于领先地位，在一些领域已经进入国际先进行列。

3. 细胞大量培养与有用次生代谢产物生产

细胞大量培养有用次生代谢产物是植物的细胞工程另一个重要应用领域。它是通过细胞工程技术，刺激植物体内某些重要次生代谢产物的合成和积累，然后进行分离、提纯，如某些名贵药物、香精、色素等，以实现植物产品的工业化生产。

早在1964年我国就开始进行人参细胞培养。1980年以后，我国研究者相继开展了紫草、三七、红豆杉、青蒿、红景天和水母雪莲等植物的细胞大量培养和研究，并利用生物反应器进行药用植物细胞大量培养的小试和中试。其中新疆紫草中试的规模达到100L，并小批量生产了紫草素，用于研制化妆品及抗菌、抗病毒和抗肿瘤药物。红豆杉细胞大量培养在我国也获得初步成功，从细胞培养物中得到了珍贵的抗癌药物紫杉醇，但产率还有待提高。

4. 植物种质资源的保持和交换

植物资源及其保存有两大难题，一是遗传资源日趋枯竭，造成有益基因的丧失；二是常规保存耗资巨大，且往往达不到万无一失的目的。植物组织培养为种质的保存提供了新方法。很多种质资源在离体培养条件下，通过减缓生长和低温处理达到长期保存的目的，可大大节约人力、物力和土地，并可进行不同国家、地区间的种质资源收集、互换、保存和应用，即建立"基因银行"，实现种质资源的全球共享。例如，在比利时Catholic University的Leuven研究中心有大量离体保存的香蕉种质库。

5. 新技术的开发

（1）开放组培技术　植物开放式组织培养，简称开放组培，是在使用抗菌剂的条件下，使植物组织培养脱离严格无菌的操作环境，不需高压灭菌和超净工作台，利用塑料杯代替组培瓶，在自然开放的有菌环境中进行植物的组织培养，从根本上简化组培环节，降低组培成本。

开放组培与传统组培主要不同在于培养基，以解决培养基的污染问题。而改造培养基的关键是要找到一种或几种能够添加到培养基的广谱性抗菌剂。崔刚等采用中医理论，从多种植物中提取具有杀菌、抗菌活性的物质，成功研制出了具有广谱性杀菌能力的抗菌剂，并对其有效浓度和使用方法做了大量探索性试验，取得了理想的效果。现已有研究报道，通过开放组培方法成功建立了葡萄外植体的开放性培养。

（2）无糖组培技术　无糖组培技术又称为光独立培养法，这种方法解决了污染率高的问题。由于传统的组培技术中使用的是含糖培养基，杂菌很容易侵入，造成培养基的污染。而为了防止杂菌的侵入，传统方法常常将培养容器密闭，这样则造成培养植物生长缓慢，并且容易出现形态和生理异常，同时增加了费用。然而这些问题随着无糖组培技术的出现得到了解决，原因在于这种技术将大田温室环境控制的原理引入到常规组织培养的应用中，用CO_2气体代替培养基中的糖作为组培苗生长的碳源，采用人工环境控制的手段，提供适宜不同种类组培苗生长的光、温度、水、气、CO_2浓度、营养等条件，促进植株的光合作用，从而促进植物的生长发育，达到快速繁殖优质种苗的目的。

无糖培养法具有很多优势，如可大量生产遗传一致、生理一致、发育正常、无病毒的组培苗，可缩短驯化时间，减少了因污染引起的植物损失；光合成和生根得以促进，可减少生根植物生长调节剂的使用等。但无糖培养法对环境要求较高，若无糖组培环境不能被控制并达到一定的精度，将会严重影响组培苗的质量和经济效益。昆明环境科学研究所对非洲菊等多种植物进行了无糖培养技术的研究，开发了大型的培养容器和CO_2强制性供气系统应用于生产，并取得了一定的效果。

（3）新型光源的应用　光是影响植物生长发育的重要因素之一，光质对植物的生长、形态建成、光合作用、物质代谢及基因表达均有调控作用。因此，新型的照明光源发光二极管

(light emitting diode，LED)应运而生，其波长正好与植物光合和光形态建成的光谱范围吻合，光能有效利用率可达80%～90%，并能对不同光质和发光强度实现单独控制。

最新研究发现，光质比例和光照强度可调的LED光源比通常植物组织培养使用的荧光灯更能有效地促进试管苗的光合作用和生长发育。因此在植物组织培养中采用LED提供照明、调控光质和光合光量子通量密度，不仅能够调控组培植物的生长发育和形态建成、缩短培养周期，还能节约能耗、降低生产成本。除此之外，LED还具有体积小、寿命长、耗能低、波长固定、发热低等优点，而且还能根据植物的生长需要进行发光光谱的精确配置，实现传统光源无法替代的节能、环保和空间高效利用等功能。

但目前，对LED的研究主要集中在光质和光强对组培苗生长的影响方面，而对光周期的研究较少。LED在农业和生物领域的应用已经显示出旺盛的活力和巨大的应用潜力。随着半导体光源工程的启动、LED技术的不断成熟、制造成本的逐渐降低及国家对节能工程的进一步重视，相信的不久的将来LED会在农业与生物的众多领域得到更广泛的应用。除了LED光源外，冷阴极荧光灯（CCLF）也开始受到人们的关注，其在植物组织培养方面的应用研究正在进行中。

总之，植物组织培养技术是生物技术的重要组成部分，它给遗传学、细胞学、植物生理生化、病理学等研究提供了条件和方法，同时它又是一门年轻而富有生命力的科学，已取得了举世瞩目的进展，相信今后会对生物学、遗传学、植物育种学、以及农业、工业生产带来巨大的影响。

（三）我国规模化、企业化组织培养的特点和问题

1. 我国规模化、企业化组织培养的特点

（1）繁殖速度快　植物组织培养技术可大量节约繁殖材料。繁殖时，只取原材料上的一小块组织或器官就能在短期内生产出大量市场所需的优质苗木，每年可以繁殖出几万甚至数百万的小植株，既不损伤原材料，又可获得较高的经济效益。

（2）繁殖方式多　有短枝扦插、芽增殖、原球茎、器官分化和胚状体发生等繁殖方式，适用品种多。据文献报道，组培成功的植物种类达1500多种，其中实现产业化生产的有几百种。该技术特别适于不能通过扦插繁殖植物的快速繁殖，如兰花、百合、非洲菊等。虽然木本植物的组培比草本要难，但通过科研人员的努力，已在杨树、桉树等植物上获得了成功。

（3）繁殖后代整齐一致　植物组织培养技术是一种微型的无性繁殖，它取材于同一个体的体细胞而不是性细胞，因此其后代遗传性非常一致，能保持原有品种的优良性状，对保质、保纯有着特殊的作用，可获得大量统一规格、高质量的苗木，苗木商品性好。

（4）可获得无毒苗　采用茎尖培养的方法，或结合热处理除去绝大多数植物的病毒、真菌和细菌，可以使植株生长势强、花朵增大、色泽鲜艳、抗逆能力提高、产花数量增加。

（5）可进行周年工厂化生产　植物组织培养技术是在人工控制条件下进行的集约化生产，不受自然环境中季节及恶劣天气的影响，可全年进行连续生产，生产效率高。从取材→接种→培养→生根→移栽，可像工厂一样生产，所以这一技术的应用被称为农业领域的一次"革命"，对反季节生产有着特殊的作用，如不耐高温的倒挂金钟、四季海棠等花卉，可在夏天培养室内进行组培苗生产，秋天进行花卉生产。

（6）经济效益高　花卉组织培养快速繁殖的种苗是在培养瓶中生长的，立体摆放，所需空间小，节省土地，可按一定的程序严格生产。生产过程可以微型化、精密化，能够最大限

度地发挥人力、物力和财力，取得很高的生产效率。如在 200m² 的培养室内，每年可生产试管苗上百万株，若按 1 元/株计算，每年产值可达上百万元。

2. 在生产应用中存在的问题

（1）生产经营成本高　由于植物组织培养生产必须在无菌的条件下进行，因此生产建设成本、设备成本都比较高，另外用于灭菌、日光灯补光等能量消耗也较大，导致生产成本费用偏高。在进行组培作业时，可通过选择高效益、名特优、珍稀等植物进行组培商品化生产，进而获得更高的经济效益。

（2）成活率较低　植物外植体在组织培养过程中，许多环境因素（如光照、CO_2 浓度、温度、相对湿度和培养基组成成分等）对试管苗的生长发育有较大影响。在相对密闭的培养容器中，容器内外环境差异极大。传统组培容器环境特征使得在其内生长的组培苗蒸腾速率下降，光合作用能力低下，水、CO_2 及其他营养成分的吸收率低，暗期呼吸作用增强，受污染的机会增加，导致组培苗的生长缓慢、损失率高。另外，驯化阶段的小苗存活率低，难以实现规模化生产，试管苗不生根或生根率低；外源激素的使用，可能导致苗的变异，由此造成繁殖周期不稳定、生产计划难以安排。通过培育健壮的组培苗、调控环境因素、选择适宜的基质，可以使组培苗移栽成活率达到 90% 以上。

（3）理论研究和生产技术相对落后　我国组织培养技术用于商品开发起步较晚、设备落后、理论研究不够透彻、研发项目不多、技术应用更少。在推广应用环节存在普及深度不够的问题，如目前组织培养的研究只局限于较大的科研单位，与新品种选育结合得不紧密。而许多较大的苗木公司及个体经营者又没有真正认识到组织培养的意义，宁愿投入大量资金购买组培苗，也不愿引进技术、设备、人才来武装壮大自己。

总之，我国的组织培养技术相对于国外来说，还只是处于初步发展阶段，组培技术尚不成熟。但是，随着我国科研水平的不断快速发展，相信在不久的将来会有更多的科研成果用于生产。

三、植物组织培养的理论基础

离体培养的植物器官、组织或细胞之所以经培养能够再生出完整植株，其原因在于植物细胞具有全能性。植物细胞的全能性是指植物体内任何具有完整的细胞核的细胞都拥有形成一个完整植株所必需的全部遗传信息（即一套完整的基因组），并具有发育成完整植株的能力。受精卵或高度分化的植物细胞仍然具有形成完整生物体的能力。

高度分化的植物体细胞具有全能性，植物细胞在离体的情况下，在一定的营养物质、激素和其他适宜的外界条件下，才能表现其全能性。

植物体是从受精卵经过有丝分裂和分化产生的。受精卵具有本种植物所特有的全部遗传信息。因此，植物体内的每一个体细胞也都具有和受精卵完全一样的 DNA。当这些细胞在植物体内的时候，由于受到所在器官和组织环境的束缚，其分化受到各方面的调控，某些基因受到控制或阻遏，致使其所具有的遗传信息得不到全部表达，仅仅表现一定的形态与生理功能。可是它们的遗传潜力并没有丧失，当脱离了原来器官组织的束缚，成为游离状态，在一定的营养条件和植物激素的诱导下，细胞的全能性就能表现出来。于是就像一个受精卵那样，由单个细胞形成愈伤组织然后成为胚状体，再进而长成一棵完整的植株。所以离体培养的理论基础是由于植物细胞具有全能性。

要实现植物细胞的全能性，必须具备的条件：一是体细胞与完整植株分离，脱离完整植株的控制；二是创造理想的适于细胞生长和分化的环境，包括营养、激素、光照、温度、氧气、湿度等因子。植物的离体组织、器官、细胞或原生质体在无菌、适宜的人工培养基和培养条件下培养，满足了细胞全能性表达的条件，才能使离体培养材料发育成完整植株。

19世纪30年代，德国植物学家施莱登（M. J. Schleiden）和德国动物学家施旺（T. Schwann）创立了细胞学说，根据这一学说，如果给细胞提供和生物体内一样的条件，每个细胞都应该能够独立生活。1902年，德国植物学家哈伯兰特（Haberlandt）预言植物细胞的"全能性"。为了证实这个预言，他用高等植物的叶肉细胞、髓细胞、腺毛、雄蕊毛、气孔保卫细胞、表皮细胞等多种细胞放置在自制的培养基中，但是没有成功。1937年，美国科学家怀特（White）配制出了植物怀特培养基，培养番茄根尖切段，长出了愈伤组织。以后许多科学家为证实这一论断做了不懈的努力。1958年，美国植物学家斯图尔德（F. C. Steward）等，用胡萝卜韧皮部的细胞进行培养，终于得到了完整植株，并且这一植株能够开花结实，证实了哈伯兰特在五十多年前关于细胞全能性的预言；1964年，Cuba 和 Mabesbwari 利用毛叶曼陀罗的花药培育出单倍体植株；1969年 Nitch 将烟草的单个单倍体孢子培养成了完整的单倍体植株；1970年 Steward 用悬浮培养的胡萝卜单个细胞培养成了可育的植株。至此，经过科学家们五十余年的不断试验，植物分化细胞的全能性得到了充分论证，建立在此基础上的组织培养技术也得到了迅速发展。

四、植物组织培养的途径和类型

（一）植物组织培养途径

利用组织培养进行无性繁殖大体可经过下列五种途径。

1. 器官型

由离体的茎尖、花芽、花丝、花托、鳞片等组织上直接产生小植株。往往在形成小苗（芽）的同时或之前也形成少量的愈伤组织。如以侧芽分化和增殖的有菊花、倒挂金钟；以芽和叶的周围分化出芽的有罗汉果、凤梨等；以鳞片分化芽或小鳞茎的有风信子、百合、水仙等；也有由萌发种子的顶芽及腋芽产生丛生芽的如黄金瓜等。

2. 器官发生型

由外植体（茎、叶、愈伤组织等）先诱导愈伤组织，再从愈伤组织中分化出不定芽和根，形成再生植株。外植体在培养基上逐渐长大，形成愈伤组织，移入分化培养基，愈伤组织由疏松变成硬结从中分化出芽。

3. 胚胎发生型

外植体（叶、愈伤组织等）通过培养分化出胚状体，经球形期、心形期、鱼雷期和子叶期发育成再生植株。如胡萝卜体细胞培养、油茶和茶叶的子叶培养经胚状体途径形成再生植株；烟草花药培养通过胚状体发育形成单倍体植物。

4. 原球茎

外植体经原球茎途径分化形成植株。大部分兰花培养属于这一类。兰花的茎尖、侧芽可直接分化出原球茎，形成桑果状的圆球突起，将其切成数块经培养又可产生新的原球茎，由原球茎萌发出小植株，因此这种方法繁殖系数很高。原球茎最初是种子发芽过程中的一种形态学构造，种子萌发初期并不出根，只是胚逐渐膨大，以后种皮的一端破裂，胀大的胚呈球状。原球茎即为缩短的、呈珠粒状的、由胚性细胞组成的嫩茎器官。

5. 无菌短枝扦插

用已发育或去除顶芽后萌发的腋芽，连同短枝进行消毒，在无菌条件下培养，使其生长并诱导生根，在较短时间内即可获得植株，尤其对繁殖珍贵的优良树种或花卉品种是较为简单的方法。

（二）植物组织培养类型

因划分依据不同，植物组织培养的类型有多种。

1. 按所用培养基类型划分

（1）固体培养 即将植物材料接种在加有凝固剂（如琼脂）的培养基中进行培养的方法称为固体培养。固体培养因其操作简便，成本较低，在生产中应用较为普遍。

（2）液体培养 即将植物材料置于不加凝固剂的培养基中进行培养的过程称为液体培养。液体培养又可分为静止培养、旋转培养、纸桥培养、振荡培养。

2. 按培养的外植体划分

（1）植株培养 对幼苗及较大的植株培养，包括扦插苗培养、种子苗培养。目的是提供适合接种的外植体或用于研究植物在某些培养基上的反应。

（2）胚胎培养 包括胚乳培养、胚珠培养、胚培养、未成熟的种胚培养，目的是克服败育以及用于三倍体育种。

（3）器官培养 用根尖、根段、茎尖、茎段、叶片、鳞片、球根、花器官各部分以及未成熟的果实等进行培养。因此也可分别称根系培养、叶片培养、茎段培养、花器培养、果实培养、种子培养等，快速繁殖通常采用这种类型。

（4）愈伤组织培养 从植物的各种器官外植体增殖而形成愈伤组织的培养。

（5）组织培养 对各种组织进行培养，如分生组织培养、薄壁组织培养等。

（6）细胞培养 用能保持较好分散性离体细胞或很小的细胞团进行的液体培养。

（7）原生质体培养 用机械、酸处理或酶溶解等方法去除细胞壁，分离原生质体进行培养。

3. 按培养方法划分

（1）细胞悬浮培养 即用液体培养基对保持良好的分散状态的单个细胞或小的细胞聚集体在摇床上进行培养的方法，称为细胞悬浮培养。

（2）单细胞培养 单细胞培养可分为三种，即看护培养、平板培养和微室培养。

4. 按培养过程划分

（1）初代培养 即将从植物体上分离下来的外植体进行第一次培养称初代培养或第一代培养或启动培养。

（2）继代培养 即初代培养以后的某一阶段，将培养物转移到配方相同的新鲜培养基上进行培养称为继代培养。

五、植物组织培养的意义

植物组织培养是20世纪初，以植物生理学为基础发展起来的一门新兴技术，这项技术已在科研和生产上得到广泛应用，成为举世瞩目的生物技术之一。组织培养条件可以控制，不受季节限制，因此可以全年连续生产。这对于生产有重要的现实意义。

1. 无性系快速繁殖

利用组织培养技术可以实现优良无性系或单株迅速繁殖推广，并且不改变其遗传性，即保持原有的优良性不变。比如，一个兰花茎尖经过一年组培繁殖可以获得400万株具有相同遗传性的健康植株，这是其他任何方法都难以实现的。又如花叶芋这种植物，常规繁殖每年数量仅能增加几倍到几十倍,组织培养每年可繁殖出几万至数百万倍的小植株。这种繁殖速度对于珍贵、优、新植物品种是非常有价值的。尤其是在市场竞争激烈的今天,在短时间内获得大量商品价格较高的苗木,无疑会给生产者带来巨额利润。

2. 去除病毒、真菌和细菌等病害

采用扦插、分株等营养繁殖的各种植物,都有可能感染一种或数种病毒或类病毒。长期无性繁殖,使病毒积累、危害加重、观赏品质下降:如花变小、色泽暗淡、花量少等。脱去病毒后,植株生长势强,花朵变大、色泽鲜艳,抗逆能力提高,产花数量上升。通常采用茎尖培养去病毒,这是因为在分生区内,细胞不断分裂增生,病毒在植物体内的传播速度没有细胞分裂速度快,所以茎尖分生区内病毒含量极少或不含病毒。切取的茎尖越小,脱毒效果越好,然而外植体太小不易成活,太大不能脱毒,因此必须选择大小适宜的外植体,才能达到脱毒的效果。这种方法也同时可以去除植物体内的真菌、细菌和线虫。

3. 培育新品种

花卉等植物在组织培养过程中发生芽变是极其普遍的,包括花色变异、花的大小变异、花期变异、叶色变异、染色体数量变异等,在组织培养过程中,一旦发生芽变,并将其繁殖成完整植株,就可能产生有特殊观赏价值的新品种。

4. 种质资源的保存

利用常规方法保存大量品种资源是一项耗资、耗时的巨大工程,又易丢失珍贵的品种资源。而借助试管来保存品种资源,既经济又保险。如将葡萄茎段长成的小植株存放在试管中,温度在9℃以下,植株便停止生长,每年只需转管一次。800个葡萄品种,每品种6个重复,只需 $1m^2$ 的场所就放下了。

5. 次生代谢物的生产

紫杉醇、黄酮类等具有良好抗癌作用的生物药,通常是从天然或人工栽培的植株上分离提取,提取时常常要破坏植株,而红豆杉和银杏等又都是珍稀保护植物,因此,紫杉醇和黄酮类的生产受到极大限制。利用细胞培养技术可以大规模商品化生产,再从愈伤组织或细胞中分离提取紫杉醇或黄酮类物质,用这一途径不需要再生植株和栽培过程,提取工艺简单、产量高。在获得大量生物药的同时,又避免了植物资源的破坏。目前,细胞培养技术在世界范围内已广泛用于奇缺药物的生产,并取得了一系列成果。此外,色素、芳香原料等也可以利用细胞悬浮培养来生产。

项目一　植物组织培养室的设计、建造及管理

知识目标： 掌握组培室的设计和建造原则以及管理要点。
技能目标： 能够独立完成植物组培实验室的设计，并能独立承担植物组织培养实验室的管理任务。
重点难点： 组培室的设计和管理工作。

必 备 知 识

一、实验室的设计原则与总体要求

植物组织培养是一项技术性较强的工作。为了确保植物组织培养工作的顺利进行，在进行植物组织培养之前，不论是以实验为目的还是以工厂化生产为目的，首先应对工作中需要哪些最基本的设备条件有较为全面的了解，便于以后工作的开展。

（一）设计原则

（1）防止污染。控制住污染，就等于组织培养成功了一半。
（2）按照工艺流程科学设计，经济、实用和高效。
（3）结构和布局合理，工作方便，节能、安全。
（4）规划设计与工作目的、规模及当地条件等相适应。

（二）总体要求

（1）实验室选址要求避开污染源，例如最好避免与温室、微生物实验室、昆虫实验室等相邻。水电供应充足，交通运输便利。

（2）保证实验室环境清洁。实验室洁净，可从根本上有效控制污染。这是组织培养工作的最基本要求，否则会使植物组织培养工作遭受不同程度甚至是不可挽回的损失。因此，过道和设备防尘、外来空气的过滤装置等设计是必要的。

（3）实验室建造时，应采用产生灰尘量最少的建筑材料；墙壁和天花板、地面的交界处宜做成弧形，便于日常清洁；管道要尽量暗装，安排好暗敷管道的走向，便于日后的维修，并能确保在维修时不造成污染；洗手池、下水道的位置要适宜，不得对培养环境造成污染，下水道开口位置应对实验室的洁净度影响最小，并有避免污染的措施；设置防止昆虫、鸟类、鼠类等动物进入的设施。

（4）接种室、培养室的装修材料还须经得起消毒、清洁和冲洗，并设置能确保与其洁净度相应的控温、控湿设施。

（5）实验室电源应由专业部门设计、安装并经验证合格之后，方可使用。应有备用电源，确保停电或掉电时能继续操作。

（6）实验室必须满足实验准备（器皿的洗涤与存放、培养基制备和无菌操作、用具的灭菌）、无菌操作和控制培养三项基本工作的需要。

（7）实验室各分室的大小、比例要合理。一般要求培养室与其他分室（除驯化室外）的面积之比为 3∶2；培养室的有效面积（即培养架所占面积，一般占培养室总面积的 2/3）与生产规模相适应。

（8）明确实验室的采光、控温方式，应与气候条件相适应。一般采用人工光照和恒温控制，实验室为密封式或半地下式。

二、实验室的基本组成

实验室的基本组成如图 1-1 所示。

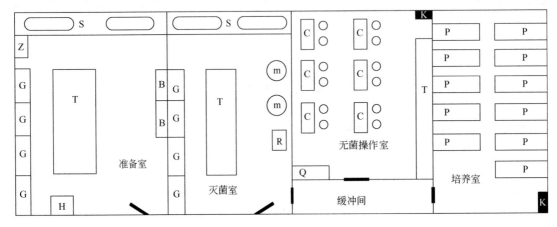

图 1-1　植物组织培养基本实验室

G—药品柜、仪器柜、器皿柜；T—实验台；B—冰箱；H—烘箱；S—水槽；R—热空气消毒箱；m—高压灭菌器；Q—人工气候箱；C—超净工作台；P—培养架子；K—空调

（一）基本实验室

基本实验室包括准备室、灭菌室、缓冲间、无菌操作室、培养室，是组织培养实验所必须具备的基本条件。如进行工厂化生产，年产组培苗 4 万～20 万，需 3～4 间实验用房，总面积 60m^2。

1. 准备室

（1）主要功能　用于玻璃器皿和实验用具的洗涤、干燥和贮存；培养材料的预处理与清洗；组培苗（也称试管苗）的出瓶、清洗与整理，培养基的配制、植物材料的预处理等。

（2）设计要求　小型实验室面积一般为 10～20m^2。要求房间宽敞明亮、通风、干燥、清洁卫生，方便多人同时工作；有电源、自来水和水槽（池），上下水道畅通；地面耐湿、防滑、排水良好，便于清洁。

（3）仪器与用具配置　工作台、烘箱、晾干架、周转筐（塑料或铁制）、各种规格的毛刷、药品柜、电子分析天平、托盘天平、磁力搅拌器、蒸馏水器、酸度计、恒温水浴锅、电炉（或微波炉、电饭煲、液化气炉灶等）、培养基灌装机、普通冰箱、低温冰箱（低于 -20℃）等仪器设备；移液管（或微量移液器）、移液管架、培养瓶（包括试管）、棕色或透明试剂瓶、烧杯（带刻度或不带刻度）、量筒、容量瓶、培养皿、吸管、皮下注射器、打孔器、玻璃棒、标签纸、记号笔、耐高温高压塑料薄膜等封口材料、尼龙绳、脱脂棉、纱布、工作台、蒸馏水桶、医用小推车等用品和用具。此外，配备器械柜和药品柜,分别存放接种用具和分类存放化学试剂。最好配备防尘设备,以减少灰尘污染。

2. 灭菌室

(1) 主要功能　用于培养基、器皿、工具和其他物品的消毒灭菌。

(2) 设计要求　专用的小灭菌室面积一般为 $5\sim10m^2$。要求安全、通风、明亮;墙壁和地面防潮、耐高温;配备水源、水槽(池)、电源或煤气加热装置和供排水设施;保证上下水道畅通,通风措施良好。生产规模较小时,可与洗涤室、配制室合并在一起,但灭菌锅的摆放位置要远离天平和冰箱,而且必须设置换气窗或换气扇,以利通风换气。

(3) 仪器与用具配置　压力灭菌锅、干热消毒柜或烘箱、细菌过滤装置、工作台、培养基存放架或橱柜、周转筐、换气扇、医用小推车等。

3. 缓冲间

(1) 主要功能　防止带菌空气直接进入接种室和工作人员进出接种室时带进杂菌。接种人员在缓冲间更衣、换鞋、洗手、戴上口罩后,才能进入接种室。

(2) 设计要求　面积不宜太大,一般在 $2\sim3m^2$。要求空间洁净,墙壁光滑平整,地面平坦无缝,并在缓冲间和接种室之间用玻璃隔离,配置平滑门,以便于观察、参观和减少开关门时的空气扰动。空间安装 1~2 盏紫外光灯,用以接种前的照射灭菌;配备电源、自来水和小洗手池,备有鞋架、拖鞋和衣帽挂钩,分别用于接种前洗手、摆放拖鞋和悬挂已灭过菌的工作服。

(3) 仪器与用具配置　紫外光灯、小洗手池、搁架、鞋架、衣帽钩、拖鞋、工作服、实验帽和口罩等。

4. 接种室

(1) 主要功能　进行植物材料的接种、培养物的转移等无菌操作,因此接种室也称为无菌操作室。其无菌条件的好坏对组织培养的成功与否起着重要作用。

(2) 设计要求　接种室不宜设在易受潮的地方。其大小根据实验需要和环境控制的难易程度而定。在工作方便的前提下,宜小不宜大,小的接种室面积 $5\sim7m^2$ 即可。接种室要求密闭、干爽安静、清洁明亮;塑钢板或防菌漆的天花板、塑钢板或白瓷砖的墙面光滑平整,不易积染灰尘;水磨石或水泥地面平坦无缝,便于清洗和灭菌。配备电源和平滑门窗,要求门窗密封性好;在适当的位置吊装紫外光灯,保持环境无菌或低密度有菌状态;安置空调机,实现人工控温,这样可以紧闭门窗,减少与外界空气对流。接种室与培养室通过传递窗相通。最好进出接种室的人流、物流分开。

(3) 仪器与用具配置　超净工作台、空调机、解剖镜、接种器具消毒器(或高温焚化炉)、紫外光灯、酒精灯、广口瓶、三角瓶、搪瓷盘、接种工具、手持喷雾器、工作台、搁架、接种用的小平车、不锈钢长方形饭盒(盛放 70%~75% 酒精,用于浸泡接种工具)或医院用消毒盒等。配置污物桶,以便存放接种过程中的丢弃物,须每天清洗更换。

5. 培养室

(1) 主要功能　培养离体材料。

(2) 设计要求　培养室的设计应从以下几方面考虑。

① 培养室的大小可根据生产规模和培养架的大小、数目及其他附属设备而定。每个培养室不宜过大,面积 $10\sim20m^2$ 即可,以便于对条件的均匀控制。其设计以充分利用空间和节省能源为原则,最好设在向阳面或在建筑的朝阳面设计双层玻璃墙,或加大窗户,以利于

接收更多的自然光线，窗的高度比培养架略高为宜。培养室外最好有缓冲间或走廊。

② 能够控制光照和温度。通常根据培养过程中是否需光，设计成光照培养室和暗培养室；材料的预培养、热处理脱毒或细胞培养、原生质体培养等在光照培养箱或人工气候箱内进行。采用光照时控器控制光照时间。

采用空调机调控培养室内的温度。培养室面积较小时，采用窗式或柜式的冷暖型空调；培养室面积较大时，最好采用中央空调，以保证培养间内各部位温度相对均衡。

③ 保持整洁，防止微生物感染。要求天花板、墙壁光滑平整、绝热防火，最好用塑钢板或瓷砖装修；地面用水磨石或瓷砖铺设，平坦无缝，方便室内消毒，并有利于反光，提高室内亮度。

④ 摆放培养架，以立体培养为主。培养架要求使用方便、节能、充分利用空间和安全可靠。一般设六层，高度2m，最下一层距地面0.2m，最上一层高1.7m，层间距为30cm，架宽0.6m，架长以40W日光灯管的长度来决定，每个培养架安装2~3盏日光灯，多个培养架共用1个光照时控器。安装日光灯时最好选用电子整流器，以降低能耗。架材最好用带孔的新型角钢条，可使搁板上下随机移动。

⑤ 能够通风、降湿、散热。培养室的门窗密封性要好，有条件的可用玻璃砖代替窗户，并安装排气扇，以备在湿度高、空调有故障时可以打开排气扇通风排气、散热。南方湿度高的地方可以考虑在培养室内安装除湿机。

⑥ 培养室外应设有缓冲间或走廊。

⑦ 培养室内用电量大，应设置供电专线和配电设备，并且配电板置于培养室外，保证用电安全和方便控制。

此外，为适应液体培养的需要，在培养室内配备摇床和转床等设备，但要注意在大型摇床下面应有坚实的底座固定，以免摇床移位或因振动大而影响培养车间内的其他静止培养。

(3) 仪器与用具配置　空调机、排气扇、摇床、转床、光照培养箱或人工气候箱、除湿机、光照时控器、干湿温度计、温度自动记录仪及最高最低温度记录仪、培养架、日光灯、工作台、配电盘等。

6. 驯化棚室

(1) 主要功能　进行组培苗的驯化移栽。

(2) 设计要求　组培苗的驯化移栽通常在温室或塑料大棚内进行。其面积大小视生产规模而定。要求环境清洁无菌，具备控温、保湿、遮阴、防虫和采光良好等条件。

(3) 仪器与用具配置　具备弥雾装置、遮阳网、暖气或地热线、移栽床（固定式或活动式）等设施；塑料钵、花盆、穴盘等移栽容器；草炭、沙子等移栽基质。

(二) 辅助实验室

根据研究或生产的需要而配套设置的专门实验室，主要用于细胞学观察和生理生化分析等。

1. 细胞学实验室

功能：用于对培养物的观察分析与培养物的计数，对培养材料进行细胞学鉴定和研究，由制片室和显微观察室组成。制片是获取显微观察数据的基础，应配备有切片机、磨刀机、恒温箱及样品处理和切片染色的设备。应有通风柜和废液处理设施。显微观察室主要有显微镜和图像拍摄、处理设备。

要求：明亮、清洁、干燥，防止潮湿和灰尘污染。

设备：双筒实体显微镜、显微镜、倒置显微镜等。

2. 生化分析实验室

功能：以培养细胞产物为主要目的的实验室，应建立相应的分析化验实验室，随时对培养物成分进行取样检查。大型次生代谢物生产，还需有效分离实验室。

三、主要用具及仪器设备

（一）仪器设备

1. 超净工作台

超净工作台原用于半导体元件与精密仪器仪表的生产，现已成为植物组织培养中最常用的无菌操作装置。优点是操作方便自如，比较舒适，工作效率高，准备时间短。紫外灭菌20~30min即可操作，可进行长时间使用。在工厂化生产中，接种工作量很大，需要经常、长久地工作，超净台是很理想的设备。超净工作台功率在145~260W，装有小型鼓风机，使空气穿过一个前置过滤器，在这里把大部分空气尘埃先过滤掉，然后再使空气穿过一个细致的高效过滤器，除去了大于0.3μm的尘埃、细菌和真菌孢子等，最后以较洁净的气流吹到工作台面。超净空气的流速为每分钟24~30m，这已足够防止附近空气袭扰而引起的污染，这样的流速也不会妨碍采用酒精灯对器械等进行灼烧消毒。在这样的无菌条件下操作，就可以保证无菌材料在转移接种过程中不受污染。超净工作台分水平式和垂直式两种，又有单人、双人、三人等类型。

2. 无菌手套箱（接种箱）

接种箱可以自制也可购买，前面有玻璃便于观察，左右两侧各有一孔，孔内有一手套袖，避免污染。两侧有拉门。在投资少的情况下，可以用接种箱来代替超净工作台。接种箱依靠密闭、药剂熏蒸和紫外灯照射来保证内部空间无菌。但操作活动受限制，准备时间长，工作效率低。

3. 空调机

接种室和培养室的室温保证都需要空调机，空调机应安置在室内较高的位置，以便于排热散凉。

4. 除湿机和加湿器

培养室的相对湿度应为70%~80%。湿度过高，易长杂菌；湿度过低，培养器皿内的培养基会失水变干，影响培养物的生长。

5. 恒温箱

恒温箱用于植物材料的培养，可以控制温度、湿度及光照等。有条件的话，可选择全自动的人工气候箱。

6. 烘箱

烘箱用于干燥洗净的玻璃器皿，也可用于干热灭菌和测定干物重。用于干燥需保持80~100℃；进行干热灭菌需保持150℃，达1~3h；若测定干物重，则温度应控制在80℃，烘至完全干燥为止。

7. 高压灭菌锅

高压灭菌锅是植物组织培养中最基本的设备之一，用于进行培养基和器械用具的灭菌。小规模实验室可选用小型手提式高压灭菌锅。如果是连续的大规模生产，应选用大型立式的或卧式的高压灭菌锅，通常以电作能源。

8. 冰箱

冰箱分为普通冰箱和低温冰箱。主要用于贮存母液，各种易变质、易分解的化学药品以及植物材料等。

9. 电子分析天平和托盘天平

电子分析天平，用于称取大量元素、微量元素、维生素、激素等微量药品，精确度为 0.0001g；托盘天平用于称取用量较大的糖和琼脂等，其精确度为 0.1g。天平应放置在干燥、不受震动的天平操作台上。

10. 显微镜及解剖镜

显微镜及解剖镜种类较多，用于分离微茎尖可采用双筒实体解剖镜。双筒解剖镜在分离茎尖等较小组织时，便于观察、操作，通常放大 5～80 倍。放大 40 倍以上的操作需要有相当熟练的技术和较好的工具。为进行操作，要有照明装置。解剖镜上带有照相装置，根据需要随时对所需材料进行摄影记录。

11. 水浴锅

水浴锅用于溶解难溶药品和熔化琼脂条。

12. 摇床与转床

摇床与转床用于改善液体培养材料的通气状况及促进酶解原生质体的解离。一般在液体培养中转速为每分钟 100 次左右，在解离原生质体时为每分钟 80 次左右。

13. 磁力搅拌器

磁力搅拌器用于加速搅拌难溶的物质，如各种化学物质、琼脂粉等。磁力搅拌器还可加热，使之更利于溶解。

14. 电蒸馏水器

电蒸馏水器采用硬质玻璃或金属制成。蒸馏水用于配制母液或培养基，配制培养基可用自来水来代替，若实验要求严格的话，则须用蒸馏水。

15. 酸度计

组织培养中培养基 pH 值的准确度是十分重要的，应当使用酸度计；若无酸度计，也可使用 pH 试纸进行粗测。

首次使用酸度计前，应用标准液调节定位，然后固定。测量 pH 值时，待测液必须充分搅拌均匀。如果培养基温度过高，测量时要调整 pH 值计上的温度钮使之和培养基温度相当。注意保护好玻璃电极，用后电极应用蒸馏水冲洗净，盖上电极帽。

16. 离心机

离心机用于收集原生质体，转速要求较低。一般为 1000～4000r/min 即可。

17. 培养基分装器

将配制好的培养基分装于试管，为了节省时间和避免浪费，在工厂化组配车间，可用培养基分装器进行灌装。

18. 电炉等加热设备

电炉等加热设备用于固体培养基配置时溶解琼脂，可选用电炉、电磁炉、微波炉等。

（二）各类器材

1. 培养器皿

在组织培养中配制培养基和进行培养时需用大量的玻璃器皿。其要求由碱性溶解度小的硬质玻璃制成，以保证长期贮存药品及培养的效果；培养用的还要求透光度好，能耐高压、高温，能方便地放入培养基和培养材料，根据培养的目的和要求，可以采用不同种类、规格的玻璃器皿。其中以试管、三角瓶、培养皿等使用较多。

最常使用的是三角瓶，规格有100mL、250mL、500mL等。一般使用100mL三角瓶，无论静止或振荡培养皆适用。其培养面积大，利于组织生长，受光也比试管好，且瓶口较小，亦不易污染。

培养皿常用90mm、120mm直径等规格，要求上、下能密切吻合。它在游离细胞、原生质体、花粉等的静置培养、看护培养，无菌种子的发芽，植物材料的分离等过程中都要用到。

试管常用18mm×180mm或20mm×200mm规格。可用于培养较高的试管苗，另外也不易污染。

培养器皿还可就地取材，采用一些代用品。工厂化生产可采用广口的200mL罐头瓶，加盖半透明的塑料盖，由于瓶口大，所以大量繁殖时操作方便、工作效率高，也减少了培养材料的损伤。但缺点是易引起污染。

目前，培养容器和制备培养基所用的玻璃器皿逐渐被塑料器皿所代替。塑料容器具有质轻、透明、不易破碎、成本低等优点。如培养容器多为平底方盒形，能一层层地叠摞起来，从而节省空间。这类塑料制品多是采用聚丙烯材料制成，能耐高温，可进行高压灭菌。有些产品为一次性消耗品，不但可节省洗涤人工，还可节省时间，提高效率。一次性塑料容器或带螺丝帽的玻璃瓶，无须另外配盖，使用时比较方便。

瓶口封塞可用多种方法，但要具有一定的通气性和密闭性，以防止培养基干燥和杂菌污染。以前封口常用棉塞，这种封口办法夏季极易污染，且不易保持培养基的湿度。现在多采用聚丙烯塑料薄膜作为封口，以线绳结扎或橡皮圈箍扎。为了增加通气性，可在里面衬一层硫酸纸或牛皮纸，经济方便，且通气好。也可采用专用的封口膜。

2. 分注器

小型操作时可采用烧杯直接分装。大型实验室可采用医用"下口杯"作为分装工具，在"下口杯"的下口管上套一段软胶管，加一个弹簧止水夹，使用时非常方便。更大规模或要求更高效率时，可考虑采用液体自动定量灌注设备。

3. 离心管

离心管用于离心收集原生质体，一般用5mL、10mL规格。

4. 刻度移液管

刻度移液管常用的有0.1mL、0.2mL、0.5mL、2mL、5mL、10mL，用于配制培养基时吸取不同种类的母液。应多准备几支，分开使用。

5. 细菌过滤器

培养基中有些生长调节物质以及有机附加物，如吲哚乙酸、赤霉素等，在高温条件下易被分解破坏，可用细菌过滤器除去不能采用湿热灭菌法的液体中的细菌。一般采用$0.22\mu m$微孔滤膜进行抽滤灭菌。包括滤头、注射器或采用抽滤装置（真空泵、吸滤瓶、滤气玻璃管等）。

6. 实验器皿

在组织培养中配制培养基、贮藏母液、材料的消毒等需要用到的各种化学实验玻璃器皿，包括100mL、250mL、500mL、1000mL的烧杯，10mL、100mL、1000mL的量筒，100mL、1000mL的试剂瓶（棕色）等。

（三）器械用具

1. 镊子类

常应用医疗上的镊子。根据操作需要有各种类型，若用 100mL 的三角瓶作为培养瓶，可用 20cm 长的镊子。镊子过短，容易使手接触瓶口，造成污染；镊子太长，使用起来不灵活。如在分离茎尖幼叶时，则用钟表镊子。

2. 剪刀类

可采用医疗五官科用的中型剪刀，主要用于切断茎段、叶片等；也可以用弯形剪刀，由于其头部弯曲，可以深入到瓶口中进行剪切。

3. 解剖刀

切割较小材料和分离茎尖分生组织时，可用解剖刀。刀片要经常调换，使之保持锋利状态，否则切割时会造成挤压，引起周围细胞组织大量死亡，影响培养效果。

4. 解剖针

解剖针可深入到培养瓶中，转移细胞或愈伤组织，也可用于分离微茎尖的幼叶。可以自制。

5. 接种工具

接种工具包括接种针、接种钩及接种铲，由白金丝或镍丝制成。

6. 钻孔器

钻孔器常在取肉质茎、块茎、肉质根内部的组织时采用。一般为"T"字形，口径有各种规格。

7. 其他

其他包括酒精灯、电炉、试管架、搪瓷盘、玻璃棒等多种。

四、实验室的管理

（一）洗涤

1. 器皿的清洗

植物组织培养中对各种培养器皿要求洗涤清洁，以防止带入有毒物或影响培养效果的化学物质或微生物等，对那些常用的玻璃器皿的清洁要求更为严格。清洗玻璃器皿用的洗涤剂主要有肥皂、洗洁精、洗衣粉和铬酸洗涤剂（由重铬酸钾和浓硫酸混合而成）。新购置的器皿，先用 1% 的稀盐酸浸泡，后用肥皂水洗净，清水冲洗，再用蒸馏水淋一遍。用过的器皿，先要除去其上的残渣，再用试管刷沿壁上下刷动和旋转刷洗。刷后用清水冲洗，再用肥皂水或洗涤剂洗净，再用清水彻底冲洗干净，最后用蒸馏水冲洗一遍，干后备用。已被污染的器皿则必须在高压灭菌后，用肥皂水或洗涤剂洗净，再用清水冲洗干净后，用蒸馏水冲洗一遍，干后备用。洗好的瓶子应该透明光亮，内外壁水膜均匀，不挂水珠。

移液管之类的仪器，可用洗耳球和热洗衣粉水吸洗，再放在水龙头下流水彻底冲净，垂直放置晾干后使用。

2. 金属用具的清洗

新购置的金属用具表面有一层油脂，需擦净后再用肥皂水洗净，清水冲洗干净后，擦干备用。用过的金属用具，清水冲洗干净后，擦干备用即可。

（二）灭菌

灭菌是进行植物组织培养的关键环节之一，包括对植物材料、培养基、器皿器械、实验室等的灭菌。不同的灭菌对象所采用的灭菌方法也不同，可参见表 1-1。

表 1-1 灭菌方法

名　称	灭　菌　方　法
玻璃用具的灭菌	干热灭菌(160~180℃/1~3h)、湿热灭菌
金属器械灭菌	干热灭菌、湿热灭菌、灼烧灭菌
培养基	湿热灭菌
外植体	化学药剂灭菌
布制品	湿热灭菌
无菌操作室	紫外灯照射灭菌、熏蒸灭菌(甲醛和高锰酸钾或乙二醇加热熏蒸,用量一般是每立方米用甲醛2mL、高锰酸钾1g或用乙二醇6mL即可)
不耐热物质	过滤灭菌

现介绍几种常用的灭菌方法。

1. 干热灭菌

干热灭菌是适用于玻璃器皿和金属器械的灭菌方法,即利用烘箱或热空气消毒箱等加热到160~180℃,1~3h杀死微生物的方法。但由于此方法灭菌时能源消耗大、时间长,所以一般不常用。

2. 湿热灭菌

湿热灭菌是植物组织培养中最常用的灭菌方法,即利用高压灭菌锅灭菌的方法,适用于培养基、玻璃器皿、金属器械、布制品等的灭菌。通常灭菌温度121℃,压力108kPa,20~30min。

3. 熏蒸灭菌

为了确保无菌室和培养室无菌,每年要进行1~2次熏蒸灭菌。对无菌室可以直接熏蒸。对培养室进行熏蒸时,须将培养物取出放置于无菌环境下,待熏蒸灭菌完成后用75%的酒精棉球擦拭培养瓶后方能将其放入培养室。具体方法是用甲醛和高锰酸钾或乙二醇加热熏蒸,用量一般是每立方米用甲醛2mL、高锰酸钾1g或用乙二醇6mL。

(三) 准备室及灭菌室的管理

保证房间干燥、清洁卫生,药品管理要有专门的药品柜,各种药品要求合理摆放,最好建立入柜登记制度,做到同一药品先入先出。各类器皿使用后要按照规范洗涤干净后放入药品柜存放。小型仪器使用后也要求清理干净后入柜。

(四) 无菌室及培养室的管理

无菌室及培养室要求清洁并无菌。可采用每年1~2次熏蒸灭菌及75%酒精擦拭地面及台面的方式灭菌。

课 后 作 业

完成一个可行的植物组培实验室的设计图。

工 作 任 务

任务　植物组织培养实验室规划设计与预算

一、工作目标

掌握如何组建植物组织培养实验室;掌握组培中涉及的各种仪器设备和器皿用具的使用方法和注意事项。能够独立完成植物组织培养实验室的设计;能够对组培中涉及的各种仪器设备和器皿用具进行正确的使用。

二、场所及材料用具

组织培养实训室、超净工作台、高压灭菌锅、人工气候箱、冰箱、天平、培养箱、接种器具、玻璃器具、各种培养瓶。

植物组织培养室的设计与管理

三、工作过程

（一）植物组织培养实验室的规划设计

指导老师先讲解组织培养实验室各组成部分（准备室、缓冲室、无菌操作室、培养室、驯化室、温室）及使用功能，然后讲解实验室生产安全守则及有关注意事项。

（1）准备室（化学实验室）　主要用于蒸馏水的制备，以及生理、生化分析；器皿洗涤；培养基制备、分装、高压灭菌；植物材料的预处理和试管苗的出瓶、清洗与整理工作。

（2）缓冲室　在此室内换上经过灭菌的卫生服、拖鞋、戴上口罩，防止杂菌带入无菌操作室。此室安装有紫外灯、照明灯等。

（3）无菌操作室（无菌接种室）　主要用于材料的灭菌接种；无菌材料的继代和丛生苗的增殖或切割嫩茎插枝生根。主要仪器设备有超净工作台、空调、接种工具、器械支架。

（4）培养室　主要用于组培苗的培养。主要仪器有空调、除湿机、各类显微镜、温湿度计。

（5）驯化室　主要用于试管苗的驯化。

（6）温室　主要用于试管苗移栽后的管理，要求清洁无菌，配有光温调节装置、通风口等。用于试管苗不分季节的常年生产。

（二）植物组织培养实验室的主要仪器设备的使用

（1）分注器　用于分注培养基。

（2）移液枪　用于配制培养基时添加各种母液及吸取定量植物生长调节剂时使用。

（3）过滤灭菌器　用于加热易分解、丧失活性的生化试剂的灭菌。

（4）电炉等加热工具　用于配制培养基时加热溶解琼脂用。

（5）酸度计　用于测量和调整培养基的pH值。

（6）天平　称量化学试剂。

（7）磁力搅拌器　搅拌、溶解化学试剂。

（8）高温高压灭菌器　主要用于湿热灭菌。

（9）烘箱　干热灭菌（160～180℃/1～3h）、烘干组织（80℃）、迅速干燥洗涤后的玻璃器皿（80～100℃）。

（10）冰箱　储存培养基母液、生化试剂及低温处理材料时使用。

（11）摇床或转床　用于进行细胞悬浮培养或液体悬浮培养。

（12）显微镜　用于观察和解剖。

（三）植物组织培养实验室的主要器具的使用

1. 培养基配制用具

（1）烧杯　用来盛放、溶解化学药品。

（2）容量瓶　用来配制标准溶液。

（3）量筒　用来量取一定体积的液体。

（4）刻度移液管　用来量取一定体积的液体。

（5）吸管　用来吸取液体，调节培养基的pH值及溶液定容时使用。

（6）玻璃棒　溶解化学药剂时搅拌用。

2. 培养容器

（1）试管　适合少量培养基及试验各种不同配方时使用。

（2）三角瓶　适合各种培养。

(3) 广口培养瓶　常用作试管苗大量繁殖用。

(4) 培养皿　在无菌材料分离和细胞培养时使用。

(5) 封口材料　棉花塞、铝箔、耐高温透明塑料纸、专用盖、蜡膜。

3. 接种用具

(1) 接种灯　用于金属接种工具的灭菌。

(2) 手持喷雾器　盛装70％酒精，用于接种器材、外置提盒操作人员手部的表面灭菌。

(3) 镊子
- 尖头镊子　用于解剖和分离叶表皮时使用。
- 枪型镊子　适于转移外植体和培养物。
- 钝头镊子　用于接种操作及继代培养时移取植物材料。

(4) 解剖针、解剖刀等。

(5) 剪刀　用于剪取外植体材料。

4. 用具的洗涤

(1) 玻璃器皿的洗涤　对于新购置的玻璃器皿（器壁上或多或少留有游离的碱性物质）使用前要先用1％的稀HCl浸泡一夜，再用肥皂水洗净，清水冲洗后，用蒸馏水再冲一遍，晾干备用；对于用过的玻璃器皿，用清水冲洗，再用蒸馏水冲洗一遍，干后备用；对于已被污染的玻璃器皿，先在121℃高压蒸汽条件下灭菌30min后，倒去残渣，用毛刷刷去器皿壁上的污染物，再用清水冲洗干净，蒸馏水淋洗一遍，晾干备用。

(2) 金属用具的洗涤　对于新购置的金属用具（表面有一层油脂）要先擦净油脂后再用热肥皂水洗净，清水冲洗后，擦干备用；对于用过的金属用具用清水洗净，擦干备用。

5. 用具的灭菌

参见表1-1。

四、考核内容与评分标准

1. 相关知识

(1) 组培实验室各个环节设施功能和设计原理（10分）。

(2) 各个仪器设备的使用方法和注意事项（20分）。

(3) 各个器具用品的规范使用方法。（20分）

2. 操作技能

(1) 设计组培实验室技能（20分）。

(2) 掌握组培相关仪器设备的使用技能（10分）。

(3) 熟练相关用具的使用、洗涤和灭菌技能（20分）。

课程思政资源

项目二　培养基的配制及灭菌

知识目标：了解培养基的组成成分，能够独立设计植物的培养基配方。
技能目标：能够独立完成培养基的配制和灭菌工作。
重点难点：培养基配方的设计。

必 备 知 识

一、培养基的主要成分

培养基的主要成分包括：水、无机成分、有机营养（糖类、维生素类、肌醇、氨基酸、天然有机附加物）、植物生长调节物质、琼脂等。

1. 水

水是植物原生质体的组成部分，也是一切代谢过程的介质和溶剂，是生命活动中不可缺少的物质，所以它在培养基中所占的比例是最大的。它能提供植物生长所需的 C、H、O 元素，在配制母液和培养基中，为保持母液和培养基配方的准确性，通常使用无菌水或蒸馏水，大规模生产时，也可用过滤的自来水。

2. 无机成分

无机成分指植物在生长发育时所需的各种化学元素。根据植物对各种无机营养元素的吸收量，可将其分为大量元素和微量元素。

（1）大量元素　大量元素指培养基中浓度大于 0.5mmol/L 的元素，有 N、P、K、Ca、Mg、S 等。

① N　是蛋白质、酶、叶绿素、维生素、核酸、磷脂、生物碱等的组成成分，是生命不可缺少的物质。在制备培养基时 N 元素以 NO_3^- 和 NH_4^+ 两种形式供应。大多数培养基既含有 NO_3^- 又含有 NH_4^+。NH_4^+ 对植物生长较为有利。作为供应物质的有 KNO_3、NH_4NO_3 等。有时也添加氨基酸来补充氮素。

② P　是磷脂的主要成分。而磷脂又是原生质、细胞核的重要组成部分。磷也是 ATP、ADP 等的组成成分。在植物组织培养过程中，向培养基内添加磷，不仅能增加养分、提供能量，而且也促进外植体对 N 的吸收，增加蛋白质在植物体中的积累。常用的物质有 KH_2PO_4 或 NaH_2PO_4 等。

③ K　与糖类合成、转移及氮素代谢等有密切关系。K 增加时，蛋白质合成增加，维管束、纤维组织发达，对胚的分化有促进作用。但浓度不宜过大，一般以 1~3mg/L 为好。制备培养基时，常以 KCl、KNO_3 等盐类提供。

④ Mg、S 和 Ca　Mg 是叶绿素的组成成分，又是激酶的活化剂；S 是含硫氨基酸和蛋白质的组成成分。它们常以 $MgSO_4 \cdot 7H_2O$ 提供，用量以 1~3mg/L 较为适宜。Ca 是构成细胞壁的一种成分，对细胞分裂、保护质膜不受破坏有显著作用，常以 $CaCl_2 \cdot 2H_2O$ 提供。

(2) 微量元素　微量元素指培养基中浓度小于 0.5mmol/L 的元素，包括 Fe、B、Mn、Cu、Mo、Co 等。铁是一些氧化酶、细胞色素氧化酶、过氧化氢酶等的组成成分。同时，它又是叶绿素形成的必要条件。培养基中的铁对胚的形成、芽的分化和幼苗转绿有促进作用。在制作培养基时不用 $Fe_2(SO_4)_3$ 和 $FeCl_3$［因其在 pH 值 5.2 以上，易形成 $Fe(OH)_3$ 的不溶性沉淀］，而用 $FeSO_4 \cdot 7H_2O$ 和 Na_2-EDTA 结合成螯合物使用。B、Mn、Zn、Cu、Mo、Co 等也是植物组织培养中不可缺少的元素，缺少这些物质会导致生长、发育异常现象。

总之，植物必需营养元素可组成结构物质，也可是具有生理活性的物质（如酶、辅酶及作为酶的活化剂）参与活跃的新陈代谢。此外，其还在维持离子浓度平衡、胶体稳定、电荷平衡等电化学方面起着重要作用。当某些营养元素供应不足时，愈伤组织表现出一定的缺素症状。如缺氮会表现出一种花色素苷的颜色，不能形成导管；缺铁则细胞停止分裂；缺硫表现出非常明显的褪绿；缺锰或钼则影响细胞的伸长。

3. 有机营养

培养基中若只含有大量元素与微量元素，常称为基本培养基。根据不同的培养目的，基本培养基中往往要加入一些有机物以利于快速生长。常加入的有机成分主要有以下几类。

(1) 糖类　最常用的碳源是蔗糖，葡萄糖和果糖也是较好的碳源，可支持许多组织很好地生长。麦芽糖、半乳糖、甘露糖和乳糖在组织培养中也有应用。蔗糖使用浓度在 2%～3%，常用 3%，即配制 1L 培养基称取 30g 蔗糖，有时可用 2.5%；但在胚培养时采用 4%～15% 的高浓度，因蔗糖对胚状体的发育起重要作用。不同糖类对生长的影响不同。从各种糖对水稻根培养的影响来看，以葡萄糖效果最好，果糖和蔗糖相当，麦芽糖差一些。不同植物不同组织的糖类需要量也不同，实验时要根据配方规定按量称取，不能任意取量。高压灭菌时一部分糖发生分解，制订配方时要给予考虑。在大规模生产时，可采用食用的绵白糖代替。

(2) 维生素　这类化合物在植物细胞里主要是以各种辅酶的形式参与多种代谢活动，对生长、分化等有很好的促进作用。虽然大多数的植物细胞在培养中都能合成所必需的维生素，但在数量上还明显不足，通常需加入一至数种维生素，以便获得最好的生长。主要加入的维生素有维生素 B_1（盐酸硫胺素）、维生素 B_6（盐酸吡哆醇）、维生素 B_{11}（烟酸）、维生素 C（抗坏血酸），有时还使用维生素 H（生物素）、维生素 M（叶酸）、维生素 B_2（核黄素）等。一般用量为 0.1～1.0mg/L。维生素 B_1 对愈伤组织的产生和活力有重要作用，维生素 B_6 能促进根的生长，维生素 B_{11} 与植物代谢和胚的发育有一定关系，维生素 C 有防止组织变褐的作用。

(3) 肌醇　又叫环己六醇，在糖类的相互转化中起重要作用。通常可由磷酸葡萄糖转化而成，还可进一步生成果胶物质，用于构建细胞壁。肌醇与六分子磷酸残基相结合形成植酸。植酸可与钙、镁等阳离子结合成植酸钙镁，还可进一步形成磷脂，参与细胞膜的构建。使用浓度一般为 100mg/L，适当使用肌醇，能促进愈伤组织的生长以及胚状体和芽的形成，对组织和细胞的繁殖、分化有促进作用，对细胞壁的形成也有作用。

(4) 氨基酸　是很好的有机氮源，可直接被细胞吸收利用。培养基中最常用的氨基酸是甘氨酸，甘氨酸能促进离体根的生长。其他如精氨酸、谷氨酸、谷酰胺、天冬氨酸、天冬酰胺、丙氨酸、丝氨酸、半胱氨酸等也常用。其中丝氨酸和谷氨酰胺有利于花药胚状体或不定芽的分化。半胱氨酸可作为氧化剂，有防褐变的作用。有时应用水解乳蛋白或水解酪蛋白，它们是牛乳用酶法等加工的水解产物，是含有约 20 种氨基酸的混合物，用量在 10～1000mg/L。由于它们营养丰富，极易引起污染，如在培养中无特别需要，以不用为宜。

（5）天然复合物　其成分比较复杂，大多含氨基酸、激素、酶等一些复杂化合物。它对细胞和组织的增殖与分化有明显的促进作用，但对器官的分化作用不明显。它们的成分大多不清楚，所以一般应尽量避免使用。

① 椰乳　椰乳是椰子的液体胚乳，是使用最多、效果最好的一种天然复合物。一般使用量在 10%～20%，与其果实成熟度及产地关系很大。它在愈伤组织和细胞培养中具有促进生长的作用。在马铃薯茎尖分生组织和草莓微茎尖培养中起明显的促进作用，但茎尖组织的大小若超过 1mm 时，椰乳就不发生作用。

② 香蕉　一般用量为 150～200mL/L。用黄熟的小香蕉，加入培养基后变为紫色，对 pH 值的缓冲作用大，主要在兰花的组织培养中应用，对发育有促进作用。

③ 马铃薯　马铃薯去掉皮和芽后，加水煮 30min，再经过过滤，取其滤液使用。用量为 150～200g/L。对 pH 值缓冲作用也较大。添加后可得到健壮的植株。

④ 水解酪蛋白　为蛋白质的水解物，主要成分为氨基酸，使用浓度为 100～200mg/L。受酸和酶的作用易分解，使用时要注意。

⑤ 其他　酵母提取液（0.01%～0.05%），主要成分为氨基酸和维生素类；麦芽提取液（0.01%～0.5%）、苹果和番茄的果汁、黄瓜的果实、未熟玉米的胚乳等。遇热较稳定，大多在培养困难时使用，有时有效。

4. 植物激素

植物激素是植物新陈代谢中产生的天然化合物，它能以极微小的量影响到植物的细胞分化、分裂、发育，影响到植物的形态建成、开花、结实、成熟、脱落、衰老和休眠以及萌发等许许多多的生理生化活动，在培养基的各种成分中，植物激素是培养基的关键物质，对植物组织培养起着决定性作用。

（1）生长素类　在组织培养中，生长素主要被用于诱导愈伤组织形成，诱导根的分化和促进细胞分裂、伸长生长。在促进生长方面，根对生长素最敏感。在极低的浓度下（10^{-8}～10^{-5}mg/L）就可促进生长，其次是茎和芽。天然的生长素热稳定性差，高温高压或受光条件易被破坏。在植物体内也易受到体内酶的分解。组织培养中常用人工合成的生长素类物质。

IAA（indoleacetic acid，吲哚乙酸）是天然存在的生长素，亦可人工合成，其活力较低，是生长素中活力最弱的激素，对器官形成的副作用小，高温高压易被破坏，也易被细胞中的 IAA 分解酶降解，受光也易分解。

IBA（indolebutyric acid，吲哚丁酸）是促进发根能力较强的生长调节物质。

NAA（naphthaleneacetic acid，萘乙酸）在组织培养中的启动能力要比 IAA 高出 3～4 倍，且由于可大批量人工合成，耐高温、高压，不易被分解破坏，所以应用较普遍。NAA 和 IBA 广泛用于生根，并与细胞分裂素互作促进芽的增殖和生长。

2,4-D(2,4-二氯苯氧乙酸）启动能力比 IAA 高 10 倍，特别在促进愈伤组织的形成上活力最高，但它强烈抑制芽的形成，影响器官的发育。适宜的用量范围较狭窄，过量常有毒效应。

生长素配制时可先用少量95%乙醇（俗称酒精）助溶；2,4-D可用0.1mol/L的NaOH或KOH助溶；生长素常配成1mg/mL的溶液贮于冰箱中备用。

（2）GA（gibberellic acid，赤霉素） 有20多种，生理活性及作用的种类、部位、效应等各有不同。培养基中添加的是GA_3，主要用于促进幼苗茎的伸长生长，促进不定胚发育成小植株；赤霉素和生长素协同作用，对形成层的分化有影响，当生长素/赤霉素比值高时有利于木质部分化，比值低时有利于韧皮部分化；此外，赤霉素还用于打破休眠，促进种子、块茎、鳞茎等提前萌发。一般在器官形成后，添加赤霉素可促进器官或胚状体的生长。

赤霉素溶于乙醇，配制时可用少量95%乙醇助溶。赤霉素不耐热，高压灭菌后将有70%～100%失效，应当采用过滤灭菌法加入。

（3）细胞分裂素类（cytokinin） 这类激素是腺嘌呤的衍生物，包括6-BA（6-苄基氨基嘌呤）、KT（kinetin激动素）、ZT（zeatin玉米素）等。其中ZT活性最强，但非常昂贵，常用的是6-BA。

在培养基中添加细胞分裂素有三个作用：①诱导芽的分化促进侧芽萌发生长，细胞分裂素与生长素相互作用，当组织内细胞分裂素/生长素的比值高时，诱导愈伤组织或器官分化出不定芽；②促进细胞分裂与扩大；③抑制根的分化。因此，细胞分裂素多用于诱导不定芽的分化和茎、苗的增殖，而避免在生根培养时使用。

生长素与细胞分裂素的比例决定着发育的方向，是产生愈伤组织，还是长根或长芽。如为了促进芽器官的分化，应除去或降低生长素的浓度，或调整培养基中生长素与细胞分裂素的比例。

生长调节物质的使用浓度甚微，一般用"mg/L"表示。在组织培养中，生长调节物质的使用浓度因植物的种类、部位、时期、内源激素等的不同而异，一般生长素的使用浓度为0.05～5mg/L，细胞分裂素为0.05～10mg/L。

5. 培养材料的支持物

（1）琼脂（agar） 在固体培养时，琼脂是最好的固化剂。琼脂是一种由海藻中提取的高分子糖类，本身并不提供任何营养。琼脂能溶解在热水中，成为溶胶，冷却至40℃即凝固为固体状凝胶。通常所说的"煮化"培养基，就是使琼脂溶解于90℃以上的热水。琼脂的用量在6～10g/L，若浓度太高，培养基就会变得很硬，营养物质难以扩散到培养的组织中去；若浓度过低，凝固性不好。新买来的琼脂最好先试一下它的凝固力。一般琼脂以颜色浅、透明度好、洁净的为上品。琼脂的凝固能力除与原料、厂家的加工方式有关外，还与高压灭菌时的温度、时间、pH值等因素有关。长时间的高温会使凝固能力下降；过酸、过碱加之高温会使琼脂发生水解，丧失凝固能力。时间过久，琼脂变褐，也会逐渐丧失凝固能力。

加入琼脂的固体培养基与液体培养基相比，优点在于操作简便，通气问题易于解决，便于经常观察研究等；但它也有不少缺点，如培养物与培养基的接触（即吸收）面积小，各种养分在琼脂中扩散较慢，影响养分的充分利用，同时培养物排出的一些代谢废物聚集在吸收表面，对组织产生毒害作用。市售的各种琼脂几乎都含有杂质，特别是Ca、Mg及其他微量元素。因此在研究植物组织或细胞的营养问题时，则应避免使用琼脂。可在液体培养基表面安放一个无菌滤纸制成的滤纸桥，然后在滤纸桥上进行愈伤组织培养。

（2）其他 有玻璃纤维、滤纸桥、海绵等，总的要求是其排出的有害物质对培养材料没有影响或影响较小。

6. 抗生物质（antibiotic）

抗生物质有青霉素、链霉素、庆大霉素等，用量在 5～20mg/L。添加抗生物质可防止菌类污染，减少培养中材料的损失，尤其在快速繁殖中，常因污染而丢弃成百上千瓶的培养物，采用适当的抗生素便可节约人力、物力和时间。尤其对大量通气长期培养，效果更好。对于刚感染的组织材料，可向培养基中注入 5%～10% 的抗生素。抗生素各有其抑菌谱，要加以选择试用，也可两种抗生素混用。但是应当注意抗生素对植物组织的生长也有抑制作用，可能某些植物适宜用青霉素，而另一些植物却不大适应。值得提醒的是，在工作中不能以为用了抗生素，而放松灭菌措施。此外，在停止抗生素使用后，往往污染率显著上升，这可能是原来受抑制的菌类又滋生出来造成的。

7. 抗氧化物（antioxide）

植物组织在切割时会溢泌一些酚类物质，接触空气中的氧气后，自动氧化或由酶类催化氧化为相应的醌类，产生可见的茶色、褐色以至黑色，这就是酚污染。这些物质渗入细胞外就造成自身中毒，使培养的材料生长停顿，失去分化能力，最终变褐死亡。木本植物，尤其是热带木本及少数草本植物培养中，此现象较为严重。目前还没有彻底解决的办法，只能按不同的实际情况，采用添加一些药物并适当降低培养温度、及时转移到新鲜培养基上等办法，使之有不同程度的缓解，当然严格选择外植体部位、加大接种数量等也应一并考虑。抗酚类氧化常用的药剂有半胱氨酸及维生素 C，可用 50～200mg/L 的浓度洗涤刚切割的外植体伤口表面，或过滤灭菌后加入固体培养基的表层。其他抗氧化剂有二硫苏糖醇、谷胱甘肽、硫乙醇及二乙基二硫氨基甲酸酯等。

8. 活性炭（active carbon）

活性炭为木炭粉碎经加工形成的粉末结构，它结构疏松、孔隙大、吸水力强，有很强的吸附作用，其颗粒大小决定着吸附能力，粒度越小、吸附能力越大。温度低，吸附力强；温度高，吸附力减弱，甚至解吸附。通常使用浓度为 0.5～10g/L。它可以吸附非极性物质和色素等大分子物质，包括琼脂所含的杂质，培养物分泌的酚、醌类物质，以及蔗糖在高压消毒时产生的 5-羟甲基糖醛及激素等。茎尖初代培养，加入适量活性炭，可以吸附外植体产生的致死性褐化物；其效力优于维生素 C 和半胱氨酸；在新梢增殖阶段，活性炭可明显促进新梢的形成和伸长，但其作用有一个阈值，一般为 0.1%～0.2%，不能超过 0.2%。

活性炭对生根有明显的促进作用，其机制一般认为与活性炭减弱光照有关，可能是由于根顶端产生促进根生长的 IAA，但 IAA 遇可见光易被氧化而破坏，因此活性炭的主要作用就在于通过减弱光照保护了 IAA，从而间接促进了根的生长。由于根的生长加快，吸收能力增强，反过来又促进了茎、叶的生长。此外，在培养基中加入 0.3% 活性炭，还可降低玻璃苗的产生频率，对防止产生玻璃苗有良好的作用。

活性炭在胚胎培养中也有一定作用，如在葡萄胚珠培养时向培养基中加入 0.1% 的活性炭，可减少组织变褐和培养基变色，产生较少的愈伤组织。但是，活性炭也具有副作用，研究表示，每毫克的活性炭能吸附 100mg 左右的生长调节物质，这说明只需要极少量的活性炭就可以完全吸附培养基中的调节物质。大量的活性炭加入会削弱琼脂的凝固能力，因此需要多加一些琼脂。很细的活性炭也易沉淀，通常在琼脂凝固之前，要轻轻摇动培养瓶。总之，那种随意抓一撮活性炭放入培养基的做法，会带来不良的后果。因此，在使用时要有量的意识，使活性炭发挥其积极作用。

9. 染色剂的使用

有时为了对不同培养基进行标记，可在培养基中加入染色剂。染色剂一般用亚甲蓝、中性红、甲基紫等。使用时配制成1%的浓度，在每升培养基中加入1～3滴。由于染色剂的剂量极微，所以不会对实验产生影响，且节省时间。

二、培养基的pH值

培养基的pH值因培养材料不同而异，大多数植物要求pH值为5.6～5.8，常用1mol/L的HCl和1mol/L的NaOH来调节培养基的pH值。

注：①经高温高压灭菌后，培养基的pH值会下降0.2～0.8，故调整后的pH值应高于目标pH值0.5个单位；②pH值的大小影响琼脂的凝固能力，一般pH＞6时培养基会变硬，pH＜5时琼脂不能很好地凝固。

三、常用培养基的种类、配方及特点

1. 培养基的种类

培养基有许多种类，根据不同的植物和培养部位及不同的培养目的，需选用不同的培养基。

最早应用培养基的是Sacks（1680）和Knop（1681），他们对绿色植物的成分进行了分析研究，根据植物从土壤中主要是吸收无机盐营养的特性，设计出了由无机盐组成的Sacks和Knop溶液，至今仍在作为基本的无机盐培养基得到广泛应用。以后根据不同目的进行改良产生了多种培养基，White培养基在20世纪40年代用得较多，现在还常用。而到20世纪60年代和70年代则大多采用MS等高浓度培养基，它可以保证培养材料对营养的需要，并且生长快、分化快，而且由于浓度高，在配制、消毒过程中某些成分含量有些出入，也不致影响培养基的离子平衡。

培养基的名称一直根据沿用的习惯，多数以发明人的名字来命名，如White培养基，Murashige和Skoog培养基（简称MS培养基），也有对某些成分进行改良称作改良培养基。

(1) 根据态相不同 { 固体培养基　加琼脂的培养基。
　　　　　　　　　液体培养基　不加琼脂的培养基。

(2) 根据培养物的培养过程 { 初代培养基　第一次接种外植体的培养基。
　　　　　　　　　　　　　继代培养基　用来接种继初代培养之后培养物的培养基。

(3) 根据作用不同 { 诱导培养基。
　　　　　　　　　增殖培养基。
　　　　　　　　　生根培养基。

(4) 根据营养水平不同 { 基本培养基（就是通常所说的培养基）　主要有MS、White、B_5、N_6等。
　　　　　　　　　　　完全培养基　在基本培养基的基础上，根据实验的不同，需要附加一些物质的培养基。

2. 几种常用培养基的特点

目前国际上流行的培养基有几十种，常用的培养基及特点如下。

(1) MS培养基　MS培养基是1962年由Murashige和Skoog为培养烟草细胞而设计的。特点是无机盐和离子浓度较高，为较稳定的平衡溶液。其养分的数量和比例较合适，可满足植物的营养和生理需要。它的硝酸盐含量较其他培养基为高，广泛用于植物的器官、花药、细胞和原生质体培养,效果良好。有些培养基是由它演变而来的。

(2) White 培养基　White 培养基是 1943 年由 White 为培养番茄根尖而设计的。1963 年又做了改良,提高了 $MgSO_4$ 的浓度和增加了硼素,称作 White 改良培养基。其特点是无机盐数量较低,适于生根培养。

(3) N_6 培养基　N_6 培养基是 1974 年朱至清等为水稻等禾谷类作物花药培养而设计的。其特点是成分较简单,KNO_3 和 $(NH_4)_2SO_4$ 含量高。在国内已广泛应用于小麦、水稻及其他植物的花药培养和其他组织培养。

(4) B_5 培养基　B_5 培养基是 1968 年由 Gamborg 等为培养大豆根细胞而设计的。其主要特点是含有较低的铵,这可能对不少培养物的生长有抑制作用。从实践得知,有些植物在 B_5 培养基上生长更适宜,如双子叶植物特别是木本植物。

(5) KM-8P 培养基　KM-8P 培养基是 1974 年为原生质体培养而设计的。其特点是有机成分较复杂,它包括了所有的单糖和维生素,广泛用于原生质融合的培养。

3. 几种常用培养基的配方

几种常用培养基的配方见表 2-1。

表 2-1　几种常用培养基的配方

化合物名称	培养基含量/(mg/L)						
	MS	White	B_5	WPM	N_6	Knudson C	Nitsch
NH_4NO_3	1650	—	—	—	—	—	720
KNO_3	1900	80	2527.5	400	—	—	950
$(NH_4)_2SO_4$	—	—	134	—	2830	500	—
$NaNO_3$	—	—	—	—	463	—	—
KCl	—	65	—	—	—	—	—
$CaCl_2 \cdot 2H_2O$	440	—	150	96	166	—	166
$Ca(NO_3)_2 \cdot 4H_2O$	—	300	—	556	—	1000	—
$MgSO_4 \cdot 7H_2O$	370	720	246.5	370	185	250	185
K_2SO_4	—	—	—	900	—	—	—
Na_2SO_4	—	200	—	—	—	—	—
KH_2PO_4	170	—	—	170	400	250	68
$FeSO_4 \cdot 7H_2O$	27.8	—	—	27.8	27.8	25	27.85
Na_2-EDTA	37.3	—	—	37.3	37.3	—	37.75
Na_2-Fe-EDTA	—	—	28	—	—	—	—
$Fe_2(SO_4)_3$	—	2.5	—	—	—	—	—
$MnSO_4 \cdot H_2O$	—	—	—	22.3	—	—	—
$MnSO_4 \cdot 4H_2O$	22.3	7	10	—	4.4	7.5	25
$ZnSO_4 \cdot 7H_2O$	8.6	3	2	8.6	1.5	—	10
$CoC_{12} \cdot 6H_2O$	0.025	—	0.025	—	—	—	0.025
$CuSO_4 \cdot 5H_2O$	0.025	0.03	0.025	0.025	—	—	—
MoO_3	—	—	—	—	—	—	0.25
$Na_2MoO_4 \cdot 2H_2O$	—	—	0.25	0.25	—	—	—
KI	0.83	0.75	0.75	—	0.8	—	10
H_3BO_3	6.2	1.5	3	6.2	1.6	—	—
$NaH_2PO_4 \cdot H_2O$	—	16.5	150	—	—	—	—
烟酸	0.5	0.5	1	0.5	0.5	—	—
盐酸吡哆醇	0.5	0.1	1	0.5	0.5	—	—
盐酸硫胺素	0.1	0.1	10	0.5	1	—	—
肌醇	100	—	100	100	—	—	100
甘氨酸	2	3	—	2	2	—	—

四、培养基配方试验设计与筛选

在进行植物组织培养时,选择最佳培养基是成功的关键。为了能研制出一种适用的培养基,最好先选用一种已被广泛采用的基本培养基(如 MS、B_5、White、H 等)。当通过一系列的实验,对该种基本培养基做了某些定性和定量的小变动之后,即有可能得到一种能满足实验需要的新培养基。在改动培养基的时候,无机成分和有机成分应当分别处理。

在植物组培快繁中,最常改动的因子是生长调节物质(植物激素),尤其是生长素和细胞分裂素。

例如,进行不定芽的诱导培养时,开始可选用一种基本培养基(如 MS),再附加细胞分裂素类(如 6-BA)、生长素类(如 IBA);细胞分裂素和生长素分别设定不同的浓度,如 6-BA、IBA 各设 5 种不同浓度(见表2-2),这两种激素 5 种浓度的所有可能组合,即构成了一个具有 25 项处理的实验。由这 25 项处理中选出最佳的一个组合,然后在保持浓度不变的情况下,再试验其他种类的生长素和细胞分裂素。当改变细胞分裂素的种类时,保持原生长素不变,反之亦然。另外,虽然高浓度盐分培养基对若干实验体系来说都已证明效果很好,但有些培养物在低浓度盐分培养基上生长得会更好。因此,在保持生长调节物质最佳组合不变的情况下,就还有必要试验一下 1/4 和 1/2 水平的基本培养基盐分的效果。最后,还要进行一系列的实验以确定最适合的蔗糖浓度(2%~6%以至更高)。通过上述这些实验,常常就足以研制出一种适合的培养基。不过,要对这种培养基做进一步的改良,还有很多其他可能性值得探讨。

表 2-2 6-BA、IBA 各设 5 种浓度的实验组合

激素		6-BA 浓度/(mg/L)				
		0	0.5	1.0	1.5	2.0
IBA 浓度 /(mg/L)	0	1	2	3	4	5
	0.05	6	7	8	9	10
	0.1	11	12	13	14	15
	0.5	16	17	18	19	20
	1.0	21	22	23	24	25

为了能为一个新的实验体系选出最适合的培养基,De Fossard 等(1974)介绍了"广谱实验法"。与上面介绍的方法相比,这一方法比较复杂。但若利用简单的方法解决不了问题,就有必要用该方法试验一下。

这种广谱实验法是把培养基中的所有组分分为 4 大类,即无机盐、生长素、细胞分裂素、有机营养物质(蔗糖、氨基酸和肌醇等)。对每一类物质再选定低(L)、中(M)、高(H)3 种浓度(见表2-3),4 类物质各 3 种浓度的不同组合构成一项包括 81 个处理的实验。在这 81 个处理中,筛选出适宜的处理。达到这个阶段以后,即可再试验不同类型的生长素和细胞分裂素,以筛选出它们的最佳类型。有些实验系统对于生长素和细胞分裂素这两类生长调节物质的具体形式非常敏感。

在植物组织培养中,影响因素较多,如基本培养基、细胞分裂素、生长素、糖浓度、光照、pH 值等。要筛选出最佳培养基和培养条件,需要进行大量的实验。为了减少实验次数,节约时间,常采用正交实验设计。

表 2-3 在 De Fossard 等（1974）广谱实验中无机盐、生长素、细胞分裂素
及有机营养物质的成分和浓度

成分	浓度范围/(mmol/L)			成分	浓度范围/(mmol/L)		
	低(L)	中(M)	高(H)		低(L)	中(M)	高(H)
NH_4NO_3	5	10	20	生长素	0.0001	0.001	0.01
KNO_3	—	10	20	细胞分裂素	0.0001	0.001	0.01
KH_2PO_4	0.1	—	—	肌醇	0.1	0.3	0.6
NaH_2PO_4	—	1	2	烟酸	0.004	0.02	0.04
KCl	1.9	—	—	盐酸吡哆醇	0.0006	0.003	0.006
$CaCl_2$	1	2	3	盐酸硫胺素	0.0001	0.002	0.04
$MgSO_4$	0.5	1.5	3	生物素	0.00004	0.0002	0.001
HBO_3	0.01	0.05	0.15	叶酸	0.0005	0.001	0.002
$MnSO_4$	0.01	0.05	0.1	D-泛酸钙	0.0002	0.001	0.005
$ZnSO_4$	0.001	0.02	0.04	核黄素	0.0001	0.001	0.01
$CuSO_4$	0.00001	0.0001	0.0015	抗坏血酸	0.0001	0.001	0.01
Na_2MoO_4	0.00001	0.0001	0.001	氯化胆碱	0.0001	0.001	0.01
$CoCl_2$	0.0001	0.0005	0.001	L-盐酸半胱氨酸	0.01	0.06	0.12
KI	0.0005	0.0025	0.005	甘氨酸	0.0005	0.005	0.05
$FeSO_4$	0.01	0.05	0.1	蔗糖	6	60	120
Na_2-EDTA	0.01	0.05	0.1				

正交设计是多因素分析的有力工具，它可以很方便地从众多因素中选出主要影响因素及最佳水平，因其可以用较少的实验次数得到较多的信息。如 7 因素 2 水平的实验，要将各因素水平全部组合都做一次，需要做 128 次实验，而正交设计只需做 8 次实验就基本代表了全部实验情况，可收到事半功倍的效果。正交设计的主要工具是正交表，在进行组培快繁多因素分析时，可参照生物统计学有关章节，选择与实验相符合的正交表，然后进行实验和分析。

五、培养基的配制和保存

1. 母液的配制和保存

在植物组织培养工作中，配制培养基是日常必备的工作。为简便起见，通常先配制一系列母液，即贮备液。所谓母液是欲配制营养液的浓缩液，这样做不但可以保证各物质成分配制时的准确性及快速移取，而且还便于低温保藏。一般母液浓度为所需浓度的 10~100 倍。母液配制时可分别配成大量元素、微量元素、铁盐、有机物和激素类等。配制时注意一些离子之间易发生沉淀，如 Ca^{2+} 和 SO_4^{2-}，Ca^{2+}、Mg^{2+} 和 PO_4^{3-} 一起溶解后，会产生沉淀，一定要充分溶解再放入母液中。配制母液时要用蒸馏水或重蒸馏水。药品应选取等级较高的化学纯或分析纯。药品的称量及定容都要准确。各种药品先以少量水让其充分溶解，然后依次混合。一般配成大量元素、微量元素、铁盐、维生素等母液，其中维生素、氨基酸类可以分别配制，也可以混在一起。母液配好后放入冰箱内低温保存，用时再按比例稀释。

下面以 MS 培养基制备为例,概述其制备方法(配方见表 2-4,具体制备方法见任务 1)。

(1) 大量元素母液　可配成为所需浓度 10 倍的母液。用分析天平按表 2-4 称取药品,分别加 100mL 左右蒸馏水溶解后,再用磁力搅拌器搅拌,促进溶解。注意 Ca^{2+} 和 PO_4^{3-} 易发生沉淀。然后倒入 1000mL 定容瓶中,再加水定容至刻度,成为 10 倍母液。

(2) 微量元素母液　可配成为所需浓度 100 倍的母液。用分析天平按表 2-2 准确称取药品后,分别溶解,混合后加水定容至 1000mL。

表 2-4　MS 培养基各种母液的成分和称取量

母液	化合物名称	培养基用量/(mg/L)	扩大倍数	称取量/mg	母液体积/mL
1	KNO_3 NH_4NO_3 $MgSO_4 \cdot 7H_2O$	1900 1650 370	10	19000 16500 3700	1000
2	KH_2PO_4	170	100	8500	500
3	$CaCl_2 \cdot 2H_2O$	440	100	22000	500
4	Na_2-EDTA $FeSO_4 \cdot 7H_2O$	37.3 27.8	100	3730 2780	1000
5	$MnSO_4 \cdot 4H_2O$ $ZnSO_4 \cdot 7H_2O$ H_3BO_3 KI $Na_2MoO_4 \cdot 2H_2O$ $CuSO_4 \cdot 5H_2O$ $CoCl_2 \cdot 6H_2O$	22.3 8.6 6.2 0.83 0.25 0.025 0.025	100	2230 860 620 83 25 2.5 2.5	1000
6	甘氨酸 维生素 B_1 维生素 B_6 烟酸 肌醇	2.0 0.1 0.5 0.5 100	100	20 1 5 5 1000	100

(3) 铁盐母液　可配成 100 倍的母液,按表 2-4 称取药品,可加热溶解,混合后加水定容至 1000mL。

(4) 有机物母液　可配成 500 倍的母液。按表 2-4 分别称取药品,溶解,混合后加水定容至 500mL。

(5) 激素母液的配制　每种激素必须单独配成母液,浓度一般为 1mg/mL。用时根据需要取用。因为激素用量较少,一次可配成 50mL 或 100mL。另外,多数激素难溶于水,要先溶于可溶物质,然后才能加水定容。

它们的配法如下。将 IAA、IBA、GA 等先溶于少量的 95% 乙醇溶液中,再加水定容。NAA 可先溶于热水或少量 95% 乙醇溶液中,再加水定容。2,4-D 可用少量 1mol/L NaOH 溶解后,再加水定容。KT 和 BA 先溶于少量 1mol/L 的 HCl 中再加水定容。将玉米素先溶于少量 95% 的乙醇中,再加热水定容。配制好的母液瓶上应分别贴上标签,注明母液名称、配制倍数、日期及配 1L 培养基时应取的量。

2. 培养基的制备

以配制 1L MS 培养基为例,简要介绍培养基的配制过程。

(1) 在烧杯中放入一定量的水,再按母液的顺序依次加入需要的量。

(2) 加入蔗糖并溶解。

(3) 定容至所要求的体积。

(4) 调节 pH 值，可用 pH 试纸或酸度计进行测量。

在用酸度计测量前，首先要对其进行校准，常用的校正液有三种：邻苯二甲酸氢钾（pH4.00，25℃）、混合磷酸盐（pH6.86，25℃）、四硼酸钠（pH9.18，25℃），选择合适的校正液进行校准，校准后才可测定 pH 值。

(5) 加入琼脂，并加热溶解，溶解过程中搅拌，以免造成浓度不均匀。

(6) 培养基分装。将配好的培养基在其未凝固的情况下（40℃）尽快分装到试管、三角瓶等培养容器中，分装时要掌握好培养基的量，一般以占试管、三角瓶等培养容器的 1/4～1/3 为宜，分装时要注意不要将培养基沾到壁口，以免引起污染。

(7) 封口：分装后的培养基应尽快封口，以免培养基中的水分蒸发。

(8) 灭菌：封口后的培养基应尽快进行高压蒸汽灭菌，灭菌不及时会造成杂菌大量繁殖，使培养基失去效用。

灭菌过程中应注意：灭菌前应检查一下灭菌锅底部的水是否充足，应添加到水位线处；灭菌加热过程中应使灭菌锅内的冷空气排尽，以保证灭菌彻底。

排气的方法有两种：一种是开始时就打开放气阀，等大量冷空气排出后再关闭放气阀；另一种是先关闭放气阀，当压力升到 0.05MPa 时，打开放气阀排出冷空气后，再关闭放气阀进行升温、升压。

灭菌时，应使压力表读数为 0.1～0.15MPa 即 121℃保持 20min 即可，灭菌时间不宜过长，否则蔗糖等有机物会在高温下分解，使培养基变质，甚至难以凝固，灭菌时间也不宜过短，否则灭菌不彻底易造成培养基污染。

灭菌后应切断电源，使灭菌锅内的压力缓慢降下来，接近"0"时，才可打开放气阀，排出剩余蒸汽后，打开锅盖取出培养基。（若切断电源后急于取出培养基而打开放气阀，造成降压太快，使容器内外压强差过大，会使液体溢出造成浪费、污染，甚至危害人身安全。）

某些生长调节物质（如 IAA、IBA、ZT 及某些维生素、抗生素、酶类等）湿热易分解，不能进行高压、高温灭菌，需要进行过滤灭菌。

3. 培养基的存放

经过高温高压灭菌的培养基取出后，放在洁净、无灰尘、遮光的环境中进行贮存。贮存的时间不宜过长，尽可能在两周内用完。含有生长调节物质的培养基最好能在 4℃低温保存，效果更理想（注意在培养基凝固过程中不要移动容器，待凝固后再进行转移。）

课 后 作 业

1. 设计一种植物的培养基配方。
2. 叙述配制 MS 固体培养基的流程。

工 作 任 务

任务 1　MS 培养基母液的配制与保存

一、工作目标

通过此项工作掌握植物组织培养中母液配制与保存的基本知识，并掌握 MS 培养基母液的配制与保存技术。

MS 大量元素母液配制

二、材料用具

配制 MS 培养基母液所需各种药品、蒸馏水、电子天平、烧杯、量筒、定容瓶、母液瓶、标签、冰箱、滤纸等。

三、工作过程

1. 母液的配制

参见表 2-4。

铁盐母液配制

（1）母液 1 的配制　先按照扩大的倍数计算称取量，用天平称取母液 1 的各种药品，用蒸馏水将药品分别溶解，然后依次混合，定容为 1L，成为 10 倍液。

（2）母液 2 的配制　先按照扩大的倍数计算称取量，用天平称取母液 2 的各种药品，用蒸馏水将药品分别溶解，然后依次混合，定容为 500mL，成为 100 倍液。

（3）母液 3 的配制　先按照扩大的倍数计算称取量，用天平称取母液 3 的各种药品，用蒸馏水将药品分别溶解，然后依次混合，定容为 500mL，成为 100 倍液。

（4）母液 4 的配制　先按照扩大的倍数计算称取量，用天平称取母液 4 的各种药品，用蒸馏水将药品分别溶解，然后依次混合，定容为 1L，成为 100 倍液。

（5）母液 5 的配制　先按照扩大的倍数计算称取量，用天平称取母液 5 的各种药品，用蒸馏水将药品分别溶解，然后依次混合，定容为 1L，成为 100 倍液。

（6）母液 6 的配制　先按照扩大的倍数计算称取量，用天平称取母液 6 的各种药品，用蒸馏水将药品分别溶解，然后依次混合，定容为 100mL，成为 100 倍液。

2. 母液的保存

（1）装瓶　将配制好的母液分别倒入瓶中，瓶上贴好标签，注明培养基名称、母液号、扩大倍数与配制日期。

（2）贮藏　将母液瓶储放在 5℃左右的冰箱中保存。

四、注意事项

（1）各种药品一定要充分溶解后才能混合。

（2）一定将配好的母液做好标记，以免弄混。

五、考核内容与评分标准

1. 相关知识

培养基由哪些成分组成，如何配制和保存（30 分）？

2. 操作技能

（1）掌握培养基母液的操作流程（40 分）。

（2）掌握母液保存技能（30 分）。

任务 2　常用激素母液的配制与保存

一、工作目标

通过此项工作掌握植物组织培养中激素母液配制与保存的基本知识，并掌握常用激素基母液的配制与保存技术。

二、材料用具

NAA、2,4-D、6-BA、IBA、蒸馏水、电子天平、烧杯、量筒、定容瓶、母液瓶、标签、冰箱、1mol/L NaOH、1mol/L HCl、95％乙醇、滤纸等。

三、工作过程

一般来说，配制生长素类物质（如 IAA、2,4-D、NAA 等）时，将其先溶于少量 95% 酒精溶液中或 1mol/L NaOH 中，待其充分溶解后，加水定容到所要求的浓度。而细胞分裂素类物质（如 KT、6-BA 等）要先溶于少量 1mol/L HCl 中，待其充分溶解后，再加水定容到所要求的浓度。现以配制 100mL、0.1mg/mL 的 NAA 为例说明激素母液配制具体过程。

(1) 称量　用电子天平准确称量 NAA 10mg。

(2) 溶解　将 NAA 溶于少量 95% 乙醇中或 1mol/L NaOH 中。

(3) 定容　将 NAA 溶液倒入 100mL 定容瓶中，并加蒸馏水至水位线。

(4) 保存　将 100mL NAA 溶液倒入母液瓶中，并贴好标签，注明母液名称、配制浓度、配制日期等，置于冰箱中保存。

四、注意事项

(1) 溶解药品时所用的 1mol/L NaOH、1mol/L HCl、95% 乙醇不能加入过多。

(2) 一定将配好的母液做好标记，以免弄混。

五、考核内容与评分标准

1. 相关知识

各激素母液分别需要用什么物质溶解，如何配制和保存（30 分）？

2. 操作技能

(1) 掌握配制激素母液的操作流程（40 分）。

(2) 掌握母液保存技能（30 分）。

任务 3　MS 固体培养基的配制与灭菌

一、工作目标

通过此项工作掌握植物组织培养中固体培养基的配制与灭菌的基本知识，并掌握 MS 固体培养基的配制与灭菌技术。

二、材料用具

配制 MS 培养基所需的各种母液、生长调节物质母液、琼脂、蔗糖、蒸馏水、移液管、量筒、定容瓶、电炉、酸度计或 pH 试纸、0.1mol/L NaOH、0.1mol/L HCl、培养瓶、标签、铅笔等。

三、工作过程

（一）培养基配制方法

(1) 按母液顺序和规定量，用吸管提取母液，放入盛有一定量蒸馏水的量筒。

(2) 加入生长调节物质：视配制的培养基而定。

(3) 加入蔗糖：30g/L。

(4) 加蒸馏水定容后倒入锅中。

(5) 调节 pH 值：用 0.1mol/L 的 NaOH 或 0.1mol/L 的 HCl 调节 pH 值。

MS 固体培养基的配制

(6) 熔化琼脂：6.5g/L（视琼脂质量而定）在电炉上加热溶液，并不断搅拌，使琼脂溶化。

(7) 培养基的分装与封口：将培养基装入培养瓶中并封口。

（二）灭菌方法

1. 高压蒸汽灭菌

(1) 洗涤　把培养皿、三角瓶等器皿彻底清洗干净。
(2) 包扎　用报纸把培养皿、剪刀、镊子等包好。
(3) 灭菌　打开锅盖，加水至水位线。把已装好培养基的三角瓶，连同蒸馏水及接种用具等放入锅筒内，装时不要过分倾斜培养基，以免弄到瓶口上或流出。然后盖上锅盖，对角旋紧螺丝，接通电源加热，当升至 0.05MPa 时，打开放气阀放气，指针回到"0"后关闭放气阀。当气压上升到 0.10MPa 时，保压灭菌 20min，到时停止加热。当气压回到"0"后打开锅盖，取出培养基和灭菌用品，放于平台上冷凝。
(4) 贮藏　灭好菌的培养基放置于温度低于 30℃，没有强光照射的地方，但不要放置时间太长，最多不能超过 1 周。

2. 干热灭菌
(1) 洗涤　把培养皿、三角瓶等器皿彻底清洗干净。
(2) 灭菌　150℃，1h。

四、注意事项
(1) 配制前要做好配制计划。
(2) 在使用高压锅灭菌时要严格按照规范操作。

五、考核内容与评分标准
1. 相关知识
培养基由哪些成分组成，如何进行配制（30 分）？
2. 操作技能
(1) 掌握配制液体培养基的操作流程（20 分）。
(2) 掌握配制固体培养基的操作流程（30 分）。
(3) 掌握培养基灭菌技能（20 分）。

任务 4　培养基配方的设计

一、工作目标
通过此项工作掌握植物组织培养中培养基的主要成分及配方的基本知识，并掌握培养基配方的设计技术。

二、具体要求
设计一个需要配制 1L 的固体培养基的配方，配方中要求包括培养基的基本成分。

三、基本操作
1. 基本培养基的选择
由于 MS 培养基成分完全，适于许多植物的培养，因此选择培养基时，首先用 MS 培养基试用，合适就定为基本培养基，不合适再选择其他培养基配方，如 B_5、N_6、White 等。如果有合适的就选用，如何不合适就进行基本培养基各组分的正交试验，直到选择出合适的基本培养基。

2. 植物激素配比的选择
通常是细胞分裂素和生长素各浓度之间的配比组合。各激素的选择和浓度的配比要适合该培养基的用途。

3. 糖浓度的选择
糖浓度的选择一般比较简单，通常情况下选用 2% 或 3%，但有时也根据植物或培养目的的不同有所调整。

4. 琼脂浓度的选择

琼脂的用量在 6～10g/L 之间，若浓度太高，培养基就会变得很硬，营养物质难以扩散到培养的组织中去。若浓度过低，凝固性不好。有时琼脂的浓度要根据琼脂的质量来确定。

5. 其他物质的选择

有时要根据培养基用途的不同考虑加入其他物质，如有机附加物、活性炭、抗坏血酸等。选择时要根据各物质的用途确定是否加入和加入的量。

四、考核内容与评分标准

1. 相关知识

培养基由哪些成分组成（20分）？

2. 操作技能

（1）掌握培养基的设计流程（40分）。

（2）掌握激素的设计流程（40分）。

课程思政资源

项目三　无菌操作技术

知识目标：了解植物组织，培养的过程和条件，掌握外植体选择的原则与预处理方法，以及外植体表面消毒方法、无菌操作规程、不同外植体的培养方法。

技能目标：熟练掌握无菌操作规程，能独立进行植物的离体培养。

重点难点：外植体选择的原则与预处理方法、外植体表面的消毒方法、不同外植体的培养及培养基筛选、无菌操作规程。

必 备 知 识

一、外植体的选择

外植体是植物组织培养中的各种接种材料。迄今为止，经组织培养成功的植物所使用的外植体几乎包括了植物体的各个部位，如根、茎、叶、花瓣、花药、胚珠、幼胚、块茎、茎尖、维管组织、髓部、细胞和原生质等。

从理论上讲，植物细胞都具有细胞全能性，若条件适宜，都能再生成完整植株，但实际上，植物种类不同，同一植物不同器官，同一器官不同生理状态，对外界诱导反应的能力及分化再生能力是不同的。因此，选择适宜的外植体需要从以下几个方面考虑。

1. 植物基因型

植物基因型不同，组织培养的难易程度不同，如草本植物易于木本植物，双子叶植物易于单子叶植物。同时植物基因型不同，组织培养的再生途径也不同，如十字花科植物中的胡萝卜、芥菜易于诱导胚状体。茄科中的烟草、番茄易于诱导愈伤组织。

2. 外植体来源与选择部位

从田间或温室中生长健壮的无病虫害的植株上选取发育正常的器官或组织作为外植体，离体培养易于成功。因为这部分器官或组织代谢旺盛、再生能力强。同一植物不同部位之间再生能力差别较大，如百合鳞茎的外层鳞片比内层鳞片的再生能力强，下段比上段和中段的再生能力强。因此，最好对要培养的植物的各个部位的诱导和分化能力进行比较，从中选择合适的、最易再生的部位作为外植体。对于大多数植物来说，茎尖是最好的外植体。

3. 外植体大小

取材的大小根据培养的目的而定。如果是胚胎培养或脱毒，则外植体宜小；如果是进行快繁，外植体宜大。但过大，灭菌不彻底，易于污染；过小离体培养难以成活。一般外植体大小在 0.5~1.0cm 为宜。

4. 取材时期

植物组织培养取材时要注意植物的生长季节和植物的生长发育阶段。离体培养的外植体最好在植物生长的最适时期取材，即在其生长开始的季节采样，若在生长末期或已经进入休眠期取样，则外植体会对诱导反应迟钝或无反应。如苹果芽培养最好在春季取材。百合鳞片外植体最好在春、秋季节取材。花药培养则一般在花粉粒发育到单核期进行取材。

5. 外植体的生理状态和发育年龄

外植体的生理状态和发育年龄直接影响离体培养过程中的形态发生。一般情况下，越幼嫩、年限越短的组织具有较高的形态发生能力，组织培养越易成功。

二、外植体的处理与灭菌

（一）外植体的处理

从田间取回的离体材料，往往带有较多的泥土、杂菌，不宜直接接种，需要对材料进行预处理和必要的修整。预处理一般采用喷杀虫剂、杀菌剂及套袋、室内盆栽等方法。如针对在室外株型较大的木本植株上确定好外植体后，可对选取的部位喷杀虫剂和杀菌剂，然后套上塑料袋，待长出新枝条后，再进行外植体采样。而针对小型草本植物可剪去一些不必要的枝条后将其栽植到花盆中，在室内或置于人工气候室内培养。预处理后的外植体在灭菌前，还要进行必要的修剪，去掉不需要的部分。

（二）外植体的灭菌

1. 常用的灭菌剂

经过预处理的材料，其表面仍有很多的细菌和真菌。因此，在接种前必须进行表面灭菌。由于植物种类、取材部位、母体植株的生态环境、取材季节和天气状况的不同，所采集的材料带菌程度也不同，而且材料对不同种类、不同浓度的灭菌剂的敏感度也不一样。所以，选择哪种灭菌剂、浓度大小和灭菌时间的长短一定要有针对性，既要考虑具有良好的灭菌、杀菌作用，同时还要易被蒸馏水洗掉或能自行分解，而且不会损伤或轻微损伤组织材料，且不影响生长，这样才有可能达到预期的灭菌效果。目前常用的灭菌剂如表 3-1 所示。

选择适宜的灭菌剂处理时，为了使其灭菌效果更为彻底，有时还需要与黏着剂或湿润剂如土温等配合使用，则灭菌效果更好。

表 3-1　常用灭菌剂的使用浓度及灭菌效果比较

灭菌剂	使用浓度	灭菌时间/min	去除的难易度	效　果
乙醇	70%～75%	0.5～2	易	好
过氧化氢	10%～12%	5～10	最易	好
漂白粉	饱和溶液	5～30	易	很好
次氯酸钙	9%～10%	5～30	易	很好
次氯酸钠	0.7%～2%	5～30	易	很好
氯化汞(升汞)	0.1%～0.5%	3～10	较难	最好
抗生素	4～50mg/L	30～60	中	较好

2. 灭菌方法

由于不同植物及同一植物的不同部位有不同的特点，它们对不同种类、不同浓度的灭菌剂敏感程度不同，因此灭菌方法不尽相同。如果外植体较大而硬，可直接用灭菌剂处理，如果实、叶片、茎段、种子等；如果接种幼嫩的茎尖，一般先取较大的茎尖，表面灭菌后，再在无菌条件下借助解剖镜剥取适宜大小的茎尖培养；如果是细胞，应按培养目的选择合适的起始材料进行灭菌。对于取自植物体内部、有多层包被的微小材料，如花粉、子房、未成熟种子、茎尖等，也可不经灭菌，在无菌条件下剥离后直接接种（具体方法见本项目外植体培养）。但常规的灭菌过程是把经过处理的材料放在自来水下进行冲洗，冲洗的时间因植物而异,一般为30min,然后将材料放到70%的乙醇中约30s,无菌水冲洗,再用0.1%升汞液浸5~10min或2%次氯酸钠溶液浸泡10~15min,无菌水漂洗3~5次。

三、外植体接种

外植体接种是指将灭菌后的外植体在超净工作台上进行分离,切割成所需要的材料大小,并将其转移到培养基上的过程。整个接种过程在无菌条件下。

1. 接种室的消毒与灭菌

植物组织培养技术实际上是一种无菌操作和无菌培养技术,做好接种室的消毒是至关重要的。接种室要定期用甲醛和高锰酸钾蒸气熏蒸(或70%乙醇或0.1%新洁尔灭喷雾降尘和消毒)。

2. 接种操作

接种前打开接种室和超净台的风机和紫外灯照射20min。接种人员进入接种室前要用肥皂水洗净双手,穿好经灭菌的实验服并戴好口罩,操作前要用70%乙醇擦拭双手和超净工作台台面。接种使用的解剖刀、剪刀、解剖针、镊子、培养皿、三角瓶等要事先经过高压灭菌,操作过程中解剖刀、剪刀、解剖针、镊子要经常在酒精灯上灼烧灭菌,并放凉备用。外植体剥离和切割时,较大的材料可肉眼直接观察切离;较小的外植体需要在解剖镜或显微镜下操作。切取材料通常在无菌条件下的培养皿或载玻片上进行。

接种的具体操作:左手拿试管或三角瓶,将其瓶口靠近酒精灯火焰,瓶口倾斜,以免空气中的微生物落入瓶中,将瓶口外部在火焰上烧数秒钟,然后用右手配合轻轻地取出封口物,再将瓶口放在火焰上,旋转培养瓶口火焰灭菌数秒钟后,用灼烧后冷却的镊子将外植体均匀分布在培养容器内的培养基上,将封口物在火焰上灼烧数秒,封住瓶口,所有材料接种完毕,做好标记,注明接种植物材料的名称,接种日期、处理方法等。

四、外植体培养

培养是指在人工控制的环境条件下,使离体材料生长、脱分化形成愈伤组织或进一步分化成再生植株的过程。

(一)培养条件

1. 光照

光照对植物组培的影响主要表现在光照时间、光照强度及光质三个方面,它对细胞、组织、器官的生长和分化以及光合作用等均有很大的影响。

一般黑暗条件下利于细胞、愈伤组织的增殖;而器官的分化往往需要一定的光照。光照主要是满足植物形态的建成和花芽的形成和诱导。植物形态的建成一般300~500lx的光照强度基本就可以满足,但对于大多数的植物来说,2000~3000lx比较合适。同时14~16h/d的光照时间就能满足大多数植物生长分化的光周期要求。

光质对愈伤组织诱导、组织细胞的增殖以及器官的分化都有明显的影响。如杨树愈伤组织的生长表现为红光促进,而蓝光抑制;唐菖蒲子球块接种15d后,在蓝光下培养首先出现芽,形成的幼苗生长旺盛,而白光下幼苗纤细。

一般培养室要求每日光照12~16h,光强1000~5000lx。不同培养物对光照有不同的要求,如荷兰芹器官形成时不需要光照,而对黑穗醋栗来说光可以提高其幼苗的增殖量。如果培养物要求在黑暗条件,可采用铝箔或适宜的黑色材料包裹或置于暗室中培养。

2. 温度

温度不仅影响植物组织培养育苗的生长速度，也影响其分化增殖以及器官建成等发育进程。大多数植物组织培养的最适温度在 23～27℃。但是不同植物组织培养的最适温度不同，如百合的最适温度是 20℃，月季是 25～27℃。培养室温度一般为 25℃±2℃。

3. 湿度

组织培养中的湿度主要是指培养室湿度和容器内湿度。培养室湿度一般要求 70％～80％的相对湿度，湿度过低则培养基丧失大量水分，导致培养基各种成分浓度的改变和渗透压的升高，进而影响组织培养的正常进行。而湿度过高时，易引起棉塞长霉，导致污染。湿度过高用除湿机降湿，湿度过低时可喷水增湿。

容器内湿度主要受培养基的含水量和封口材料的影响。前者又受到琼脂含量的影响。冬季应适当减少琼脂用量，否则，将使培养基变硬，不利于外植体插入培养基和吸水，导致生长发育受阻。另外，封口材料直接影响容器内湿度情况，封闭性较高的封口材料易引起透气性受阻，也会导致植物生长发育受影响。

4. pH 值

培养基的 pH 值影响培养物对营养物质的吸收和生长速度。不同植物组织培养对环境的最适 pH 值的要求是不同的，大多数植物的最适 pH 值在 5.0～6.5，一般培养基 pH5.8 就能满足绝大多植物培养的需要。pH 值过高，不但培养基变硬，阻碍培养物对水分的吸收，而且影响离子的解离释放；pH 值过低，则容易导致琼脂水解，培养基不能凝固。

5. 培养基的成分

培养基的成分依据培养物、培养方式、培养目的等不同而不同。

6. 通气

外植体的呼吸需要氧气，同时培养瓶内的气体成分、培养物本身产生的二氧化碳、乙醇、乙醛等气体会影响培养物的生长和发育，因此一般培养容器采用棉塞、铝箔、专用盖等封口物封口。在液体培养基中，振荡培养是解决通气的良好办法。在固体培养基中，最好采用通气性好的瓶盖或瓶塞。

（二）初代培养

初代培养是指在组培过程中，最初建立的外植体无菌培养阶段，即无菌接种完成后，外植体在适宜的光照、温度、气体等条件下被诱导成茎梢、不定芽或丛生芽、胚状体或原球茎的过程，因此也称为诱导培养。由于外植体的来源复杂，又携带较多杂菌，因此初代培养一般比较困难。

1. 外植体的成苗途径

植株再生途径一般分为无菌短枝型、器官发生型、丛生芽增殖型、胚状体发生型、原球茎发生型五种类型，形成的植株称为再生植株。

（1）无菌短枝型　将顶芽、侧芽或带有芽的茎切段接种到培养基上，进行伸长培养，逐渐形成一个微型的多枝多芽的小灌木丛状的结构。继代培养时将丛生芽苗反复切段转接，从而迅速获得较多嫩茎（在特殊情况下也会生出不定芽，形成芽丛），也称作"微型扦插"或"无菌短枝扦插"。将一部分嫩茎切段转移到生根培养基上，即可形成完整的植株。这种方法主要适用于顶端优势明显或枝条生长迅速，或对组培苗质量要求较高的一些木本植物和少数草本植物，如月季、矮牵牛、菊花、香石竹等。由于不经过愈伤组织诱导阶段，是最能使无性系后代保持原品种特性的一种繁殖方式。

(2) 器官发生型　外植体经诱导脱分化形成愈伤组织，再由愈伤组织细胞分化形成不定芽（丛生芽），这种途径又称为愈伤组织再生途径。愈伤组织再生途径又可分为以下四种：愈伤组织仅有芽或根器官的分别形成，即无芽的根或无根的芽；先形成芽，再在芽伸长后，在其茎的基部长出根而形成小植株，大多植物为这种情况；先产生根，再从根的基部分化出芽形成小植株，这在单子叶植物中很少出现，而在双子叶植物中较为普遍；先在愈伤组织的邻近不同部位分别形成芽和根，然后两者结合起来形成一株小植株，类似根芽的天然嫁接，但这种情况少见，而且一定在芽与根的维管束是相通的情况下，才能得到成活植株。

① 愈伤组织的诱导与分化

a. 愈伤组织的诱导　在进行愈伤组织培养中，应根据不同的培养目的，获取不同的外植体。如果仅为获得愈伤组织，可取植株茎的切段、叶、根、花和种子，或把其中的某些组织切成片或块状，接种到培养基上即可；如果要做细致的研究，则要考虑外植体的一致性，包括植物材料的来源产地、外植体的大小和形状、生理部位等。在进行这类研究中，常常选用组织块较大的材料，如胡萝卜的贮藏根、马铃薯的块茎等。具体操作中，可用打孔器从经消毒后的块茎和块根中钻出一批圆柱形的组织（取自同一类薄壁组织），然后将其切成相同厚度的小圆片。对经过消毒处理的材料，还应该对其细心修整，除去所有坏死的组织，将材料切成 5mm 的圆柱形或方形小块，直接放置在培养基上。

植物的组织培养即利用特定的条件，促进细胞脱分化，使原已分化并具有一定功能的细胞脱离原发育轨道，失去原有状态和功能，而恢复到未分化的愈伤组织状态，这就是植物组织培养中的去分化或脱分化过程。一般双子叶植物比单子叶植物和裸子植物诱导愈伤组织容易，幼年细胞和组织比成年细胞和组织容易，二倍体细胞比单倍体细胞容易。另外，蕨类和藓类植物也有可诱导愈伤组织的报道。

外源激素是植物愈伤组织诱导过程中不可缺少的组成成分。虽然有些组织在只有无机盐和糖的条件下也能形成愈伤组织（如未成熟的柠檬果实、离体的维管束形成层、胡萝卜组织、黑雾组织及多数瘤组织等），但这毕竟是少数。通常情况下，诱导愈伤组织的培养基中都含有植物激素（如 IAA、NAA、2,4-D、BA 等），而且有些植物在对激素种类的要求上表现出了严格的选择性。另外，有些天然提取物对愈伤组织的诱导和维持十分有益，常用的有椰子汁浓度 10%（体积分数），0.5% 的酵母提取物，5%～10% 的番茄汁。

b. 愈伤组织细胞的分化　组织培养中的愈伤组织是指从外植体的内部或切口表面形成的一团没有分化的组织，这种组织具有再分化的能力。愈伤组织在一定的培养条件下又可以经过胚胎发生形成双极性的胚状体，或经过器官发生形成单极性的芽或根，进而重新形成完整的植株，这后一段过程一般称为再分化。

从单个细胞或外植体上形成典型的愈伤组织，大致要经历三个时期：启动期、分裂期和分化期。

启动期：启动期又称诱导期，指细胞准备进行分裂的时期。该时期细胞的大小虽然变化不大，但细胞的内部却发生了生理生化变化，如合成代谢加强，蛋白质和核酸的合成等。

分裂期：分裂期指细胞通过一分为二的方式，不断增生子细胞的过程。外植体的细胞一旦经过诱导，其外层细胞开始细胞分裂，使细胞脱分化。处于分裂期的愈伤组织的共同特征是：细胞分裂快、结构疏松、缺少组织结构、颜色浅而透明。

分化期：植物愈伤组织形成后，若将它转入分化培养基中，则进入分化瓦解期。分化期是指停止分裂的细胞发生生理代谢变化而形成由不同形态和功能的细胞组成的愈伤组织。在细胞分裂末期，细胞内开始发生一系列的形态和生理变化，导致细胞在形态和生理功能上的分化，出现形态和功能各异的细胞。

② 愈伤组织的继代培养

a. 培养条件　培养基是按配方组成的底物、矿物质、生长素和维生素的组合，作用于植物的组织培养，是决定植物组织培养成功与否的关键因素。常用的培养基主要有 MS、N_6 等。培养基中最重要的大量元素为氮素，主要包括铵态氮、硝态氮，但浓度不能过高，通常认为铵态氮高于 8mmol/L 时，就容易对植物造成伤害。除氮素外还要提供磷、钾等大量元素；微量元素中铁的用量较大，一般用螯合铁，防止 pH 过高时产生沉淀。植物生长物质能对植物产生显著的影响，其中生长素常用 IAA、NAA、IBA、2,4-D，浓度一般为 0.1～10mg/L，主要生理功能是诱导根的分化。一般 NAA 生根比 IBA 和 IAA 效果好，但用 IAA 和 IBA 生根比较健壮。而 NAA 生根较细。常用的细胞分裂素是 BA、KT、ZT，使用浓度一般 0.1～10mg/L，主要的作用是促进芽的分化。

在培养基中加入适当的糖、硫胺素、烟酸、吡哆醇、肌醇、甘氨酸、水解酪蛋白、水解乳蛋白可以满足愈伤组织的生长和分化。糖提供给外植体能量，而且还能维持一定的渗透压。不同种类和浓度的糖，对组织培养的增殖及以后的器官分化均有明显影响。常用的有果糖、葡萄糖、蔗糖等，用量通常为 20～70g/L。培养基的形式、渗透压等方面对外植体形态的发生有明显的作用。

培养基中的渗透压，对细胞增殖和体细胞胚的形成都有十分明显的影响，尤其在花药培养中受到重视。培养基的 pH 值应调整到 5.6～6.0 的范围，过高或过低均会对组织培养有不利影响。

在组织培养中光对器官的作用是一种诱导反应，而不是提供光合作用的能源。除某些植物组织培养要求在黑暗中生长外，一般均需一定的光照条件，满足苗的形成、根的发生、芽分化和体细胞胚形成等分化和形态建成需要。

在植物组织培养中，温度一般采用 24～28℃的恒温条件进行，对一般植物都可较好地形成芽和根。而有些植物则需要在一定昼夜温差下培养。如菊芋在白天 28℃和夜间 15℃的条件下，对根的形成最好。

b. 继代培养物的分化潜力　继代培养物的分化潜力，主要受生理因素和遗传因素的影响。

(a) 生理因素　在组织培养过程中，逐渐消耗了母体中原有与器官形成有关的特殊物质，而导致继代培养物分化潜力的变化。如胡萝卜组织培养，初代培养中加入 6～10mol/L IAA，才能达到最大生长量，但经多次继代培养后，在不加 IAA 的培养基上也可达到同样生长量，一般约在继代培养 10 代以上。这说明植物材料内部发生了一些生理、生化变化。

不同植物保持分化潜力的时间不同，且差异大。近年来研究还表明，即使原来培养过程中丧失分化能力的一些组织，加入腺嘌呤、酪蛋白或酵母汁等物质后，器官分化能力可恢复到一定水平。

(b) 遗传因素　在继代培养中通常出现染色体紊乱。尤其是器官发生型，继代培养中分化能力丧失与遗传不稳定有关。所以，在进行继代培养时，要尽量利用芽增殖或苗的途径，而诱导不定芽发生或胚的发生途径，则有一定危险性。

(3) 丛生芽增殖型　茎尖、带有腋芽的茎段或初代培养的芽，在适宜的培养基上诱导，可使芽不断萌发、生长，形成丛生芽。将丛生芽分割成单芽增殖培养成新的丛生芽，如此重复芽生芽的过程,称为丛生芽增殖型。将长势强的单个嫩枝进行生根培养,进而形成再生植株。

(4) 胚状体发生型　胚状体发生型是再生植株通过与合子胚相似的胚胎发生过程,形成类似胚胎的结构,最终发育成小苗,但它是由体细胞发生的。胚状体可以从愈伤组织表面或游离的单细胞,也可从外植体表面已分化的细胞产生。

(5) 原球茎发生型　原球茎是一种类胚组织,可以看作呈珠粒状短缩的、由胚性细胞组成的类似嫩茎的器官。一些兰科植物的茎尖或侧芽培养可直接诱导产生原球茎,继而分化成植株,也可以通过原球茎切割或针刺损伤手段进行增殖培养。

各种再生类型的特点比较见表 3-2。

表 3-2　各种再生类型的特点比较

再生类型	外植体来源	特　　点
无菌短枝型	嫩枝节段或芽	一次成苗,培养过程简单,适用范围广,移栽容易成活,再生后代遗传性状稳定,但初期繁殖较慢
器官发生型	除芽外的离体组织	多数经历"外植体→愈伤组织→不定芽→生根→完整植株"的过程,繁殖系数高,多次继代后愈伤组织的再生能力下降或消失,再生后代易发生变异
丛生芽增殖型	茎尖、茎段或初代培养的芽	与无菌短枝型相似,繁殖速度较快,成苗量大,再生后代遗传性状稳定
胚状体发生型	活的体细胞	胚状体数量多、结构完整、易成苗和繁殖速度快,有的胚状体存在一定变异
原球茎发生型	兰科植物茎尖	原球茎具有完整的结构,易成苗和繁殖速度快,再生后代变异概率小

2. 根的培养

离体根的组织培养具有重要的理论和实践意义。首先是进行根系生理和代谢研究最优良的实验体系。因为根系生长快,代谢强,变异小,加上立体培养时不受微生物的干扰,可以通过改变培养基的成分来研究其营养吸收、生长和代谢的变化规律;二是建立快速生长的无性系就可进行其他的实验研究,进行药物、微量活性物质及一系列次生代谢产物的工厂化生产;三是通过根细胞的培养可再生植株,用于生产实践,也可诱导突变体,应用于育种中。

(1) 材料来源与消毒　根的培养材料一般来自无菌种子发芽产生的幼根或植株根系经消毒处理后的切段。

(2) 离体根的培养方法　离体根的培养首先要建立起获得大量无性系的方法。将种子消毒后在无菌条件下萌发,根伸长后从根尖一端切取长 10~12mm 的根尖并接种于培养基中,这些根的培养物每天大约生长 10mm,4 天后发育出侧根,待侧根生长约 1 周后,即切取侧根的根尖进行扩大培养,它们又迅速生长并长出侧根,又可切下进行培养,如此反复切接就可得到从单个根尖衍生的无性繁殖系。

离体根培养一般应用 100mL 的三角瓶,内装 40~50mL 培养液,如果对离体根进行长时间的培养,就要采用大型器皿,例如可用盛有 500~1000mL 培养液的发酵瓶。根据需要可在瓶中添加新鲜培养液继续培养或将根进行分割转移后继代培养,为避免培养过程中培养基成分变化对生长的影响,可采用流动培养的方法。

(3) 离体根培养的培养基　离体根培养所用的培养基多为无机盐离子浓度低的 White 培养基。若使用无机盐离子浓度高的 MS、B_5 时,必须将其浓度稀释为原浓度的 2/3 或 1/2。

(4) 影响离体根生长的因素

① 基因型　不同植物对培养的反应不同。如番茄、马铃薯、烟草等植物的离体根能快速生长并产生大量健壮的侧根，可进行继代培养而无限生长；有些植物如萝卜、向日葵的根能较长时间的培养，但不能无限培养，久之失去生长能力。一般情况下，木本植物的离体根培养难于草本植物；处于旺盛生长期的根系和根尖易于培养。这说明不同的植物类型，需要提供相应的培养条件，而且即使在同一生长条件下，由于营养、代谢和基因型的差异也会表现出生长特性上的差异。

② 营养条件　离体根的生长要求培养基含有全部的必需元素。它能够利用单一的硝态氮或铵态氮。在适宜的pH条件下，硝酸盐的效果较为良好。硝态氮、钙、硼和铁利于根的发生。而缺少微量元素就会在培养过程中出现各种缺素症，如缺铁会导致根细胞停止分裂，无法实现增殖，并破坏根系的正常活动；缺硼会降低根尖细胞的分裂速度，阻碍细胞伸长。培养基中添加维生素B_1和维生素B_6最重要，缺少则根的生长受阻，一般使用浓度为0.1～1.0mg/L。糖是培养基必不可少的附加物，一般以蔗糖为最好，使用浓度应稍低，如玫瑰生根的蔗糖浓度为2%。但在禾本科植物离体根的培养中，葡萄糖的效果则较好。维生素类物质中，最常用的为硫胺素（维生素B_1）和吡哆醇（维生素B_6）。

③ 生长物质　在各类植物激素中，以生长素研究得较多。从离体根培养对生长素的反应，可以表现为：a. 生长素抑制离体根的生长，如樱桃、番茄、红花槭；b. 生长素促进根的生长，如欧洲赤松、白羽扁豆、玉米、小麦；c. 离体根的生长有赖于生长素，如黑麦、小麦的一些变种。赤霉素能明显影响侧根的发生与生长，加速根分生组织的老化；激动素则能延长单个培养根分生组织的活性，有抗"老化"的作用。

激素对根生长的影响是一个综合过程，如激动素在低浓度蔗糖（1.5%）的条件下对番茄离体根的生长有抑制作用，但是在高浓度蔗糖（3%）的条件下激动素能够促进根的生长。赤霉素和萘乙酸在蔗糖浓度较低时能够增加番茄离体根的侧根数量，将吲哚乙酸处理过的番茄根转移到无吲哚乙酸的培养基中，吲哚乙酸对番茄根生长的抑制作用将会消失。另外，激动素能与赤霉素和萘乙酸的反应相拮抗。因此，选准激素并与其他培养条件相配合，是保证离体根培养成功的重要方面。

④ pH　植物组织培养适宜的pH范围随培养材料和培养基的组成而发生变化，一般为5.0～6.0。如在番茄根的培养中，用单一硝态氮作为氮源时，培养基的pH值应为5.2；用单一铵态氮源时，pH7.2为最好。水稻根的培养在pH值为3.3～5.8的范围内随pH值的升高而加速；此外，当pH值升高（pH值为5.8～6.2）时铁会发生沉淀，造成培养基中缺铁。

⑤ 光照和温度　离体根培养的温度一般以25～27℃为最佳，要求在遮光条件下培养。

3. 普通茎尖培养

茎尖是植物组织培养常用的外植体。这是因为茎尖不仅生长速度快、繁殖率高，不易产生遗传变异，而且是获得脱病毒苗木的有效途径。茎尖培养根据培养目的和取材大小可分为茎尖分生组织培养和普通茎尖培养两种类型。茎尖分生组织培养主要是指对茎尖长度不超过0.1mm，最小只有几十微米的茎尖进行培养，这种培养可获得无病毒植株。但这样小的茎尖分离实际上是很困难的，而且成苗时间也很长，需要一年乃至更长的时间。因此在茎尖分生组织培养中往往采用带有1～2个叶原基，长度不超过0.5mm的生长锥进行培养，称微茎尖培养。普通茎尖培养是指对几毫米乃至几十毫米长的茎尖、芽尖及侧芽的培养，这类茎尖的培养技术简单，操作方便，茎尖容易成活，成苗所需要的时间短，能加快繁殖速度。

通过茎尖培养进行植物的快速无性繁殖在一些植物中已经成为一门成熟的技术而被广泛应用。由于这一技术是在无菌条件下,且又是在一个非常小的范围内来进行大量繁殖的,因而人们又把这种繁殖技术称之为微繁技术。

(1) 取材与消毒 从健壮、生长旺盛、无病的供试植株的茎、藤或匍匐枝上切取1~2cm的嫩梢。木本植物可在取材前对嫩梢喷几次灭菌药剂,以保证材料不带或少带杂菌。将采到的材料去掉肉眼可见的叶片,在流水下冲洗干净,然后将材料放到75%的乙醇中约30s,无菌水冲洗,再用0.1%升汞($HgCl_2$)液浸5~10min或20倍的次氯酸钠溶液浸泡8~10min,也可以在用75%乙醇消毒后,用两种消毒剂连续消毒,消毒剂溶液中可加一两滴吐温-20。无菌水漂洗3~5次。嫩茎的顶芽消毒时间宜短,而来自较老枝条上的顶梢和侧芽及有芽鳞片包被的芽消毒时间应适当延长。

(2) 接种 消毒后在无菌条件下进行剥离,一般用于快繁的茎尖组织要大,为0.3~0.5cm,可带2~4个叶原基或更多(图3-1)。有些植物的茎尖培养过程中由于多酚氧化酶的氧化作用而发生褐化,使培养基变褐,影响材料的成活。所以在接种时,不能用生锈的解剖刀,动作要敏捷,随切随接,减少伤口在空气中暴露的时间;也可将切下的茎尖材料在1%~5%的抗坏血酸液中浸蘸一下再接种,一般每瓶接种1个茎尖。除茎尖组织外,一些植物的茎切段和一些鳞茎植物的鳞茎切块、块茎、球茎等还可以通过培养产生不定芽而进行繁殖。

(3) 培养条件

① 培养基 目前用于快速繁殖的基本培养基很多。常用的有MS培养基、B_5培养基。MS适合大多数双子叶植物,B_5适用于许多单子叶植物,木本植物的茎尖培养可选用WPM培养基。培养基中的碳源一般为蔗糖,浓度为2%~3%。固化剂选用琼脂。而对于茎尖容易发生褐化的

图3-1 马铃薯茎尖照片
(带两个叶原基)

可以考虑采用液体培养基并及时将培养物从褐化的培养基中转移到新鲜的培养基中去。培养基的pH值影响茎尖对营养液的吸收和生长速度,对大多数植物的茎尖培养来说,pH值应控制在5.6~5.8。

天然有机物椰子汁有利于兰花的增殖,麦芽汁有利于柑橘属的分化,水解乳蛋白或水解酪蛋白则有助于许多植物不定芽和不定胚的分化。培养基中生长素与细胞分裂素的比例影响器官发生的方向。为了使茎尖在培养中顺利地发育成健壮完整的植株,重要的是调节生长激素的水平。

茎尖的初代培养属于无菌短枝发生型。外植体启动生长的关键主要是培养基的激素配比与浓度,一般应使用较高浓度的细胞分裂素和较低浓度的生长素,能够解除顶端优势的抑制作用,诱导产生丛生芽。生长素浓度过高容易产生愈伤组织;激素配比适当,则茎尖向上生长成无根苗。在利用茎尖微繁殖进行快速繁殖时,一般使用三种类型的生长调节剂:一种是生长素,用得最多的是NAA,其次是IAA,浓度一般在0.1~1mg/L;第二类是细胞分裂素,常用6-BA、KT和玉米素,细胞分裂素在促进不定芽产生上效果显著,使用浓度在0.1~10mg/L,一般使用0.5~2mg/L;第三类是赤霉素、它往往有利于茎尖的伸长和成活,需要的浓度较低,一般为0.1mg/L,浓度太高会产生不利影响。

② 光照　光照度在 1000～3000lx，光周期实行连续 16h 光照、8h 黑暗，有利于茎尖培养和芽的分化与增殖。增强光照有利于试管苗生根，且对于试管苗移栽有良好的作用，但强光直接照射根部，会抑制根的生长。所以，在生根培养时最好在培养基中加 0.1%～0.3% 活性炭，以促进生根。

③ 温度　常用的培养温度在 25℃左右。但因植物种类和培养过程的不同，有时也采用较低或较高的温度，或给予适当的昼夜温差等处理。

④ 湿度　由于生长点培养时间较长，琼脂培养基易于干燥，这可以通过定期转移和包口封严等方法加以解决。在干燥季节还要注意室内湿度管理，以防培养基内的水分散失过多而对培养不利。

一般顶芽和腋芽培养 30～40d 可长成新梢。兰科植物会在茎尖基部诱导产生原球茎，1 个月左右茎尖长成新梢，就可进行增殖培养。有时也可边继代增殖边诱导生根。其方法是取比较长的新梢（如 2cm 以上）转入生根培养基，余下较短的新梢继续继代培养。兰科植物切割原球茎进行继代增殖。中间繁殖体增殖到一定数量后，就要将增殖的嫩枝进行壮苗和生根，产生完整植株，以便移植。茎尖培养快繁程序见图 3-2。

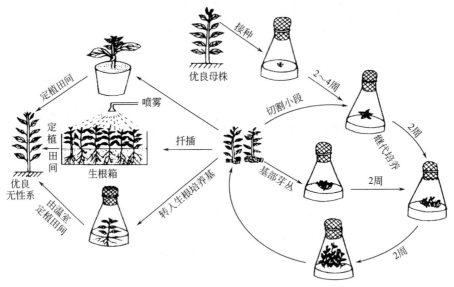

图 3-2　茎尖培养快繁示意图

(4) 影响茎尖培养的因素

① 基因型　茎尖培养与其他组织培养一样，受基因型的影响很大，不同科、属植物要求的条件有很大差别，甚至同一属的不同种间以及品种间，其表现也不一样。

② 外植体的大小　培养茎尖材料过大，不利于丛生芽与不定芽的形成。外植体越大也越容易污染。但外植体也不要太小，非常小的存活率很低。

③ 供试植株的生理状态　一般春天植物开始生长，芽已经膨大，但芽鳞片还没有张开时，最为合适。对于某些需要高温和低温处理或特殊光周期处理才可以打破休眠的块茎、鳞茎、球茎，常常要处理以后才能剥取茎尖进行培养。

④ 芽在植株上的部位　对于草本植物使用顶芽或上部的芽作分生组织，常常比用侧芽或基部的芽容易。

⑤ 供试植株的年龄　多年生木本植物使用部分年幼、阶段年龄较低的根蘖苗或不定芽

作材料，或采取某些措施如将芽嫁接在实生苗上、修剪、进行营养繁殖。一年或多年生草本一般采用营养生长早期的顶芽、腋芽。

⑥ 培养基　不同植物对培养基的要求不同，培养时要进行筛选。

⑦ 褐变　见本项目后文的"组培的常见问题及预防措施"。

⑧ 玻璃化　见本项目后文的"组培的常见问题及预防措施"。

⑨ 极性　极性现象有着广泛的作用与影响。这是由于在植物中某些化学物质存在梯度，如生长素的传导梯度作用等。

⑩ 后生变化　离体培养形成的小植株，可能在移植到外界后，将在培养时的影响继续带到以后的生长中去，如形成的第一批叶子在形态上是不正常的，或过早地衰老。因此，在移栽时要选择好培养基，并控制好移栽到栽培混合物上的时间，可以避免这种现象。

⑪ 中间繁殖体的形态发生能力　茎尖微繁殖技术的一个重要环节就是中间繁殖体稳定的形态发生能力，是微繁殖成功与否的关键。研究证明：大多数以顶芽或不定芽增生方式繁殖的植物中，在培养增殖许多代之后，仍然保持着旺盛的增殖能力。对于这种繁殖类型，似乎不大会出现形态发生能力减弱或丧失的问题，它们完全类似于常规的无性繁殖。用不定芽进行增殖，要掌握好分割丛生芽的最佳时期。

⑫ 遗传稳定性　茎尖微繁殖主要是为了获得在遗传上完全一致的、稳定的无性系群体。仔细地选择培养材料、控制好培养条件、防止变异对微繁殖来说是非常重要的。

4. 茎段培养

（1）外植体选择　取生长健壮无病虫的幼嫩枝条或鳞茎盘，如果是木本植物则取当年生嫩枝或一年生枝条，去掉叶片，剪成3～4cm的小段。

（2）外植体消毒　材料消毒的一般程序同普通茎尖培养。如果材料表面有绒毛应在消毒剂中滴加1～2滴吐温-20或吐温-80，后用无菌水冲洗数次。注意根据材料的老嫩和蜡质来确定消毒时间。

（3）接种　将消毒好的茎段去除两端被消毒剂杀伤的部位，分切成单芽小段竖插于诱导培养基中。其他接种要求同普通茎尖培养。

（4）培养基与培养条件　同普通茎尖培养。

（5）培养　茎段接种后不久，在切口处特别是基部切口处有时会形成少量愈伤组织，但主要是腋芽开始向上伸长生长，形成新茎梢，有时会出现丛生芽（图3-3）。产生的丛生芽可进行增殖培养、生根培养。

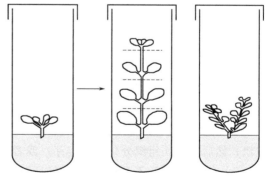

图3-3　新茎梢与丛生芽

5. 叶的培养

离体叶培养是指包括叶原基、叶柄、叶鞘、叶片、子叶等叶组织的无菌培养。由于叶片是植物进行光合作用的器官，又是某些植物的繁殖器官，因此离体叶培养在植物器官培养中占有重要地位。

离体叶培养具有重要的理论和实践意义。首先，它是研究叶形态建成，光合作用，叶绿素形成等理论问题的良好方法。离体叶不受整体植株的影响，这样就可以根据研究的需要，通过改变其培养基成分来研究其营养的吸收、生长和代谢变化。第二，通过叶片组织的脱分化和再分化培养,以证实叶细胞的全能性。第三,通过离体叶组织、细胞的培养,探索离体叶组织、细胞培养的条件和影响因素,为叶片原生质体培养和原生质体融合研究提供理论依据。第四,利用离体叶组织的再生特性,建立植物体细胞快速无性繁殖系,提高某些不易繁殖植物的繁殖系数。第五,叶细胞培养物是良好的遗传诱变系统,经过自然变异或者人工诱变处理可筛选出突变体而应用于育种实践。

(1) 叶原基培养　叶原基培养是研究叶形态建成的重要手段。具体方法如下:采用休眠期的顶芽,剥去一部分鳞片后,在5%次氯酸溶液中浸泡20min,进行表面消毒。切取柱状叶原基进行培养。培养基采用Knop's无机盐(部分修改)或Kullosorl (1951)配方,添加Nitsch配方中的微量元素,再加$CoCl_2$ 25mg/L和2%蔗糖、8%琼脂,pH值调至5.5,部分实验中添加维生素、水解酪蛋白等。温度为24℃,人工光照24h。

(2) 幼叶片培养

① 材料的选择与消毒　用植物幼嫩叶片进行培养时,首先选取植株顶端未充分展开的幼嫩叶片。经流水冲洗后,用蘸有少量75%乙醇的纱布擦拭叶片表面后,放入1%升汞溶液中消毒5~8min,再用无菌水冲洗3~4次。消毒时间根据供试材料的情况而定,特别幼嫩的叶片时间宜短。

② 接种　消毒后的叶片转入到铺有滤纸的无菌培养皿内。用解剖刀切成5mm×5mm左右的小块,然后上表皮朝上接种在固体培养基上培养。

③ 培养

a. 培养基　常用的培养基有MS、White、N_6、B_5等。培养基中的糖源一般都使用蔗糖,浓度为3%左右。培养基中附加椰子汁等有机添加物,有利于叶片组织培养中的形态发生。激素是影响烟草叶组织脱分化和再分化的主要因素。

对大多数双子叶植物的叶组织培养来讲,细胞分裂素,特别是KT和6-BA有利于芽的形成;而生长素,特别是NAA则抑制芽的形成而有利于根的发生。2,4-D是一种强生长剂,有利于愈伤组织的形成。

b. 培养条件　叶片组织接种后于25~28℃条件下培养,每天光照12~14h,光照度约为1500~2000lx。不定芽分化和生长期应增加光照度到3000~10000lx。

c. 离体叶组织的茎和芽发生途径　在离体叶组织脱分化和再分化培养中,茎和芽的分化主要有以下三个途径。

一是直接产生不定芽。即叶片组织离体培养后,由离体叶片切口处组织迅速愈合并产生瘤状突起,进而产生大量不定芽,或由离体叶片表皮下栅栏组织直接脱分化,形成分生细胞进而分裂形成分生细胞团,产生不定芽。在这两种情况中,一般都不形成愈伤组织,是离体叶片直接产生不定芽的形式。

二是由愈伤组织产生不定芽。叶组织离体培养之后,首先由离体叶片组织脱分化形成愈伤组织,然后由愈伤组织分化出不定芽;或者脱分化形成的愈伤组织经继代培养后诱导不定芽的分化。这类方式的不定芽产生,可以两种方式诱导形成。一种是一次诱导,即利用一种培养基,在适当激素调节下,先诱导产生大量愈伤组织,愈伤组织进一步分化出不定芽。第二种是两次诱导法,即先利用脱分化培养基诱导出愈伤组织,后利用再分化培养基诱导出不定芽。

三是胚状体形成。大量的研究证明,叶片组织离体培养中胚状体的形成也是很普遍的。在菊花叶片培养中,一般由愈伤组织产生胚状体居多,这类胚胎体系由愈伤组织中的分生细胞先经过分裂形成胚性细胞团，胚性细胞团再进一步发育成原胚、球形胚到鱼雷形胚。其次，叶片组织如栅栏细胞、表皮细胞和海绵细胞经脱分化后都能产生胚状体。烟草、番茄、山楂等植物的叶片组织都有分化成胚状体的能力。张丕方等（1985）通过非洲紫罗兰的叶片诱导胚状体，用于快速繁殖种苗。

其他途径如大蒜的贮藏叶及水仙的鳞片叶经离体培养后，直接或经愈伤组织再生出球状体或小鳞茎而再发育成小植株。兰科植物的叶尖培养中也可经原球茎形成。

（3）影响叶组织培养的因素

a. 基因型　不同种类的植物在叶组织培养特性上有一定的差异，同一物种不同品种间叶组织培养特性也不尽相同。

b. 细胞分裂素　两种细胞分裂素对芽的分化影响，6-BA 的作用好于 KT 的作用，但 6-BA 对不定芽的进一步发育即茎叶的形成有抑制作用。

c. 细胞分裂素与生长素的组合　离体叶的培养较茎尖、茎段培养难度大，常常需要多种激素的配合使用，并且不同培养阶段需要更换不同的激素组合。如杏离体叶培养使用 1/2MS 培养基，ZT 与 2,4-D 的组合可诱导其愈伤组织的产生，KT 与 NAA 的组合可从愈伤组织中诱导不定芽的产生；烟草叶培养中在附加 6-BA 2mg/L、6-BA 2mg/L＋NAA 0.02mg/L、6-BA 2mg/L＋NAA 0.1mg/L 培养基中形成大量的芽。

d. 供试植株的发育时间和叶龄　研究表明，烟草成株期叶组织脱分化和再分化需要的时间较长，而且叶片膨大体积较大，多在刀口处形成大量的愈伤组织和分生细胞团，芽苗大多发生在这些细胞分生团和结构致密的愈伤组织上，不像幼叶那样直接从不同部位成苗。个体发育早期的幼嫩叶片较成熟期幼嫩叶片分化能力高。

离体叶片本身的位置对叶片组织的分化也影响很大。同一株烟草不同叶位叶片对器官分化的影响不同，发育完全的叶片，叶组织器官分化能力较发育幼龄叶片组织再分化能力低得多。

e. 叶脉　在离体叶片再生中，叶脉的作用也是明显的。不少植物的叶外植体常从叶柄和叶脉的切口处（如杨树、中华猕猴桃等）形成愈伤组织和分化成苗。

f. 极性　极性也是影响某些植物叶组织培养的一个重要因素。烟草一些品种离体叶片若将背叶面朝上放置时，就不生长、死亡或只形成愈伤组织而没有器官的分化。

g. 损伤　为了诱导愈伤组织而对离体叶片进行的损伤操作对于愈伤组织的形成具有一定的影响。大量的叶片组织培养证明，大多数植物愈伤组织首先在切口处形成，或切口处直接产生芽苗的分化。对于损伤反应的机制不少人提出过看法。可以设想，损伤作为一种刺激，一方面是造成伤口处部分细胞的破损，细胞内某些物质流出产生的影响；另一方面，损伤造成了组织系统的分割，使整个外植体更趋于呈开放系统状态，伤口附近的未破损细胞，也不可避免地受到一定的应力形变和细胞内生化代谢的改变，而这种变化，对细胞分化具有很大影响。但是，损伤引起的细胞分裂活动并非诱导愈伤组织和器官发生的唯一源泉。一些植物（如某些菊花、秋海棠）的愈伤组织还可以从没有损伤的离体叶组织表面大量发生。

6. 胚胎培养

胚胎培养是指将植物的胚胎与母体分离在已知的培养基上培养的过程。胚胎培养包括胚培养、胚乳培养、胚珠培养和子房培养。

（1）胚培养　胚培养是指采用人工方法将植物胚从植株的种子、子房、胚珠中分离出来在无菌条件下使其生长发育形成幼苗的过程。从植物母体上取出的胚称为离体胚，离体胚的培养分为幼胚（指子叶形成以前）培养和成熟胚培养两种类型。

① 幼胚培养　幼胚培养是指未发育成熟的胚培养，它要求较好的培养条件和较复杂的操作技术。

a. 表面消毒　取大田或温室里种植的杂交植株的授粉后的子房，用70%乙醇进行几秒钟的表面消毒，接着用饱和漂白粉或0.1%升汞浸泡10~30min，再用无菌水冲洗3~4次。

b. 胚的剥离　在高倍解剖镜下进行解剖，用刀片沿子房纵轴切开子房壁，再用镊子夹出胚珠，剥去珠被，取出完整的幼胚。在剥离过程中幼胚极易失水干缩，因此在剥离时一定要注意保湿，且操作要快。

c. 接种培养　剥离出来的幼胚要立即接种到培养基上，放在培养室中进行培养。培养室温度20~30℃，光照强度2000lx，每天光照10~14h。

d. 幼胚离体培养的生长发育方式　幼胚培养中，常见的有下列3种生长方式。

（a）胚性发育　幼胚接种到培养基上以后，仍然按照在活体内的发育方式发育，最后形成成熟胚然后再按种子萌发途径出苗形成完整植株，通过这种途径发育的幼胚一般情况下一个幼胚形成一个植株。

（b）早熟萌发　未经完成正常的胚胎发育过程而形成幼苗的现象叫早熟萌发。幼胚接种后，离体胚不进行胚性生长，而是在培养基上迅速萌发成苗，通常称之为早熟萌发。在大多数情况下，一个幼胚发育成一个植株，但有时会由于细胞分裂产生大量的胚性细胞，以后形成许多胚状体，从而可以形成许多植株，这种现象叫丛生胚现象。

（c）愈伤组织　在许多情况下，幼胚在离体培养中首先发生细胞增殖，形成愈伤组织。由胚形成的愈伤组织大多为胚性愈伤组织，这种胚性愈伤组织很容易分化形成植株。

② 成熟胚培养

a. 取材与消毒　将成熟饱满的种子在蒸馏水中浸泡一段时间，用70%的酒精浸泡消毒10s，然后用10%的次氯酸钠灭菌20min，经无菌水冲洗3次后备用。

b. 种胚剥离培养　将一粒种子放在无菌培养皿中，用镊子夹住，用解剖刀先将种皮划破，再用另一把镊子轻轻把种皮剥去，用解剖刀沿胚胎的边缘小心剥离胚乳。分离出胚后移入装有培养基的三角瓶中，将接有胚的三角瓶放入黑暗中培养，保持温度25℃。培养3~4d后，转入光照下培养，观察其生长状况。

③ 胚培养条件

a. 培养基　成熟胚是一个发育成熟的两极结构，因此对培养条件的要求一般不是很高，在含有基本培养基成分的培养基中即可生长，而幼胚与成熟胚相比较，幼胚则完全是异养的，对培养基要求高，除需提供大量和微量无机盐混合物外，还需提供维生素类和植物激素。胚龄越小要求的培养基的成分就越复杂。

用于培养成熟胚的培养基主要是Tukey、Randolph、White培养基。在培养基中以大量元素和微量元素的无机盐为基本成分，此外还加入一定浓度的糖类物质和多种生长辅助物质。

适宜幼胚培养的培养基主要有Cox、Rijven、White、Rangaswany、Norstog等幼胚培养基以及植物组织培养常用的White、MS、B_5和Nitsch培养基。幼胚培养基中添加的蔗糖、维生素和氨基酸等在胚培养中起着较为重要的作用。

b. 蔗糖　蔗糖在培养基中起着提供碳源和调节培养基的渗透压的作用。对于幼胚及脱离胚乳或与子叶分离后的成熟胚来说都是必需的。因为它们本身缺少贮藏物质，而且不能进行光合作用。一般来讲，培养基中加入的糖以蔗糖最为适宜，除蔗糖外，也有使用葡萄糖、果糖及甘露醇等作碳源的。蔗糖使用的浓度与幼胚所处的发育阶段有关，幼胚所处的发育阶段越早，所要求的蔗糖浓度越高，如球形胚一般要求蔗糖浓度为 8%~12%，而心形胚则只要求蔗糖浓度为 4%~6%。

c. 生长辅助物质及培养条件

(a) 维生素类　如盐酸硫胺素（维生素 B_1）、盐酸吡哆醇（维生素 B_6）、烟酸（维生素 B_3）、肌醇、泛酸钙、抗坏血酸（维生素 C）、生物素等。维生素对培养发育初期的胚来说，一般认为是必需的。维生素及其衍生物对胚生长的促进作用不同，例如盐酸硫胺素对几种植物胚的培养表现出促进根的伸长，而生物素、泛酸钙和烟酸对茎生长的促进作用比对根更为显著。

(b) 氨基酸　对胚培养比较重要的氨基酸和酰胺有甘氨酸、丝氨酸、谷氨酰胺、天冬酰胺等，在培养基中添加不同氨基酸，对胚的生长是非常有效的，几种不同的氨基酸以适当配比加入，往往可获得较好的效果。

(c) 植物生长物质　植物生长物质对根原基和茎原基的生长和形态分化有明显的影响。这些植物生长物质包括生长素类、赤霉素类和细胞激动素类等。低浓度的 GA_3 和 KT 能促使幼胚早熟萌发，IAA 和 ABA 具有抑制早熟萌发和促进胚正常发育的作用，但其使用浓度应严格控制，一般以低浓度为宜，且因不同的植物而有所变化。此外，生长素与其他激素的比例有时也会严重影响胚的发育方式，生长素比例高时一般容易形成愈伤组织。

(d) 天然有机物　进行幼胚培养时，在培养基中加入适宜的天然产物有机物，如酵母提取物、水解酪蛋白（含有 19 种氨基酸）、椰乳、麦芽提取物以及胚乳提取物等，能有效地促进幼胚的离体生长发育。例如，椰乳有促进幼胚生长和分化的作用，但只能通过过滤的方法进行消毒。

(e) pH 值　一般培养基的 pH 值在 5.2~6.3。但植物不同，胚生长的最适 pH 值不同，如荠菜胚培养要求 pH 值为 5.4~7.5，大麦胚培养要求 pH 值为 4.9，番茄胚培养要求 pH 值为 6.5，水稻胚培养 pH 值为 5.0。且胚发育的阶段不同，培养基的 pH 值也不同。如曼陀罗的幼胚培养中，心形胚要求 pH 值为 7.0 左右，而随着胚的长大其最适 pH 值变化为 5.5。在萝卜胚培养时，幼胚要求 pH 值为 6.8，而成熟胚则要求 pH 值为 5.5。所以，随着幼胚体积的增大其所需培养基 pH 值由高到低，从中性向酸性发展。

(f) 温度　对于大多数植物胚的培养，温度控制在 25℃是适宜的，但有些则需要较低或较高的温度。例如，禾本科植物成熟胚的萌发温度范围在 15~18℃，马铃薯在 20℃较好，柑橘、苹果和梨在 25~30℃是合适的。有一些植物的胚培养需要在变温条件下进行。如桃胚的培养中，必须将接种在培养基上的胚放在 2~5℃低温下处理 60~70d，然后转入白天 24~26℃、夜间 16~18℃的变温条件下培养，桃胚才能萌发。

(g) 光照　通常胚培养是在弱光下进行的。幼胚的培养在黑暗或弱光条件下均可，达到萌发时则需要光照。一般认为 12h 的光照与 12h 黑暗交替的条件对胚芽的生长有利，但对胚根的生长不利。光照对幼胚发育有轻微抑制作用，离体培养条件下，幼胚正常胚性发育对光的要求还应根据植物种类来决定。如棉花，胚先在黑暗中培养，然后转入光照下培养，子叶的叶绿素生成很慢；而转入弱光下培养的幼胚，子叶很容易产生叶绿素。荠菜幼胚培养时，每天以 12h 光照比全暗条件好。

(h) 液体或固体培养基　根据幼胚和成熟胚相应发育时期胚乳的状态推测，可能液体培养基适合于幼胚培养,而固体培养基适合于成熟胚培养。

④ 胚培养的应用

a. 在远缘杂交育种中的应用　在远缘杂交育种时由于胚发育不良,胚乳不能正常发育,胚和胚乳之间形成类似糊粉层的细胞层,阻碍了营养物质从胚乳进入胚,从而造成胚的中途败育,经常得不到有生活力的种子。而利用早期幼胚离体培养,可以克服杂种胚的早期败育,产生远缘杂交种。

b. 克服珠心胚的干扰,提高育种效率　在柑橘、杧果、仙人掌等多种植物中,存在一个特殊问题,即多胚现象,除正常的有性胚外,还有许多由珠心组织发育的多个不定胚,不定胚常侵入胚囊,影响合子胚发育,利用杂交幼胚早期离体培养排除珠心胚的干扰,获得杂种胚,大大提高杂交育种的效率。

c. 打破休眠、缩短育种周期　许多植物的种子发育不完全或有抑制物质而影响种子的萌发。如银杏的种子脱离母体后,外形好似成熟了,但胚还未发育完全,需要再过 4~5 个月才能成熟,油棕需要的时间更长,大约需要几年。针对这种现象,可以采用幼胚培养,从而使幼胚提早成熟,种子提早萌发。在大白菜的育种工作中,为了缩短育种周期,在授粉后的适当时期将幼胚取下,进行组织培养,促其提早萌发,尽早成苗。同时在幼苗长成之后,在培养基中进行低温春化处理,解决了常规使用的种子萌发后进行春化处理所造成的幼苗衰弱成活率很低的矛盾。通过胚培养可以使菖蒲由种子萌发至开花的时间由原来的需要 2~3 年缩短至 1 年以内。

d. 测定休眠种子的萌发率　未经后熟的种子和后熟的种子胚,在离体培养下萌发速率是相同的。因此,应用胚培养技术还可以测定各种休眠种子萌发率的高低。

e. 理论研究中的应用　在探讨植物胚发生的过程中,许多重大的理论问题,如胚发生的具体条件,胚乳的作用,胚胎中各种组织对生长物质的反应,胚胎的切割实验等,都可以借助于组织培养的方法去解决。胚培养方法还可以与其他方法(如辐射)相结合。如在辐射育种中,越接近临界剂量,突变率越高,但成活率则变低。而采用临界以上的高剂量照射作物的胚,可提高变异率,但已变异的胚常因过度损伤而在发育中途死亡。在其死亡之前,将胚进行人工培养,就可能成活,从而提高变异频率。

(2) 胚乳培养

胚乳培养是指将胚乳从母体上分离出来,在无菌的条件下使其生长发育形成幼苗的过程。

① 取材、消毒

a. 具有大块胚乳的种子　可将种子直接做表面灭菌,然后用无菌水冲洗,在无菌条件下除去种子的外皮即可接种。

b. 对于胚乳被黏性物质包裹　种子表面灭菌,在无菌条件下除去种子的外皮,去掉黏性物质即可接种。

c. 对有果实的种子　取授粉后几天的幼果用 70% 乙醇处理几秒,用饱和漂白粉灭菌 10~20min,用无菌水冲洗 3 次,在无菌条件下切开果实,取出种子,分离出胚乳,接种到培养基上。

② 培养条件

a. 培养基　培养基多选用 MS、White 培养基。

b. 胚的影响　胚对于胚乳的培养有一定的影响。如桃、葡萄、枸杞,带胚的产生愈伤组织比不带胚的高，大戟科的成熟胚乳培养初期需要带胚。苹果、柑橘等未成熟的胚乳不带胚也可诱导获得完整植株。

c. 植物生长物质　植物生长物质是胚乳培养产生愈伤组织的重要因素。植物不同对植物生长物质的种类和浓度要求不同。如大麦胚乳培养需要加 2,4-D，猕猴桃则需要高浓度的玉米素。

d. 天然提取物　如 20% 的番茄汁、葡萄汁、玉米汁、椰乳、酪蛋白水解物和酵母提取物等应用于胚乳培养也取得了较好的效果。

e. 蔗糖　蔗糖是胚乳培养的最好碳源。使其浓度在 2%～8%。不同胚乳培养要求的蔗糖浓度不同，如小麦为 8%，枸杞为 5%。

f. pH 值　适宜的 pH 值范围是 4.5～6.5。如玉米为 pH 6～7，小黑麦为 pH 5.6，蓖麻为 pH 5.0。

g. 光照　不同植物胚乳培养对光照的要求不同，如玉米胚乳培养在黑暗条件下较好，蓖麻胚乳培养则需要 1500lx 的连续光照。一般植物胚乳培养要求采用 10～12h 的黑暗和光照交替。

h. 温度　温度一般要求在 24～26℃。低于 20℃ 或高于 30℃ 均会减弱愈伤组织的生长。

③ 愈伤组织的诱导　胚乳外植体接种到培养基上 6～10d 后，在切口处形成乳白色的突起，不断生成团块。少数胚乳外植体转变为绿色，形成叶丛状。但大多数增生为新的团块，形成典型的愈伤组织，及时转入到分化培养基上，分化出芽来，进行生根培养。

④ 胚乳植株染色体数目的检查　取植株根尖或幼叶或胚乳愈伤组织用 0.2%～0.5% 的秋水仙碱溶液或对氯苯饱和水溶液在 25℃ 条件下处理 4～8h 后，再用流水冲洗 5～10min。以卡诺溶液或 FAA 液固定，用 1mol 的盐酸在 60℃ 水浴下水解 8～10min，然后染色、压片、镜检、记数。

胚乳植株镜检的表现如下。

a. 稳定型　胚乳培养物在继代培养中染色体数目无变化，分裂行为正常，表现出稳定的器官分化能力，如枣。

b. 畸变型　胚乳培养物的细胞染色体出现异常行为，分化器官能力低，染色体数目多为数倍。如苹果绝大多数的细胞为多倍体或非整倍数的，只有少数的为三倍体。

⑤ 胚乳培养的应用

a. 获得三倍体。

b. 倍性多样可获得各种类型的非整倍体。

c. 获得附加系和换代系。

(3) 胚珠培养和子房培养

① 胚珠培养　将胚珠从母体上分离下来在无菌的条件下使其生长发育形成植株的过程。包括受精胚珠培养和未受精胚珠培养。

a. 胚珠的获取与消毒　培养受精的胚珠应在大田或温室摘取授粉时间合适的子房；如培养未受精的胚珠则应在授粉前适当的时间摘取子房。先用 70% 的酒精进行表面消毒 30s，放入 5% 的次氯酸钠溶液中 10min，再用无菌水冲洗数次。在无菌条件下用解剖刀沿子房纵面切开，取出胚珠接种。

b. 胚珠培养　培养基一般采用 MS、White、Nitsch 等固体培养基。培养的温度为

26℃，相对湿度为50%~60%，连续光照或每天光照18h。

c. 胚珠的发育　受精的胚珠有两种情况：一种情况是离体胚珠形成种子；另一种情况是胚珠经过脱分化形成愈伤组织，如愈伤组织起源于胚囊细胞则形成的植株为杂合体，若起源于珠被细胞则植株与母本一致。未受精的胚珠能诱导大孢子或卵细胞分化为单倍体。

② 子房的培养　将子房从母株上分离下来，在无菌条件下使其进一步发育成幼苗的过程。包括授粉子房培养和未授粉子房培养。

a. 子房的获取与消毒　培养未受精的子房一般在开花前1~5d进行采摘子房；培养受精的子房一般在授粉后数天进行采摘，具体的天数按需而定。

采摘后进行消毒 $\begin{cases} 禾本科植物：用70\%的酒精进行表面消毒。\\ 双子叶植物：用饱和的漂白粉消毒15min。\\ 子房暴露：用70\%的酒精进行消毒30s，用无菌水冲洗数次，再用0.1\%的升汞溶液灭菌\\ \qquad\qquad 15~20min，无菌水冲洗数次。\end{cases}$

b. 接种　消毒后的幼花在无菌条件下用镊子夹出子房接种到培养基上。

c. 子房培养　子房培养一般使用MS、N_6、B_5等固体培养基。温度要求26℃，相对湿度为50%~60%，每天光照16h。

d. 子房的发育过程
子房存在两种细胞，即性细胞和体细胞。

未受精的子房 $\begin{cases} 性细胞为单倍体：发育为单倍体植株。\\ 体细胞为二倍体：发育为二倍体植株。\end{cases}$

受精的子房 $\begin{cases} 性细胞为二倍体：发育为二倍体植株（杂合）。\\ 体细胞为二倍体：发育为二倍体植株。\end{cases}$

③ 胚珠和子房培养的应用

胚珠培养 $\begin{cases} 受精胚珠：一方面可打破种子休眠，另一方面挽救胚的发育获得杂种。\\ 未受精胚珠：获得单倍体植株。\end{cases}$

子房培养 $\begin{cases} 受精子房：挽救子房内杂种胚的发育。\\ 未授粉子房：获得单倍体植株。\end{cases}$

同时培养未授粉子房（胚珠），在试管中进行受精可克服花粉与子房间的不亲和性。

7. 花药和花粉培养

花药培养是指把发育到一定阶段的花药接种到人工培养上，使其发育和分化成为植株的过程。花粉培养是将花粉粒从花药中分离出来，进行培养进而发育成完整植株的过程。两者的共同点是利用花药染色体数目的单倍性，培育单倍体植株如图3-4所示。

（1）花药培养

① 花药的发育时期　大多数植物的适宜花药发育时期是花粉单核期，特别是单核中晚期。因此培养前要进行花粉发育时期的检测：利用乙酸洋红染色剂染色进行镜检，像水稻不易被乙酸洋红染色的可采用碘-碘化钾染色。此外可将压片染色与材料外部形态结合到一起，确定处于花粉发育适宜期的花器官相关形态特征，供田间采样参照。如水稻适宜时期颖壳淡黄绿色，雄蕊长度达颖壳的1/3~1/2；马铃薯在花冠露出萼片一半时大多数花粉处于单核晚期。

② 材料预处理　接种前对花蕾和花序以理化方法处理提高花粉植株的诱导频率。方法包括：低温、离心、低剂量辐射、化学试剂处理等。如禾本科植物带叶鞘和穗子用纱布包好放入塑料袋中，置于冰箱中冷藏，植物不同温度不同，柑橘3℃，5~10d，作用是保持花粉

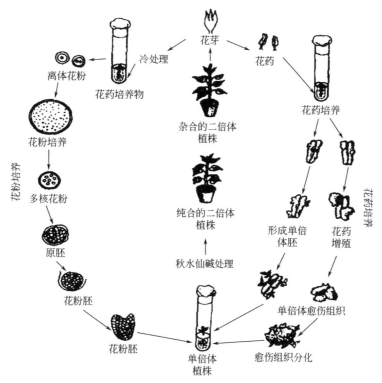

图 3-4　花药与离体花粉培养
（奚元龄，1992）

活力，同时提供能量。

③ 表面消毒　适宜于接种用的花药，都还处在未开花的幼花或花蕾中，由花被或颖片等包被，本身是无菌的，因此，只要对幼穗或花蕾进行表面消毒就可以。一般用70%乙醇擦拭表面，使之浸润30s，再用0.1% $HgCl_2$ 浸泡5~10min或用饱和的次氯酸钠浸泡10~20min。

④ 接种　将消毒过的材料（幼穗、花蕾等）置于超净工作台上，无菌剥取花药进行接种，操作时要小心、不要损伤花药，因为花药受损后可能刺激药壁细胞形成二倍体的愈伤组织，如果是花药较大的材料，可用解剖刀或镊子剥开花蕾，用镊子夹住花丝，取出花药。如果是花器很小的植物，如天门冬属、芸苔属和三叶草属植物等，可能需要借助显微镜夹取花药，或只把花被去掉，将其余部分接种在培养基上。

⑤ 培养　花药培养一般在温度25~28℃、光照2000~10000lx和光周期12~18h的条件下进行培养。

⑥ 植株的诱导　由花药培养诱导花粉植株的形成有两条途径：一是由花粉粒的异常发育形成胚状体，再由胚状体发育长成花粉植株；二是由花粉粒的多次分裂形成愈伤组织，再由愈伤组织进一步器官分化，形成芽和根，最后形成完整植株。

（2）花粉培养

① 花粉的分离

a. 挤压法　将合适发育时期的花蕾取下，表面消毒，无菌水洗净后，取出花药，放入盛有少量液体培养基或与培养基等渗的蔗糖溶液的烧杯中，用平头的玻璃棒或注射器内管轻轻挤压花药，使其散出花粉，过筛、离心。此方法的优点是操作简便，缺点是花粉中会混杂有体细胞。该方法对双子叶植物较为适用，但对禾谷类作物不太适用，并且容易损伤花粉粒。

b. 磁拌法　将花药接种于含有液体培养基的三角瓶中，然后放入一根磁棒，置于磁力搅拌器上，低速转至花药呈透明状。为了提高分离速度，在培养基中可加入几颗玻璃珠。此方法分离花粉比较彻底，但对花粉粒有不同程度的损伤。

c. 自然释放法　首先将花药在液体培养基中漂浮培养3~7d，在此期间花粉粒从花药裂口处散落到培养液中。在直接分离花粉难于成功的情况下，用自然释放法能取得成功。

d. 小孢子的分离纯化　无论是哪种方法提取的小孢子匀浆，都需要去除杂质，这就需要过筛、离心收集等步骤。过筛时筛孔径的大小由小孢子的大小决定。采用级联过筛时，第一级可选用孔径大些的以便把大的杂质去掉，最后一级选用略大于小孢子直径的筛子，过筛后离心收集小孢子进行培养。

② 培养基

a. 基本培养基　MS和H培养基适合于双子叶植物花药培养；Nitsch培养基适合芸苔属和曼陀罗属植物花药的培养；B_5培养基比较适合于豆科和十字花科植物；N_6培养基较适合于禾谷类植物。

b. 植物生长物质的种类和浓度　生长素类2,4-D促进愈伤组织形成，但抑制愈伤组织产生胚状体。细胞分裂素促进花粉分化成胚状体。

c. 蔗糖浓度　在花药和花粉培养中用麦芽糖代替蔗糖效果较好。浓度大多数为2%~4%。

d. 有机附加物　花药培养中添加天然有机附加物，如水解乳蛋白、椰子汁、玉米汁等对于提高花粉愈伤组织和胚状体诱导率，促进其生长有良好的效果。

③ 花粉培养方法

a. 预培养　将花药在液体培养基中先漂浮培养2~4d，在5mL液体培养基中可培养约50个花药，然后挤出花粉，经离心洗涤纯化后悬浮于液体培养基中进行培养，待愈伤组织或胚状体形成后，转入分化或胚发育培养基上生长。

b. 直接培养　直接培养是指从不经预培养或预处理的新鲜花药中直接分离出花粉粒，接种到培养基中进行培养的方法。

c. 看护培养　用花药或一块愈伤组织来哺育单细胞，从而使其正常分裂、增殖的方法，称"看护培养"。具体做法是将完整花药接种在琼脂培养基上，将一片无菌滤纸放在花药上，再将花粉粒接种在滤纸上，培养1个月后，在滤纸上形成细胞群落（图3-5）。

d. 微室培养　用滴管取1滴悬浮有花粉的液体培养基，滴在盖玻片上，然后翻过来放在一凹穴载玻片上，盖玻片四周用石蜡密封。这种方法的优点是便于在整个过程中进行连续的活体观察，可以把一个细胞生长、分裂和形成细胞团的全过程记录下来。缺点是培养基太少，水分容易蒸发，使培养基中的养分和pH值容易发生变化，影响花粉细胞的进一步发育。

④ 单倍体植株染色体加倍

a. 花粉植株的倍性　由花药培养产生的花粉植株多数是单倍体，还有二倍体、三倍体及非整倍体。日本研究人员发现水稻和茄属的花粉植株中，从单倍体至五倍体都有。黄佩霞等对2496株水稻花粉植株染色体数目统计的结果是单倍体35.3%、二倍体53.4%、多倍体

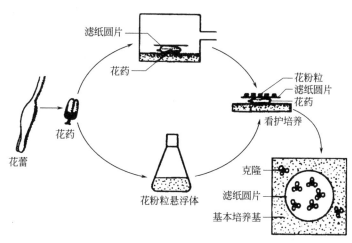

图 3-5　番茄离体花粉的看护培养法
（奚元龄，1992）

与非整倍体 5.3%、不同倍性混生植株占 6.1%。这些变化中，非单倍体可能来源于花药体细胞如药壁或花丝细胞，由它们形成二倍体愈伤组织，再分化出二倍体植株，或者来自于单倍体细胞的自主加倍，或来自于雄核发育过程中的核融合。

b. 单倍体植株的染色体加倍　单倍体植株营养体瘦小，只含一套染色体而不能进行正常减数分裂，不能开花结实，需经加倍处理使之成为纯合二倍体，才能恢复育性，在育种上才有价值。单倍体植物染色体加倍有以下三条途径。

（a）自然加倍　通过花粉细胞核有丝分裂或核融合染色体可自然加倍，从而获得一定数量的纯合二倍体。但尚有许多单倍体植株需采用人工方法加倍处理。自然加倍的优点是不会出现核畸变。

（b）人工加倍　诱导染色体加倍的传统方法是用秋水仙素处理。处理方法有小苗浸泡方法、芽处理、浸根方法或浸泡分蘖节方法等。以双子叶植物烟草为例，把具有 3~4 片真叶的花粉植株浸于过滤消毒的 0.4% 秋水仙碱溶液中 24~28h，然后转到生根培养基（T 培养基）上，使其进一步生长。也可将含有秋水仙碱 0.2%~0.4% 的羊毛脂涂在其顶芽或上部叶片的腋芽上，去掉主茎的顶芽，促进侧芽长成二倍体的可育枝条。禾本科植物染色体加倍，一般要在秋水仙碱溶液中加有助渗剂二甲亚砜（1%~2%）浸泡分蘖节。

（c）愈伤组织加倍　将单倍体植株的叶、茎、叶柄和根等器官切成小块后置于一种适当的培养基上，诱导

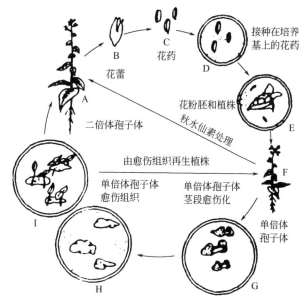

图 3-6　烟草花药培养及单倍体植株的加倍
（李浚明，2000）

形成愈伤组织，经过继代培养之后，转移到分化培养基上，由此所获得的再生植株中，将会有染色体加倍的植株。另外，在花药（粉）愈伤组织增殖过程中，往往可通过核内有丝分裂使染色体加倍（图3-6）。延长愈伤组织培养的时期，可提高染色体加倍的频率，但过分延长愈伤组织培养的时间，将会降低或丧失其再生植株的能力。

⑤ 花药和花粉培养的应用

a. 单倍体植物在育种中的作用　将具有单套染色体的单倍体植物，经人工染色体加倍，使其成为纯合的二倍体，从中选出具有优良性状的个体，直接繁育成新品种，或选出具有单一优良形状的个体，作为杂交育种的原始材料，称之为单倍体育种。下面介绍单倍体植物在育种中的应用。

（a）克服后代分离，加快育种速度　通过常规杂交育种要获得一个稳定的品系需5～7年，获得一个新品种需8～10年。采用单倍体育种只需2～3年。常规育种中杂交后代自第二代（F_2）起开始分离，要持续到F_6代后才能趋于稳定，通常在F_5代、F_6代才开始选择，再经品种比较、示范种植、推广等程序，育成一个品种需8～10年。而用单倍体技术，从F_1代进行单倍体诱导，得到单倍体植株，加倍后就成为稳定的纯合二倍体，其下一代植株形状基本稳定，因而可根据田间表现进行选择，入选株系即可参加比较试验、品种鉴定等，这样大大加快了育种速度。

（b）提高选择效率　可用2对基因的遗传特性来分析，假设用于杂交的母本的基因型为AAbb，父本的基因型是aaBB，通过杂交希望后代中得到具有AABB基因型的新品种。可知母本经减数分裂产生的卵细胞的基因型是Ab，父本经减数分裂后产生精子的基因型是aB，因此杂交后的杂种F_1的基因型是AaBb，由于F_1代的基因型都是一样的，所以表现遗传性状整齐一致，F_1代不会发生分离现象。F_1代进行有性生殖时，要进行减数分裂，同时基因重新自由组合，将产生4种类型的卵细胞和4种类型的精子，两者都包括4种基因型，即AB、Ab、aB、ab，在常规杂交过程中，F_1代这4种类型的精子和4种类型的卵子随机结合，F_2代即产生16种基因型，这就是杂种的分离现象。如果从中选择AABB，则其选择的概率是1/16。如果用单倍体育种，通过人工培养F_1代花药，其中花粉只有4种类型，产生的单倍体植株也只有4种类型即AB、Ab、aB、ab，经过染色体加倍得到纯合二倍体即AABB、Aabb、aaBB、aabb。这样4株中就有1株是所需要的AABB，选择概率为1/4。可见在2对等位基因存在的情况下，常规杂交育种法与单倍体育种方法，其选择效率之比为(1/16)：(1/4)，后者比前者提高了4倍。在正常的杂交育种中，等位基因数量远远大于2对，选择效率则有更大的提高，这种推理已被多年来单倍体育种的实践所证明。例如，3对等位基因选择效率可提高8倍，4对等位基因可提高16倍，5对等位基因可提高32倍等，等位基因越多，选择效率提高越明显。

通过育种过程获得纯种可以直接作为新品种，也可以作为F_1代的亲本。目前，由于杂交优势的利用，以F_1代作为种子的应用范围日益广泛，选择F_1代必须有大量纯种作为基础，单倍体育种为提供纯种创造了快速有效的方法。

（c）快速获得自交系的超雄株　异花授粉植物玉米、高粱和洋葱等，利用杂种优势，可使产量大幅度提高，但必须掌握一定数量的高纯度自交系。通常采用连续人工自交方法，获得一个自交系至少需6年。而通过花药培养产生单倍体植株，再加倍使之成为纯合二倍体即标准自交系，只需1年时间。这一新技术加速了自交系培育，促进了异化授粉植物杂种优势的利用。

在一些雌雄异株蔬菜（石刁柏、芦笋）生产上，需栽培均一的雄株群体，因雄株纤维少、蛋白质含量高、产量高，很受消费者和生产者欢迎。但一般栽培用的种苗是通过雌株（XX）和雄株（XY）受粉产生的种子形成的，因而雌株和雄株的比例是各占50%，不可能是100%的雄株。用单倍体诱导的办法，从雄株花药培养得到只含有Y染色体的单倍体植株，加倍后得到超雄株（YY），将超雄株与雌株杂交，后代就得到100%的雄株。

（d）有利于隐性基因控制性状的选择　杂种中隐性基因经常被显性基因掩盖，而单倍体育种是从加倍后的纯合二倍体中选择，因隐性基因被加倍而纯合，不存在隐性基因被掩盖的性状。

b. 我国单倍体育种的成就　据统计至今已有10个科24个属250多种高等植物的花药培养成功，其中有50多种植物（如小麦、玉米、大豆等）是我国首先培育成功的。

8. 细胞培养

细胞培养技术也叫细胞克隆技术，在生物学中的正规名称为细胞培养技术。不论对于整个生物工程技术还是其中之一的生物克隆技术来说，细胞培养都是一个必不可少的过程，细胞培养本身就是细胞的大规模克隆。细胞培养既包括微生物细胞的培养，也包括细胞培养技术。可以由一个细胞经过大量培养成为简单的单细胞或极少分化的多细胞，这是克隆技术必不可少的环节。通过细胞培养得到大量的细胞或其代谢产物。因为生物产品都是从细胞得来，所以可以说细胞培养技术是生物技术中最核心、最基础的技术。

（1）单细胞培养

① 单细胞的分离

a. 由植物器官分离单细胞

（a）机械法　叶片组织的细胞排列疏松，是分离单细胞的最好材料，先把叶片轻轻研碎，然后再通过过滤和离心将细胞净化。如Gnanam和Kulandaivelu由几个物种的成熟叶片中分离得到具有活性的叶肉细胞，具体方法是在研钵中放入10g叶片和40mL的研磨介质，用研杆轻轻研磨，然后用两层细纱布过滤，再研磨介质中低速离心，净化细胞。该种方法的优点是细胞不受酶的伤害，无需质壁分离，对生理和生化研究来说是理想的，但机械法并不普遍适用。

（b）酶解法　酶解法是利用果胶酶由叶片组织分离单细胞的常用方法，具体的做法是取幼嫩的完全展开叶，进行表面消毒后用无菌水冲洗，用消毒的镊子撕去表皮，用消毒的解剖刀切成4cm×4cm的小块。取2g切好的叶片置于装有20mL无菌酶溶液的三角瓶中，酶溶液组成为0.5%的果胶酶、0.8%的甘露醇、1%硫酸葡聚糖钾。用真空泵抽气，使酶渗入到叶片组织中，将三角瓶置于往复式摇床上，120r/min，25℃，2h。其间每隔30min更换溶液一次，将第一个30min的溶液弃掉，第二个30min后的酶溶液主要含有海绵薄壁细胞，第三个和第四个30min的酶溶液主要含有栅栏细胞，用培养基将分离得到的单细胞洗涤两次即可培养。

b. 由愈伤组织分离单细胞　诱导得到的愈伤组织转移到装有适当液体培养基的三角瓶中，置于水平摇床上，在80~100r/min培养条件下获得悬浮细胞液，再以4000r/min离心，获得纯净的细胞悬浮液。再用孔径为60~100μm的细胞筛过筛，然后再用孔径为20~30μm的细胞筛过筛，进行离心，回收获得的单细胞，并用液体培养基洗净，进行培养。

② 培养方法　单细胞培养方法有三种，即看护培养法、微室培养法和平板培养法。

a. 看护培养法　看护培养是指用一块活跃生长的愈伤组织来看护单个细胞，并使其生长和增殖的方法（图3-7）。具体做法是在无菌条件下将处于活跃生长期的约1cm大小的愈

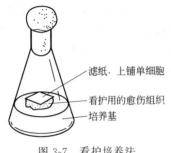

图 3-7　看护培养法

伤组织块放到已灭菌的装有 1cm 厚培养基的三角瓶中。把一块 1cm 见方的灭过菌的滤纸，在无菌条件下置于该愈伤组织上，几天后，借助于一个微型移液管或微型刮刀，从细胞悬浮液中或易散碎的愈伤组织上分离得到细胞，置于愈伤组织之上的湿滤纸表面。当这个培养的细胞长出了微小的细胞团之后，再转至琼脂培养基上。该种方法简便易行，效果好，但无法在显微镜下观察细胞的生长状况，因此必须保证接种的是真正的单细胞。

b. 微室培养法　由悬浮培养物中取出一滴含单细胞的培养液，置于一张无菌载玻片上，在该滴培养液的四周涂上一圈四环素眼膏，然后在四环素眼膏上放一段毛细管，然后将消毒的盖玻片盖在四环素眼膏上，并于眼膏紧密接触。这样一滴含有单细胞的培养液就被覆盖于微室之中，最后把筑有微室的整张载玻片置于培养箱或培养室中进行培养。当细胞团长到一定大小时，将培养物转移到新鲜的液体或固体培养基上培养。通过微室培养技术，可对细胞培养过程连续进行显微观察，了解一个细胞经过生长、分裂、分化，形成细胞团的全部过程。

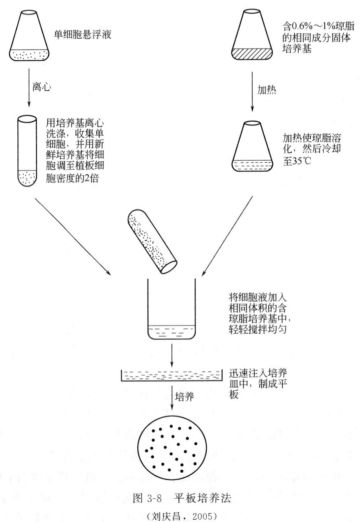

图 3-8　平板培养法

(刘庆昌，2005)

c. 平板培养法 平板培养法是指把单细胞与溶化的琼脂培养基均匀混合，并平铺一薄层在培养皿的底上的培养方法。具体做法是将制备好的单细胞培养液进行细胞计数，离心收集已知数目的单细胞，根据平板培养要求的密度和悬浮液的实际密度进行调制。一般平板培养要求的细胞密度 $(1\times10^3)\sim(1\times10^5)$ 个/mL，若悬浮液与培养基按 1：2 混合，则应把悬浮液的细胞密度调至 $(2\times10^3)\sim(2\times10^5)$ 个/mL，高于此值，加培养基稀释，低于此值，离心吸取上清液。将与上述培养基成分相同但加入 0.6%～1.0% 琼脂的培养基加热溶化，冷却到 35℃时，将培养基 2 份与上述细胞悬浮培养液 1 份混合，迅速注入并使之铺展在培养皿中，约 3mm 厚（图 3-8）。在 35℃温度下，培养基能保持液体状态，也不会杀死细胞。用封口膜封严培养皿，置于 25℃黑暗中培养。该方法培养细胞可以定期镜检观察细胞的生长。

用平板法培养单细胞时，常以植板效率表示能长出细胞团的细胞占接种细胞总数的百分数，计算公式为：

$$植板效率=\frac{每个平板上形成的细胞团数}{每个平板上接种的细胞总数}\times100\%$$

一般悬浮培养液要达到最终所要求的植板细胞密度的 2 倍，可以通过加入液体培养基进行稀释，或通过低速离心使细胞沉降，弃去部分培养基进行浓缩。

d. 纸桥培养法 纸桥培养法是植物茎尖组织培养常用的方法，也可用于单细胞培养。具体方法是把滤纸两端浸入到液体培养基中，中央露出培养基表面形成纸桥，将培养的细胞放在纸桥中央进行培养。1976 年 Bigot 将该方法进行了改进，特制了一种三角瓶，使其底部的中央部分向上突起，在突起处放上滤纸，这种方法的优点是培养物不易干燥（图 3-9）。

③ 影响单细胞培养的因素

a. 培养基成分 培养基的成分是影响细胞培养的关键因素之一，当细胞的植板密度较高时，使用和悬浮培养或愈伤组织

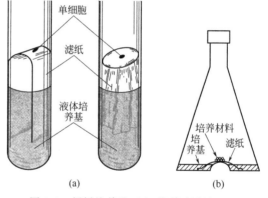

图 3-9 纸桥培养法（a）及其改进法（b）

培养中成分相似的培养基即可成功。因此，可利用生长过愈伤组织或悬浮细胞的液体培养基培养单细胞，促进单细胞的正常生长和分裂。由于细胞和组织在生长过程中向培养液释放了能促进细胞分裂的一些特殊代谢物，使得这种培养基营养更加丰富，从而有利于单细胞进行生长和分裂。因而当在某种植物或组织的培养中遇到困难时，向培养基加入该植物的汁液，有时会收到良好的效果。

b. 细胞密度 单细胞培养要求植板的细胞有一个标准的临界密度才能促进其分裂和发育，低于该临界密度，培养细胞就不能进行分裂和发育成细胞团。植板的密度不是一成不变的，当培养基的成分越复杂，营养成分越丰富时植板细胞的临界密度越低；反之，植板密度要求越高，一般要求至少每毫升在 1000 个细胞以上。

c. 生长物质 在单细胞培养中，补充生长物质是非常重要的，它可以非常有效地提高植板效率。如在低密度中，旋花细胞培养必须加入细胞激动素和一些氨基酸，才能开始生长和分裂。

d. pH 值 适当调整培养基的 pH 值也能够提高细胞培养的植板效率。如在假挪威槭的悬浮细胞培养中，在合适的培养基条件下，把 pH 值小心地调到 6.4，其起始细胞的最低有效密度可从 $(9 \times 10^3) \sim (15 \times 10^3)$ 个/mL 降低至 2×10^3 个/mL。

e. CO_2 大气中的 CO_2 对细胞培养也有一定的影响，当人为降低瓶内 CO_2 浓度时细胞停止分裂。当提高到含量为 1％时则能促进细胞生长，继续提高当含量达到 2％时反而起抑制作用。

（2）细胞悬浮培养 细胞悬浮培养是指将游离的单细胞或细胞团按照一定的细胞密度悬浮在液体培养基中进行的无菌培养。它是从愈伤组织的液体培养技术基础上发展起来的一种新的培养技术，能够提供同步分裂的、增殖迅速的大量细胞，可用于大规模的工业化生产。

① 筛选细胞株的方法 从培养的愈伤组织中挑选出外观疏松、生长快、颜色浅的愈伤组织，用振荡或酶法，游离出来单个细胞或小细胞团，接种在固体的培养基上培养 2 周，从中挑选生长快的细胞株并进行继代，筛选出有效成分高而生长快的细胞株。

② 培养方法

a. 成批培养 成批培养是指将一定量的细胞或细胞团分散在含有固定体积的培养基的容器系统中的培养，它是进行细胞生长和细胞分裂的生理生化研究常用的培养方法。

成批培养的容器一般选用 100～250ml 的三角瓶，每瓶装 20～75ml 的培养基。其特点是细胞生长在固定体积的培养基上，直至培养基中的养分耗尽为止。在整个培养过程中，细胞数目会不断发生变化，呈现出明显的由慢到快，再到慢，最后增长停止的细胞生长周期表现为 S 曲线，即初期增长缓慢，称延迟期，特点是细胞很少分裂补细胞数目增加不多；中期生长最快，称对数生长期，特点是细胞数目迅速增加，增长速率保持不变；随后细胞增长逐渐减慢，称减缓期，特点是由子养分供应差和代谢物积累、环境恶化，细胞分裂生长减慢；最后细胞生长完全停止，称静止期，其特点是养分基本耗尽，有害代谢物积累，导致细胞分裂停止，直至开始死亡。成批培养结束后，若要进行下一批培养，必须另外进行继代培养，其方法是用注射器吸取一定量的含单细胞和小细胞团的悬浮培养物，并移到含有新鲜培养基的培养瓶里，继续进行培养。再培养过程中要用适当搅拌的方法增加和维持游离细胞和细胞团在培养基中的均匀分布。

成批培养的方法根据培养基在容器中的运动方式来区分，有以下四种方法。

（a）旋转培养 培养瓶呈 360°的缓慢旋转移动，1～5r/min，使细胞培养物保持均匀分布和保证空气供应。

（b）往返振荡培养 机器带动培养瓶在一直线方向往返振荡。

（c）旋转振荡培养 机器带动培养瓶在平行面上作旋转振动，40～150r/min 不等。

（d）搅动培养 利用搅拌棒的不断转动搅动培养基。

b. 连续培养 连续培养是指在培养的过程中，以不断注入等量新鲜培养基，倒掉用过的培养基，使培养物不断得到养分补充，保持其恒定体积的大规模细胞系培养方式。

连续培养又有封闭式和开放式连续培养之分。封闭式连续培养是指新鲜培养液和老培养液以等量进出，并把排出细胞收集，放入培养系统继续培养，所以培养系统中的细胞数目不断增加；开放式连续培养是指在连续培养期间，新鲜培养液的注入速度与细胞悬浮液的排出速度相等，并通过调整流入与流出的速度，使培养物的生长速度永远保持在一个接近最高值得恒定水平。开放式连续培养可分为两种形式：一种是化学恒定式；另一种是恒定式浊度。化学恒定法是按照某一固定速度，注入新鲜培养基内的某种选定营养成分，该种成分的浓度被调节成为一种生长限制浓度,从而使细胞的增殖保持在一种稳定的状态。而细胞生长速率与细胞特殊代谢产物形成有关。因此,这一关系就可以生产出最高产量的某种代谢产物,如蛋白质、有用药物等。这个方法在大规模细胞培养的工业上有巨大的应用潜力,是植物细胞培养方面的一大进展。浊度恒定法是根据悬浮液混浊度的提高来注入新鲜培养液的开放式连续培养。悬浮液的混浊度受到细胞密度控制。细胞增加,混浊度增大。可以预先选一个细胞密度,培养系统中细胞密度超过此限时,其超过的细胞就会随排出液一起自动排出,从而能保持培养系统中细胞密度的恒定。

c. 半连续培养　指每隔一定时间后倒出一定量的悬浮液,并同时补充等量的新鲜培养液,这相当于成批培养时频繁地进行再培养,半连续培养能重复地取得大量、均一的培养细胞供生物研究之用。该种方法在玉米、花生、菜豆等多种植物上进行应用。

③ 悬浮培养细胞同步化　同步培养是指在培养基中大多数细胞都能同时通过细胞周期的各个阶段。而在细胞悬浮培养中细胞是随机分裂的,因此在一般情况下,悬浮培养细胞都处于不同发育期或不同分裂期的,即是不同步的。为了研究细胞分裂和细胞代谢,一般使用同步培养物或部分同步培养物。

同步性的程度以同步百分数表示。为了取得一定程度的同步性,研究者已进行了各种尝试。如 King 等指出,同步性程度除由有丝分裂指数来确定,还可以由某一瞬间处于细胞周期某一特定点上的细胞所占的百分数表示,也可以由一个短暂具体的时间内通过细胞周期某一点的细胞的百分数表示,或者全部细胞通过细胞周期某一点所需的总时间占细胞周期时间的百分数表示。

实现悬浮培养细胞同步化的方法主要有以下两种。

a. 饥饿法　先对细胞断绝供应一种进行细胞分裂所必需的营养成分或激素,使细胞停滞在 G_1 期或晚期,经过一段时间的饥饿后,当重新在培养基中加入这种限制因子时,静止细胞就会同时进入分裂。如 Komamine 等（1978）在长春花悬浮培养中,先使细胞受到磷酸盐饥饿 4d,然后再把它们转入到含有磷酸盐的培养基中,结果获得了较高的同步性；烟草悬浮培养细胞受细胞分裂素的饥饿后获得同步；胡萝卜细胞受生长素饥饿后也取得了同步化的效果。

b. 抑制法　使用 DNA 合成抑制剂,如 5-氨基尿嘧啶、胸腺嘧啶脱氧核苷等,也可使培养细胞同步化。当细胞受到这些化学药物处理后,由于这些核苷酸类似物的存在阻止了 DNA 的合成,细胞周期只能进行到 G_1 期,细胞都滞留在 G_1 期和 S 期的边界上,当把这些抑制剂除去后,细胞就进入同步分裂。应用这种方法取得的细胞同步性只限于一个细胞周期,细胞的同步化程度更高。

④ 细胞增殖测定

a. 细胞鲜重与细胞干重　将悬浮培养物倒在下面架有漏斗的已知重量的湿尼龙丝网上,用水洗去培养基,真空抽滤以除去细胞上沾着的多余水分,称重,即求得细胞鲜重。用已知重量的干尼龙丝网依上述方法收集的细胞,在 60℃下干燥 48h 或 80℃下干燥 36h,烘到恒重后,再称重,得细胞干重。细胞干重以每毫升培养物或每 10^6 个细胞的重量表示。

b. 细胞密实体积　将一已知体积的均匀分散的悬浮液（10~20mL）放入一个 15~50mL 的离心管中,在 2000~4000r/min 下离心 5min,得到细胞的沉积体积。细胞密实体积以每毫升培养液中细胞总体积的毫升数表示。

当悬浮液的黏度较高时,常出现细胞不沉淀的现象,这种情况下可用水稀释至 2 倍。但是，用水稀释后渗透压过于下降时，会出现细胞变形，将得不到真正的细胞密实体积，所以用水稀释时尽可能以最低限度进行，并且动作要迅速。所用离心机的转头，应是悬式水平转头，这样沉淀物表面不会出现斜面，有利于正确测定。在测定细胞体积时，有时也用这样的方法：使细胞自然沉淀，测定其体积，称为沉淀体积。

c. 细胞计数　计算悬浮细胞数即细胞计数，通常用血球计数板。计算较大的细胞数量时，可以使用特制的计数盘。

由于在悬浮培养中总存在着大小不同的细胞团，因而由培养瓶中直接取样很难进行可靠的细胞计数。因此应先用5%～8%铬酸或0.25%果胶酶对细胞和细胞团进行处理，使其分散，这样可提高细胞计数的准确性。Stree及其同事对假挪威槭细胞计数的方法：把1份培养物加入到2份8%三氧化铬溶液中，在70℃下加热2～15min，然后将混合物冷却，用力振荡10min，用血球计数板进行细胞计数。用这些物质处理时，有时细胞会被破坏，或者出现变形，所以对每种材料应研究其最适宜的处理方法。

⑤ 培养的条件

a. 培养基　一般能用来建立生长快、易散碎的愈伤组织的培养基也能同样适用于该物种的悬浮培养。同时培养基成分对细胞培养的生物量和有用产物含量的提高都有密切关系，要协调好这两者的关系。最主要的是要根据不同种类的培养细胞选择适当的碳源（蔗糖或葡萄糖、果糖、半乳糖），氮源（硝态氮、铵态氮、有机态氮）以及其他添加物（如前体、生长物质）。

生长物质是细胞培养中不可缺少的物质，通过它可控制某些细胞培养物的一些有用产物的生产，如加入2,4-D往往阻止多种细胞的有用物生产，但它可使人参皂苷的产量显著提高。

b. 光照　光照对细胞的生长和有用物质的生产有极大影响，如芸香的愈伤组织在光照下培养，其芳香化合物的含量比暗培养下增加1.5～3.6倍。但光也存在抑制作用，抑制某些化合物产生，如蓝光和白光能使紫草素合成受阻，萜烯类合成也能被蓝光和强白光抑制。

c. 氧浓度　胡萝卜细胞悬浮培养中存在着两种再生小植株的途径，即先形成根，再长出小植株，或经由胚状体成苗。这与液体培养基中存在的溶解氧浓度有关，当培养基中的氧浓度低于临界水平时，有利于胚状体形成，而氧浓度高于临界水平又有利于根的形成。

d. 培养基的振荡　细胞悬浮培养中为使愈伤组织破碎成小细胞团和单细胞，并均匀分布在培养基中，促进气体交换，应对培养物进行振荡培养。成批培养一般采用摇床，常用的摇床有水平往复式，转速为60～150r/min；旋转式摇床转速1～5r/min。连续培养通常在培养装置上安装搅拌器。

⑥ 悬浮培养细胞植株再生　由悬浮培养细胞再生植株的途径有两种：一种是由悬浮细胞直接形成体细胞胚，即悬浮细胞首先活跃分裂，形成球形胚，再形成心形胚、鱼雷形胚、最后发育成具有子叶、幼根的成熟胚，在培养条件适宜的情况下继续发育形成正常的植株，如图3-10所示；另一种是先将悬浮细胞或细胞团转移到半固体或固体培养基上，使其增殖形成愈伤组织，然后再由愈伤组织再生植株。

⑦ 细胞悬浮培养的应用

a. 植物有用物质的生产　植物的很多次生代谢物是药用成分、色素、染料、香精、生物碱、糖、酶等的重要来源，但这些天然产物的含量低，难以满足人类的需求，大规模生产又存在许多的困难。在植物组织培养研究中，发现培养细胞中同样含有这些代谢产物，其中

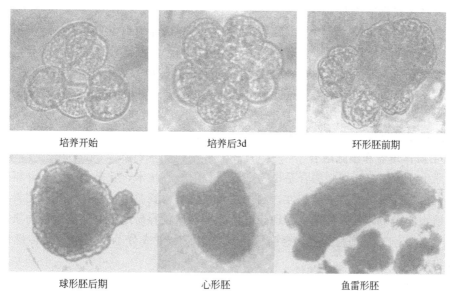

图 3-10　胡萝卜细胞悬浮培养中体细胞形成的过程
(原田和驹领，1979)

有一些是人工不能合成的。因此，可用大规模细胞培养生产这些有用物质，使之由大田生产走向工厂化生产。

具体的方法如下。首先在进行工业生产之前，一定要选择一种适合于培养材料快速生长且合成有效成分效率高的培养基，这需要针对某一特定的材料大量筛选才能获得。可采用目前广泛应用的一些标准培养基进行试验，如 MS（1962）、Miller（1963）等。然后从特定的植物材料诱导愈伤组织，从愈伤组织中分离单细胞，在平板培养中，单个细胞经持续分裂，形成许多细胞株。这时先选择生长快、疏松、分散好的细胞株，再经目的产物的定量测定，从中筛选出目的产物含量高的高产单细胞，从而建立高产细胞系，对高产细胞系进行扩大繁殖，以获得足够的培养细胞用作大量培养时的接种材料，用作扩大培养的容器为摇瓶，即 1000~3000mL 的三角瓶。在培养过程中，要经常鉴定细胞株，并进行提纯，防止细胞株退化和变异。最后用发酵罐或生物发生器进行大量培养，以生产所需要的植物化合物。

b. 诱发和筛选突变体　在细胞培养过程中会产生一些突变体，常采用不同的培养基来进行选择，也就是把悬浮细胞培养于缺少某种营养物质或生长因子，或是添加某种抑制剂的培养基里，使突变细胞和正常细胞区别开来，从而把突变体选择出来。这种诱导变异是高等植物育种的途径之一。到目前为止，通过细胞诱变已获得了一批具有优质、抗病、抗逆等特性的突变体。

c. 用于原生质体培养和细胞器分离　利用细胞悬浮培养方法对细胞原生质体进行分离，在适宜的培养基上进行培养，使之形成完整的植株，或者对原生质及细胞内的细胞器、细胞膜及多种成分观察、分离、研究，有利于植物代谢生理学、生物化学等的研究。

d. 食品生产　科学工作者研究将培养的细胞作为人的非常规食物来源。通过对许多食用植物培养组织的细胞团生产的研究，确定在利用培养细胞作为食物前，必须先要大幅度提高细胞的生长速度才有经济价值。有人比较了一般栽培作物产量和培养细胞的产量，认为培养细胞的产量和作物产量在增长幅度上是相同的。但要使培养细胞优于农业生产的话，细胞的产量至少要比农业生产大十倍。

与粮食、蔬菜相比较,将培养细胞作为食物时,在培养细胞中有可能分离得到一些具有很高营养价值的蛋白质,可制作人造肉等。用培养细胞来生产这种含量高、营养丰富的蛋白质,作为常规食品的辅助成分,在经济上是可行的。有的研究者指出,培养细胞约含35%的蛋白质、18%脂肪、20%糖类,这比大多数作物更有营养。Garnborg等检查了12种植物的培养细胞,发现其总蛋白质含量达27%～35%,可溶性蛋白占干重的1.7%～2.7%,必需氨基酸的量尤其是碱性氨基酸和蛋氨酸的量高于种子。

9. 原生质体培养和细胞融合

植物原生质体培养和细胞融合是植物细胞工程的核心技术,它是20世纪60年代初,人们为了克服植物远缘杂交的不亲和性,利用远缘遗传基因资源改良品种而开发完善起来的一门技术。植物原生质体是遗传转化的理想受体,能够比较容易地摄取外来遗传物质,如外源DNA、染色体、病毒、细胞器等,为高等植物在细胞水平或分子水平上的遗传操作提供了理想的实验体系。

原生质体指的是用特殊方法脱去植物细胞壁的、裸露的、有生活力的原生质团。就单个细胞而言,除了没有细胞壁外,它具有活细胞的一切特征。通过大量的试验表明,没有细胞壁的原生质体仍然具有"全能性",可以经过离体培养得到再生植株。目前已有49个科160个属的360多种植物经原生质体培养得到了再生植株。

植物原生质体培养和细胞融合技术已经成熟,并成为品种改良和创造育种亲本资源的重要途径。迄今已在多种作物上获得了原生质体植株和种、属间杂种植株,也为细胞生物学、植物生理学及体细胞遗传学研究做出了重要贡献。

(1) 原生质体培养

① 材料来源和预处理

a. 材料来源　供体材料是影响原生质体培养成功与否的关键因素之一,不但影响原生质体分离的效果,也影响原生质体的培养效果。一般来说根、茎、叶、花、果实、种子及愈伤细胞和悬浮细胞等都可作为分离原生质体的材料。目前较多采用叶片来分离原生质体,其叶肉组织是游离原生质体的一种良好材料,但分裂旺盛、再生能力强的愈伤组织或悬浮细胞,尤其是胚性愈伤组织或胚性悬浮细胞系是最理想的原生质体分离材料。

(a) 叶肉细胞　叶肉细胞是分离原生质体的良好的细胞材料,用叶片的薄壁组织作为材料来源,要考虑植株的生长环境、叶片的年龄及其生理状态对原生质体分离的影响。取生理状态适宜的叶片,有利于原生质体的细胞再生和细胞分裂。要获得良好的培养材料,应在光强3000～6000lx、温度20～25℃、相对湿度60%～80%的条件下培养。

(b) 细胞悬浮培养物　在建立细胞悬浮培养物之前,需提前培养愈伤组织。取用成熟种子胚、未成熟胚、幼穗、花药、胚芽鞘或幼叶,经无菌消毒后,在含2～4mg/L的2,4-D的MS固体培养基上,在26℃黑暗条件下诱导愈伤组织,每隔2～4d转接一次。从中选出增殖较快而且呈颗粒状的愈伤组织,或经继代培养一次后,转移到装有液体培养基的100mL三角瓶中进行悬浮培养,用旋转式振荡器,速度控制80～120r/min,于25℃下暗培养,悬浮培养初期应每隔3d继代一次,一个半月后,吸取4～5mL悬浮细胞到250mL三角瓶的40mL新鲜培养基中,以后每隔7d继代一次。通常经悬浮培养3～4月后,使悬浮细胞大小达到一致,且细胞质变得较浓时,便可用于分离原生质体之用。

b. 植物材料的预处理　为提高原生质体的产率和活性,逐步提高植物材料的渗透压,以适应培养基中的高渗环境,进行原生质体分离前要进行预处理。包括低温处理和等渗溶液处理。

(a) 低温处理　叶片为外植体材料时,在分离原生质体前,先把材料放在4℃以下的低温条件下,让材料在黑暗中的一定湿度条件下放1~2d,这样得到的原生质体存活率高,均匀一致、分裂频率高。

(b) 等渗溶液处理:把材料放在等渗溶液中数小时,再放到酶溶液中分离原生质体,可以提高其产量和活性,如苹果、梨等采用该种方法较好。在很多情况下材料不必经过专门的预处理也是可以的。

② 原生质体的分离

a. 机械法　首先使细胞发生质壁分离,然后切开细胞释放出原生质体。该种方法优点是它能够排除外加酶对离体的原生质体的结构与代谢活性的有害影响。但原生质体的产量低,方法繁琐费力,因此没有得到广泛的应用。

b. 酶法

(a) 酶的种类　植物细胞壁的主要成分是纤维素、半纤维素、果胶质。纤维素占细胞壁干重的25%~50%不等;半纤维素平均约占细胞壁干重的53%左右;果胶质一般占细胞壁的5%。分离原生质体最常用的酶有纤维素酶、半纤维素酶和果胶酶。

纤维素酶:常用的商品纤维素酶是 Cellulase Onozuka RS 和 Cellulase Onozuka R-10,其纯度高,毒害小,常用浓度为0.5%~2.0%,主要含有纤维素酯Cl(β-1,4 葡聚糖酶)和纤维素酯Cx(β-1,4 葡聚糖纤维二糖水解酶)。纤维素酯Cl作用于天然的和结晶的纤维素,具有折断天然纤维素的作用;纤维素酯Cx,作用于定形的纤维素,可分解短链纤维素;另含有纤维素二糖酶、木聚糖酶、葡聚糖酶、果胶酶、脂肪酶、磷脂酶、核酸酶、溶菌酶等,总体作用是降解纤维素,得到裸露的原生质体。

半纤维素酶:可以降解半纤维素为单糖或单糖衍生物。常用的是 RhozymeHP150,常用浓度为0.1%~0.5%。主要成分是β-木聚糖和β-甘露聚糖,为内切酶,切断主链内的糖苷键。

果胶酶:常用的果胶酶有 Macerozyme R-10(离析酶,主要成分是果胶酶)、Pectalyase Y-23(离析软化酶)。Macerozyme R-10 的活性较高,但含杂酶也较多,如使用浓度过高,时间过长,则有毒害作用,浓度一般在0.5%~2.0%。Pectalyase Y-23 的活性极高,一般叶片使用量为0.1%,悬浮细胞0.05%。主要成分是解聚酶和果胶质酶,催化果胶质水解,把细胞从组织内分离出来。

(b) 分离方法　酶分离法可分为两步法和一步法。

两步法是先用果胶酶处理材料,游离出单细胞,然后再用纤维酶处理单细胞,分离原生质。其优点是得到的原生质均匀一致、质量好,但操作复杂,现已逐渐被淘汰。

一步法相对两步法则操作简单,因此目前多被采用。具体方法如下(以叶片为例)。最好利用再分化能力强的愈伤组织或悬浮培养细胞或无菌苗的组织器官。如果利用自然环境下栽培的植株叶片,应选取生长健壮的植株上充分展开的较幼嫩叶片,经洗涤剂洗涤和流水冲洗后,进行常规消毒和预处理后待用。然后配制酶液,根据实验材料确定合理的酶液组合,应注意酶制剂的种类、配比及酶液的pH值。称取纤维素酶、果胶酶以及渗透压稳定剂等配成酶液,将酶液离心(2500~3000r/min)后,用0.45μm的微孔滤膜过滤灭菌,分装后-20℃冷冻保存。为了提高原生质体膜的稳定性,一般在酶液中添加$CaCl_2 \cdot 2H_2O$和葡聚糖硫酸钾。将叶片或子叶等材料下表皮撕掉,将去表皮的一面朝下放入酶液中,如果是幼嫩叶片，应尽量撕去下表皮或除去茸毛，切成 1～2mm 的细条。用量为 0.05～0.1g 组织/mL 酶液，真空泵抽引渗透处理 5min，以促进酶液渗透，然后置于往复振荡式摇床上（30～40r/min），26℃酶解处理 2～8h。酶解处理期间可用解剖针轻轻破碎叶片组织，有利于原生质体的游离释放，提高其产量。

在原生质体分离时细胞壁一旦去除，裸露的原生质处于内外渗透压不同的情况下，很有可能立即破裂。因此，在酶液中必须加渗透压稳定剂代替细胞壁对原生质体起保护作用。常用的渗透压稳定剂有糖溶液系统和盐溶液系。糖溶液系统包括甘露醇、山梨醇、葡萄糖和蔗糖等。其浓度在 0.4～0.6mol/L。其中甘露醇和山梨醇等糖醇一般用于游离叶肉等材料的原生质体；葡萄糖则常用作悬浮细胞的原生质体渗透稳定剂。糖醇不易被原生质体吸收，当细胞壁重新形成，细胞分裂形成小细胞团时必须降低糖醇浓度，以免妨碍细胞增殖和生长。糖因易被吸收而造成渗透压降低导致原生质体破裂，故一些研究者既用糖也用糖醇，例如各用一半，效果较好。盐类采用如 $CaCl_2$、KCl、KH_2PO_4、葡聚硫酸钾等含钙、钾、镁等离子的溶液。

酶液的原始 pH 值对原生质体的产量和活力影响很大，一般 pH 值以 5.4～5.8 为宜，降至 4.8 时则原生质体破裂。

③ 原生质体的纯化　酶解后的混合物包括解离酶液中有原生质体、破碎细胞的细胞器等，也有未解离的组织或细胞，因此要进行纯化，获得纯净的原生质体。

a. 沉降法　该方法利用相对密度原理，低速离心使原生质体沉于离心管底部。首先用孔径为 30～40μm 的微孔滤膜过滤酶混合液，清除较大碎屑，将滤液置于离心管，从 500～1000r/min 低速离心 3～6min，原生质体沉于离心管底部，残液碎屑悬浮于上清液内，用吸管小心地吸掉上清液，弃去上清液，再用甘露醇溶液或专用洗涤液（0.45mol/L 甘露醇，10mmol/L $CaCl_2 \cdot 2H_2O$，0.7mmol/L KH_2PO_4，pH5.6）洗涤原生质，反复 2～3 次，最后用原生质体培养液洗 1 次，放到 1～2mL 的液体培养基中备用。该方法的优点是纯化收集方便，原生质体丢失少，缺点是原生质体纯度不高。该方法是目前最为广泛采用的方法。

b. 漂浮法　根据原生质体来源不同，利用密度大于原生质体的高渗蔗糖溶液，离心后使原生质体漂浮其上，残渣碎屑沉到管底。具体方法是在无菌条件下把 5～6mL 浓度较高的溶液（如 20%的蔗糖溶液）加入 10mL 的离心管中，其上轻轻滴入 1～2mL 酶-原生质体混合液离心，使破碎的细胞或组织残片沉于底部，用吸管收集原生质体液层，用液体培养基或含有 $CaCl_2 \cdot 2H_2O$ 的甘露醇溶液洗涤 2～3 次，放到 1～2mL 的液体培养基中备用。该方法获得的原生质纯度高，但原生质的收集率低。

c. 界面法　选用两种不同渗透浓度的溶液，原生质体的密度介于两种溶液密度之间，进行离心纯化原生质体。具体的方法是：采用沉淀法收集原生质体，用培养液再离心沉淀一次，沉淀重悬于 2～3mL 的培养液中。再向 10mL 的离心管中加入 8mL 18% 的蔗糖溶液，取 2mL 重悬液铺到上面，700r/min 离心 2min，则原生质置于培养液和蔗糖溶液之间的界面上，用吸管吸取，再用培养液离心洗涤一次，即可。

④ 原生质体活力测定　原生质体的活力强弱是原生质培养成功与否的关键因素之一。了解分离提纯的原生质体的活力，对修正酶液的组合和原生质体培养至关重要。因此，在前期必须对原生质体的活力进行测定，主要的测定方法有以下几种。

a. 目测法　一般凭形态特征即可识别原生质体的活力，如形态上完整、细胞质丰富、颜色鲜艳的原生质体即为存活的。也可采用渗透压变化法，把原生质放到高渗或低渗溶液中,在显微镜下观察细胞流动性确定原生质体活力,如体积能随着渗透压的变化而改变,即为活的原生质。

b. 荧光素二乙酸法(FDA) 用 FDA 染色后,在荧光显微镜下,无活力的原生质体不能产生荧光,并能计算出存活百分比。该种方法方便可靠,是目前最常用的方法。具体方法是将 2mg FDA 溶解到 1mL 的丙酮中作为母液,4℃冷藏贮存,贮藏期不宜过长。使用时先配置 10mL 的 0.5~0.7mol/L 甘露醇溶液,向该溶液加入 0.1mL 的 FDA 母液,最终浓度为 0.02%。然后取一滴 0.02% 的 FDA 与一滴原生质体悬浮液在载玻片上混匀,25℃染色 5~10min,用荧光显微镜观察,激发波长为 330~500nm,活的原生质产生黄绿色荧光,发红色荧光的为无活力的原生质,用计数器计算存活百分率。

c. 酚藏花红染色法 取适量的酚藏花红溶解于 0.5~0.7mol/L 甘露醇溶液,配成 0.01% 的母液,然后取一滴酚藏花红母液与一滴原生质体悬浮液混匀,25℃染色 5~10min,用荧光显微镜观察,波长为 527~588nm,活的原生质为红色,无活力的无色。

⑤ 原生质体培养的方法与条件

a. 原生质体培养方法

(a) 液体浅层培养 该方法使用液体培养基进行原生质体培养。将纯化后的原生质体用液体培养液调到一定的密度,约 2×10^5/mL。用吸管转移到 6cm 培养皿中铺一薄层,一般以 1mm 为宜,石蜡封口后进行培养。刚开始培养的 1~2d 需要经常轻轻地摇动,后静止培养,5~10d 原生质体开始分裂。该方法的优点是操作简单,对原生质体的损伤小,且易于添加新鲜培养基和转移培养物。缺点是原生质体分布不均匀,常常发生原生质体之间的粘连现象而影响其进一步生长与发育。此外,难以跟踪观察某一个细胞的发育情况。

(b) 平板培养法 将纯化后的原生质体用液体培养液调到一定的密度,约 2×10^4/mL,与灭菌后等体积已溶解有 1.4% 低熔点琼脂糖的培养基均匀混合后,置于直径为 6cm 的培养基中,旋转培养皿,用石蜡封口后进行暗培养。培养基的厚度一般为 2~3mm,培养 5~7d 原生质体开始分裂,该种培养方法优点是原生质体分布均匀,可以跟踪观察单个原生质体的发育情况,易于统计原生质体分裂频率。缺点是操作要求严格,尤其是混合的温度掌握必须合适,温度偏高则影响原生质体的活力,温度偏低则琼脂糖凝固太快,原生质体不容易混合均匀。

(c) 液体-固体双层培养 该种方法是原生质体培养所有方法中效果最好的,即在培养皿底部铺一层琼脂糖固体培养基,再将原生质体悬浮液滴于固体培养基表面。优点是固体培养基中的营养物质可以缓慢释放到液体培养基中,如果在下层固体培养基中添加一定量的活性炭,则还可以吸附培养物产生的一些有害物质,促进原生质体的分裂和细胞团的形成。缺点是不易观察细胞的发育过程。

(d) 悬滴培养法 将含有一定密度的原生质体的悬浮液用滴管滴在培养皿盖的内侧上,一般直径为 6cm 的培养皿滴 6~7 滴,皿底加入培养液或渗透剂等液体以保湿,快速将皿盖盖在培养皿上。这种方法所用的材料少,培养液的用量也少,有利于通风和观察。

(e) 饲喂层培养 该方法是将饲喂层的细胞用培养基制作平板,该平板亦称饲喂层。用 X 射线照射,使核失活不能分裂,但细胞存活,然后将原生质体以液体浅层或平板技术铺在饲喂层上。

b. 原生质体培养的条件

(a) 原生质体的培养基 在多数情况下原生质体所用的基本培养基为 MS、B_5、N_6、

Nitsch 和 KM-8P 培养基等；碳源大多数选用葡萄糖效果较好，但个别植物以蔗糖为佳；无机盐浓度和氮素浓度对原生质体培养影响较大，一般无机盐浓度不宜过高，大量元素浓度一般要低于愈伤组织培养基。适当增加 Ca^{2+} 的浓度，能提高分裂细胞的百分数。对氮源来讲，有的植物适合使用氨态氮，而有些适合使用硝态氮，如葡萄原生质体最佳培养基是硝态氮型的 B_5 培养基。生长素和细胞分裂素的浓度配比在原生质体培养中起决定性作用。生长素主要使用 NAA、IAA、2,4-D；细胞分类素主要使用 BA、KT、ZT。

(b) 光照　原生质体初期培养一般不需要光照，一般采用暗培养。最初 4~7d 分离出来的原生质体应在黑暗中培养；当细胞壁完整形成后，细胞具有耐光的特性，这时转入光下培养。

(c) 温度　原生质体培养温度一般为 27~29℃，因植物种类不同而有所差异，一般来说热带植物要求温度稍高，寒带植物要求温度稍低。

c. 原生质体的发育与植株再生

(a) 细胞壁再生　原生质体在培养后，首先体积增大，由球形逐渐变成椭圆形，一般原生质体培养数小时后开始再生新的细胞壁，一至数天便可形成完整的细胞壁。细胞壁的形成与细胞分裂有直接关系，凡是不能再生细胞壁的原生质体也就不能进行正常的有丝分裂。再生细胞壁的鉴定一般采用卡氏白染色，具体方法是将卡氏白溶解在 0.5~0.6mol/L 的甘露醇中。然后用荧光色素溶液与原生质体混合，最终的浓度是 0.1%，染色 1min，用 410nm 以上的滤光镜片镜检，如果能看到蓝光，则说明细胞壁形成了，如果原生质体含有叶绿体，需要用滤光片除去红光进行观察。

(b) 细胞分裂与生长　一般原生质体培养 2~7d 后开始第一次分裂，但开始第一次分裂的时间随植物的种类、分离原生质体的材料、原生质体的质量、培养基的成分和培养条件而异。用幼苗的下胚轴和子叶、幼根、悬浮培养的细胞、未成熟种子的子叶等为材料分离的原生质体一般比用叶肉分离的原生质体容易诱导分裂，第一次分裂出现的时间较快。

(c) 愈伤组织形成与分化　大多数情况下，原生质体培养 2 周后，形成多细胞的细胞团，三周后形成肉眼可见的小细胞克隆，大约 6 周后形成直径为 2mm 的小愈伤组织。原生质体培养 7~10d 后必须及时添加新鲜培养基，否则形成的细胞团不继续生长。待小愈伤组织长至 1mm 左右时应及时转移到固体培养基上进一步生长。

(d) 植株的再生　原生质体来源于细胞，其器官的发生途径有两条。一种是通过愈伤组织形成不定芽，当原生质体形成愈伤组织后直接转移到芽分化培养基，诱导芽的产生，再转移到根诱导培养基上，继而成苗；另一种途径是由原生质体再生细胞直接形成胚状体，由胚状体发育生成完整的植株。

(2) 原生质体融合　体细胞杂交在植物中亦即原生质体融合，为克服植物有性杂交不亲和性、打破物种之间的生殖隔离、扩大遗传变异等提供了一种有效手段。理论上讲，利用适当的物理或化学方法，可以将任何两种原生质体融合在一起；利用适宜的培养方法，可以由融合原生质体再生出杂种植株即体细胞杂种。

① 融合原理

a. 化学法融合原理　带有阴离子的 PEG 分子等与原生质体表面的阴离子在 Ca^{2+} 连接下形成共同的静电键，从而促进了原生质体间的黏着和结合。在高 Ca^{2+}-高 pH 液的处理下，Ca^{2+} 和与质膜结合的 PEG 分子被洗脱，导致电荷平衡失调并重新分配，使原生质体的某些阳电荷与另一些原生质体的阴电荷连接起来，吸附聚合，最后融合在一起。

b. 物理法融合原理　对融合槽的两个平行电极施加高频交流电压，产生电泳效应，使融合槽内的原生质体偶极化并沿着电场的方向排列成串珠状，再施加瞬间的高压直流脉冲，使黏合相邻的原生质体膜局部发生可逆性瞬间穿孔，然后，原生质体膜连接、闭合，最终融合。

② 融合类型

细胞融合类型包括对称融合、非对称融合。

a. 对称融合　对称融合是指融合时，双方原生质体均带有核基因组和细胞质基因组的全部遗传信息，产生核与核、胞质与胞质间重组的对称杂种的技术，是植物体细胞杂交最初采用的融合方法，目前也广泛应用。

一般来说，对称融合多形成对称杂种，其结果是在导入有用基因的同时，也带入了亲本的全部不利基因，需要多次回交去掉不利基因，导致育种效率降低。同时对于有些不利性状因子因其与所需性状紧密连锁而无法去除。同时，种间杂种不育是体细胞杂交中存在的一个相当普遍的现象，特别是亲缘关系较远的情况下。因为，虽然通过体细胞杂交可以克服有性杂交障碍，但在体细胞水平上，仍会表现一定程度的不亲和，这就引起了分化、生长、发育受阻，影响生根以及生殖器官的形成。

另外，在对称融合中，由于分裂不同步等原因，常常会出现一方染色体部分或全部丢失的现象，形成非对称的融合产物。

原生质体融合后的个体称为融合体。同种原生质体间的融合称为同源融合，产生的融合体称为同核体；非同种原生质体间的融合称为异源融合，由此产生的融合体称为异核体。

b. 非对称融合　非对称融合是指一方亲本（受体）的全部原生质与另一方亲本（供体）的部分核物质及胞质物质重组，产生不对称杂种。因此非对称融合需要在融合前对一方原生质体（供体）给予一定的处理，如采用纺锤体毒素、染色体浓缩剂、Y射线、X射线、紫外线等，使其染色体部分破坏后用于体细胞杂交。非对称融合只有供体方的少量染色体转入受体方细胞，故更有希望克服远缘杂交的不亲和性，并且得到的杂种植株可能更接近试验所要求的性状，减少回交次数甚至免去这一步骤，达到改良作物的目的，使育种周期大大缩短。

③ 原生质体融合方式　植物原生质体融合包括自发融合和诱发融合。

a. 自发融合　在酶解分离原生质体的过程中，有些相邻的原生质体能彼此融合形成同核体，每个同核体包含二至多个核，这种原生质体融合叫做自发融合，它是由不同细胞间胞间连丝的扩展和粘连造成的。在由幼嫩叶片和分裂旺盛的培养细胞制备的原生质体中，这种自发的多核融合体较常见。例如，在玉米胚乳愈伤组织细胞和胚悬浮细胞原生质体中，大约有50%是多核融合体。自发融合常常是人们所不期望的，在用酶溶液处理之前先使细胞受到强烈的质壁分离药物的作用，则可打断胞间连丝，减少自发融合的频率。

b. 诱发融合　在体细胞杂交中，彼此融合的原生质体应是不同来源的，即应形成异核体，否则是无意义的。为了实现诱发融合，需要使用适当的融合剂，首先将不同的原生质体聚集到一起，然后使其粘连，从而实现原生质体融合。融合的方法主要有用$NaNO_3$、高pH-高Ca^{2+}、聚乙二醇（PEG）、聚乙烯醇等处理的化学融合法，用机械法诱导粘连、电刺激等的物理融合法。

（a）$NaNO_3$融合法　其方法是将分离的原生质体悬浮在含有5.5% $NaNO_3$和10%蔗糖的混合液中，然后在35℃水浴锅中处理5min。在约1200r/min下离心5min，使原生质体下沉，收集原生质体，然后转入37℃的水浴锅中处理30min，其间大部分原生质体进行融合。再用额外含有0.1% NaNO₃的培养基轻轻取代混合液，将原生质体沉淀物轻轻打破，再用培养基洗涤2次，植板培养。

(b) 高pH-高Ca^{2+}融合法　将含两种原生质体的混合物放于含有0.05mol/L $CaCl_2$·$2H_2O$和0.4mol/L甘露醇（pH10.5）的溶液中，在约200r/min下低速离心3min，然后将离心管保持在37℃水浴锅中40～50min。

(c) PEG融合法　先将两种不同的原生质体以适当比例混合，用28%～58%的PEG溶液处理15～30min，然后将原生质体用培养基逐步进行清洗即可培养。PEG融合法的优点是双核异核体形成频率高、重复性好，而且对大多数细胞类型来说毒性很低。其优点是融合成本低，无需特殊设备；融合过程不受物种限制。但是融合过程繁琐，PEG可能对细胞有毒害。

(d) PEG-高Ca^{2+}-高pH值融合法　用含有高浓度Ca^{2+}（0.05mol/L $CaCl_2$·$2H_2O$）的强碱性溶液（pH值9～10）清洗PEG，从而将PEG融合法与高Ca^{2+}-高pH值融合法结合在一起，建立了PEG-高Ca^{2+}-高pH值融合法。具体做法是将两种不同的原生质体以适当的比例混合后，用细吸管滴于培养皿底部，使其形成小滴状，在原生质体小滴上及其周围轻轻加上PEG溶液，处理10～30min，使原生质体粘连融合，用高Ca^{2+}和高pH值溶液清洗PEG，再用培养基清洗去高Ca^{2+}和高pH值溶液。

(e) 电融合法　具体方法是将分离得到的原生质体用0.5mol/L甘露醇溶液（可同时加入0.001mol/L $CaCl_2$·$2H_2O$）洗涤1次，1200r/min，4min离心，收集原生质体，用这种洗涤液将原生质体密度调至$(2～8)×10^4$个/mL，再以适当比例混合两融合亲本的原生质体。将混合原生质体悬浮液滴入电融合小室中，先给两极以交变电流，使原生质体沿着电场方向排列成串珠状，接着就给以瞬间高强度的电脉冲，使原生质体膜局部破损而导致融合。电融合处理后，将融合产物移入培养基中，进行培养。与PEG融合比较起来，电融合不存在对细胞的毒害问题，具有融合效率高、操作简便的特点。

④ 原生质体融合的过程　两个或两个以上的原生质体的质膜彼此靠近，在很小的局部区域质膜紧密粘连，彼此融合，在两个原生质体之间细胞质呈现连续状态，或是出现桥；由于细胞质桥的扩展，融合完成，形成球形的异核体或同核体。

⑤ 融合体的培养

a. 融合产物的类型　融合初期不论亲缘关系远近，几乎都能形成各种融合体，因亲缘关系远近和细胞有丝分裂的同步化程度等因素，会得到几种不同类型的产物，包括异源融合的异核体，含有双亲不同比例的多核体，同源融合的同核体，不同胞质来源的异胞质体。异胞质体大多是由无核的亚原生质体与另一种有核原生质体融合而成。

亲缘关系对融合体的发育影响很大，在种内和种间融合的异核体大多数能形成杂种细胞，并形成可育的杂种植株。但在有性杂交不亲和的远缘种、属间融合，有时也能形成异核体，但在其后的分裂中，染色体往往丢失，难以得到异核体杂种植株，即使得到再生植株也往往不育，如马铃薯和番茄。

b. 融合体的发育过程

(a) 细胞壁融合　与原生质体的细胞壁再生过程相似，但稍滞后。培养1～2d后，在电子显微镜下便可看到融合体表面开始沉积大量纤维素微纤丝，进一步交织、堆积，几天后便形成有共同壁的双核细胞。

(b) 核融合　细胞融合后得到的是一个有异核体、同核体及多核体等的混合群体。异核体双亲细胞的分裂如果同步。其后的发育有两种可能：一种是双亲细胞核进行正常的同步有丝分裂产生子细胞，子细胞的核中含有双亲的全部遗传物质；另一种是双亲细胞核的有丝分裂不同步或同步性不好，双亲之一的染色体被排斥、丢失，所产生的子细胞只含有一方的遗传物质，不能发生真正的核融合。

(c) 细胞增殖 有些植物的融合细胞形成杂种细胞后，如果培养条件合适则继续分裂，形成细胞团和愈伤组织。有些植物的细胞则中途停止分裂，逐渐死亡。

⑥ 体细胞杂种选择 原生质体融合处理后的产物是同核体、异核体以及没有融合的亲本原生质体的混合群体。因此，必须采用一些有效的方法把异核体和真正的杂种植株选择出来。根据选择时期，可分为杂种细胞的选择和杂种植株的选择。

a. 杂种细胞的选择

(a) 互补筛选法 该方法是利用双亲细胞在生理或遗传特性方面所产生的互补作用来进行选择的。在选择性培养基上只有具互补作用的杂种细胞才能生长发育，非杂种细胞没有互补作用不能生长发育。根据互补类型的不同，又分为以下几种。

激素自养型互补（生长互补）选择法。双亲任何一方的原生质体在培养基上生长时需要添加植物生长调节剂，而异核体杂种细胞由于融合后的互补效应，自身能产生内源激素，不需要添加植物生长调节剂也能在培养基上生长发育。

白化互补选择。该种方法是利用叶绿体缺失突变体进行体细胞杂种的筛选。1977年Cocking 利用能在条件培养基上生长分化的矮牵牛的白化突变体和在该培养基上只能发育成大的细胞团的野生型拟矮牵牛融合后发生的白化互补作用，在条件培养基上选择绿色愈伤组织或杂种幼苗。

营养缺陷型互补选择。借助营养缺陷突变型进行体细胞杂种的互补。烟草的硝酸还原酶缺失突变体（NR^-）因缺乏正常的硝酸还原酶，不能在硝酸盐作为唯一氮源的培养基上生长。1978年 Glimelius 利用表型均为 NR^-、但突变位点不同的突变体进行原生质体融合，并培养在仅有硝酸盐为氮源的培养基，由于二者的互补作用，其异核体体细胞杂种恢复了正常硝酸还原酶活性。

抗性突变体互补选择。Power 等（1976）利用拟矮牵牛和矮牵牛对药物抗性的差异进行杂种细胞的选择。拟矮牵牛在限定性培养基上只能形成小细胞团，不受 1mg/L 放线菌素-D的抑制，而矮牵牛的原生质体能分化成植株，但在上述浓度的放线菌素-D 的培养基上不能生长。二者的融合体则能在含有放线菌素-D 的培养基上分裂，形成完整植株。

基因互补选择。烟草的 S 和 V 两个光敏感叶绿体缺失突变体由非等位隐性基因控制，在正常光照下，生长缓慢，叶片淡绿，但将二者原生质体融合后，能形成绿色愈伤组织，并再生植株。在强光下，杂种叶片呈暗绿色，1974 年 Melchers 据此选出了杂种植株。

(b) 机械筛选法 互补选择法需要有各种突变体，然而目前在植物上还没有很多突变体可供利用，因而应用受到限制，机械分离法则不受此限制。

天然颜色标记分离。利用不同颜色的原生质体进行融合，该种方法原则上是选择那些在显微镜下能区别的两类细胞。常用的是选择含有叶绿体或其他色素质体的组织细胞作为一方，另一方选择用悬浮培养或固体培养的细胞，它们有明显的细胞质，但不含其他色素，融合后易识别。

荧光素标记分离。该方法可用于亲本间无天然色素差异的原生质体融合时异核体的分离。首先在两亲本的原生质体群体中分别导入无毒性的不同荧光染料，融合后根据两种荧光色的存在，可把异核体与同核体区分开。可利用显微操作技术挑选异核体，但难以挑选出大量异核体。

荧光活性自动细胞分类器分类融合体。用不同的荧光剂分别标记双亲的原生质体，融合后异核体应含有两种荧光标记。当混合的细胞群体通过细胞分类器时，用电子扫描确定其荧光特征并分类，对融合体可做进一步分析和培养。该仪器的结构和操作复杂。

b. 杂种植株的选择

（a）形态学鉴定　该种方法是鉴定杂种的最准确的方法。根据杂种植株的表型特征进行鉴定，如株形、叶形、花色等。杂种植株的外部形态往往介于两亲本之间，与亲本有区别。如矮牵牛的花是红色，拟矮牵牛的花为白色，其体细胞杂种的花为紫色。

（b）细胞学鉴定　各种植物的染色体数目是稳定的。因此，可以利用杂种细胞中的核、染色体及细胞器的特征作为鉴定杂种的重要依据。

（c）生物化学鉴定　利用亲本的某些生化特征作为鉴定指标，主要有酶、色素、蛋白质、同工酶和二磷酸核酮糖羧化酶等。如矮牵牛和拟矮牵牛体细胞杂种植株鉴定中采用同工酶分析，发现不仅具有双亲的酶谱带，而且还出现新的杂种谱带。

（d）分子生物学鉴定　利用特异性限制性内切酶对融合体再生植株的叶绿体和线粒体基因组进行酶切和电泳分析，可确定再生植株细胞质中不同亲本细胞器 DNA 的组成情况，来鉴定是否为杂种植株。另外，分子杂交可提供遗传物质转移的直接证据。体细胞杂种的鉴定技术发展较快，目前在一些植物中已初步建立鉴定体系，但尚有许多问题需要解决。

］

（三）继代培养

通过初代培养所获得的不定芽、无菌茎梢、胚状体或原球茎等无菌材料被称为中间繁殖体。由于中间繁殖体数量有限，所以需要将它们切割、分离后转移到新的培养基中增殖，这个过程称为继代培养。继代培养是继初代培养之后的连续数代的培养过程，旨在扩繁中间繁殖体的数量，最后能达到边繁殖边生根的目的。

（四）生根与壮苗

当丛生芽苗增殖到一定数量后，要分离成单苗转入生根培养基进行生根诱导。一般认为矿质元素含量高，有利于茎叶生长，含量较低时有利于生根。所以生根培养基多采用 1/2 MS 或 1/4 MS 的培养基。同时培养基中加入适量的生长素，一般 2~4d 即可见根原基发生，当根长约 1cm 时即可驯化移栽。

同一种植物的试管苗其壮苗的移栽成活率高，因此在生根的同时培养壮苗。一般在生根培养基中添加多效唑、比久、矮壮素等一定数量的生长延缓剂或生根培养阶段将培养基中的糖含量减半，提高光强约为原来的 3~6 倍，一方面促进生根，促使试管苗的生活方式由异养型向自养型转变；另一方面对水分胁迫和疾病的抗性也会增强。

（五）驯化移栽

驯化移栽见项目四。

（六）组培的常见问题及预防措施

组织培养中容易出现污染、褐变、玻璃化三种现象而导致组培失败。

1. 污染的原因及预防措施

（1）污染的含义、症状及原因　污染是组织培养最常见和首先要解决的问题。污染是指在组织培养过程中培养基和培养材料滋生杂菌，导致培养失败的现象。造成污染的病原菌主要有细菌和真菌两大类。

细菌性污染的症状是菌落呈黏液状，一般接种后1~2d就能发现。造成污染的原因除材料带菌或培养基灭菌不彻底以外，操作人员的不慎也是造成细菌污染的重要原因；而真菌性污染的症状是污染部分长有不同颜色的霉菌，一般接种后3~10d后才能发现。造成污染的原因多为周围环境不清洁、超净工作台的过滤装置失效、培养瓶瓶口过大等。

（2）污染的预防措施　首先，防止外植体带菌，做好接种材料的室外采集工作。最好在春秋晴天下午采集；优先选择地上部分作为外植体；外植体采集前喷杀虫剂、杀菌剂或套袋等；接种前在室内或无菌条件下对材料进行预培养，从新抽生的枝条上选择外植体。

第二，外植体要进行严格灭菌，在正式接种或大规模组培生产前一定要进行灭菌效果试验，摸索出最佳的灭菌方法，达到最好的灭菌效果。对于难以彻底灭菌的材料可以采取多次灭菌和多种药剂交替浸泡。

第三，要对培养基和接种器具进行彻底灭菌，严格按照培养基配制要求分装、封口。培养基分装时，液体培养基不能溅留到培养瓶口；封口膜不能破损；封口时线绳要位置适当，松紧适宜。同时要保证培养基及接种用器具的灭菌时间和灭菌温度。

第四，要保持室内的环境清洁，培养室和接种室定期用消毒剂熏蒸、紫外灯照射；污染的组培材料不能随便就地清洗；定期清洗或更换超净台过滤器，并进行带菌试验；地面、墙面、工作台要及时灭菌；保持培养室清洁，控制人员频繁出入培养室。

最后，在接种时一定要严格按照无菌操作规程进行。

2. 褐变及预防措施

（1）褐变的含义及原因　褐变是指外植体在培养过程中体内的多酚氧化酶被激活，使细胞里的酚类物质氧化成棕褐色的醌类物质，这种致死性的褐化物不但向外扩散致使培养基变成褐色，而且还会抑制其他酶的活性，严重影响外植体的脱分化和器官分化，最后导致外植体变褐而死亡的现象。

影响褐变的因素极其复杂，随着植物的种类、基因型、外植体的生理状态和取材季节、外植体的部位、培养基成分、培养条件、外植体大小、受伤的程度及材料转移时间等情况的不同而不同。

① 植物种类与基因型　在不同植物或同种植物不同品种的组培过程中，褐化发生的频率和严重程度存在较大差异，这是由于各种植物在所含的鞣质及其他酚类化合物的数量、多酚氧化酶活性上的差异造成的。因此，在培养过程中对容易褐变的植物，应考虑对其他不同品种同时进行培养，因此能够筛选，力争采用不褐变或褐变程度轻的外植体作为培养对象。

② 外植体的生理状态、取材季节及部位　材料本身的生理状态不同，接种后的褐变程度也不同。一般来说，处于幼龄期的植物材料较成年植株上采集的植物材料褐化程度轻；幼嫩组织较老熟组织褐化程度轻。另外，处于生长季节的植物体内含有较多的酚类化合物，所以夏季时取材更容易发生褐化，冬春季节取材则材料褐化死亡率最低。因此，从防止材料褐化角度考虑，要注意取材时间和部位。

③ 培养基成分　培养基的成分也会影响褐变。如在初代培养时，无机盐浓度过高可引起酚类物质的大量产生，导致外植体褐变，降低盐浓度则可减少酚类外溢，减轻褐变；植物生长物质使用不当，如细胞分类素BA能刺激多酚氧化酶活性的提高，也会使组织培养材料褐变。

④ 培养条件　培养过程中温度过高或光照过强，均可使得多酚氧化酶活性提高，从而加速外植体的褐变。因此，采集外植体前，将材料或母株枝条作遮光处理后再切取外植体培

养，能够有效抑制褐化的发生。

⑤ 外植体大小及受伤的程度　切取的材料大小、植物组织受伤程度也影响褐化。一般来说，材料太小，容易褐化；外植体受伤越重，越容易褐化。因此化学消毒剂在杀死外植体表面菌类的同时，也可能会在一定程度上杀死外植体的组织细胞，导致褐化。

⑥ 材料转移时间　培养过程中材料长期不转移，会导致培养材料褐化，以致材料全部死亡。

（2）褐变的预防措施　首先，选择适宜的外植体和最佳培养基。即选择分生能力强的外植体，培养基从无机盐成分、蔗糖浓度、激素水平方面进行考虑，在适宜的温度及黑暗条件进行培养，尽可能减少褐变的发生。如在不影响外植体正常生长和分化的前提下，尽量降低温度，减少光照。

其次，对于易褐变的材料进行连续转移。如在山月桂树的茎尖培养中，接种12～24h转移到液体的培养基上，然后继续每天转一次，这样经过连续处理7～10d后，褐化现象便会得到控制或大为减轻。

第三，再在培养基中加抗氧化剂，可预防醌类物质的形成。在液体培养基中加入抗氧化剂比在固体培养基中加入的效果要好。常用的抗氧化剂有维生素C、聚乙烯吡咯烷酮（PVP）、半胱氨酸、硫代硫酸钠、柠檬酸、活性炭等。通常在培养基中附加0.1%～0.3%的活性炭或5～20mg/L的PVP。

3. 玻璃化现象

（1）玻璃化的含义及症状　玻璃化是指当植物材料不断地进行离体繁殖时，有些培养物的嫩茎、叶片往往会呈半透明水渍状，这种现象通常称为玻璃化（也称为超水化现象）。发生玻璃化的试管苗称为玻璃化苗。

在进行植物组织培养时，经常会出现"玻璃苗"，即试管苗生长异常，叶、嫩梢呈透明或半透明的水浸状，整株矮小肿胀，失绿，茎叶表皮无蜡质层，无功能性气孔，叶片皱缩成纵向卷曲，脆弱易碎。组织发育不全或畸形；体内含水量高，干物质等含量低；试管苗生长缓慢，分化能力下降，难以诱导生根，移栽成活率极低，因而繁殖系数低。

（2）玻璃化的原因　玻璃化的起因是细胞生长过程中环境的变化。试管苗为了适应变化了的环境而呈玻璃状。引起试管苗玻璃化的因素主要有激素浓度、培养基成分、琼脂用量、温度、光照、通风条件、植物材料等。

① 激素浓度　细胞分裂素浓度过高，易导致玻璃化苗的发生。造成细胞分裂素浓度过高的原因主要有以下几种：一是培养基中一次加入细胞分裂素过多；二是细胞分裂素与生长素的比例失调，植物吸收过多细胞分裂素；三是多次继代引起细胞分裂素累加效应，玻璃化苗发生的比例增大。

② 培养基成分　培养基中无机离子的种类、浓度及其比例不适宜该种植物，则玻璃化苗的比例就会增加。

③ 琼脂用量　培养基中琼脂含量低时，玻璃化苗的比例增加，水浸状严重，苗只向上生长。虽然随着琼脂用量的增加，玻璃化苗的比例明显减少，但琼脂的含量决定培养基的硬度，琼脂加入过多培养基会太硬，影响营养吸收，使苗生长缓慢，分枝减少。

④ 温度　适宜的温度可以使试管苗生长良好，温度过高、过低或温度忽高忽低都容易形成玻璃化苗。

⑤ 光照　增加光强可促进光合作用，提高糖类的含量，使玻璃化的发生比例降低；光

照不足，再加上高温，极易引发玻璃化。大多数植物在 10~12h/d、1500~2000lx 光强的条件下能够正常生长和分化。当每天的光照时间大于 15h 时，玻璃化苗的比例明显增加。

⑥ 通风条件　试管苗生长期间，要求气体交换充分、良好。气体交换的好坏取决于生长量、瓶内空间、培养时间和瓶盖的种类。生长过快、容积小、培养时间长则容易出现玻璃化苗。

⑦ 植物材料　不同的植物试管苗的玻璃化程度有所差异。草本花卉和幼嫩组织相对容易发生玻璃化。对容易发生玻璃化的植物材料如果长时间浸泡在水中，则玻璃化程度尤其严重。

（3）玻璃化的预防措施　这种"玻璃苗"是植物组织培养过程中一种生理失调或生理病变，很难继续继代培养和扩繁，移栽后很难成活。目前，玻璃化的根本原因尚无定论。为解决这一问题，采取以下几项措施可使试管苗玻璃化现象在一定程度上得到减轻。

① 利用固体培养基，增加琼脂浓度，降低培养基的水势，造成细胞吸水阻遏，可降低玻璃化。

② 适当提高培养基中的蔗糖含量或加入渗透剂，降低培养基中的渗透势，减少培养基中植物材料可获得的水分，造成水分胁迫。

③ 适当降低培养基中细胞分裂素和赤霉素浓度。适当增加培养基中无机盐的含量，降低培养基中铵态氮浓度提高硝态氮浓度。

④ 增加自然光强，延长光照时间。实验发现，玻璃苗放于自然光下几天后，茎、叶变红，玻璃化逐渐消失。因自然光中的紫外线能促进试管苗成熟，加快木质化。

⑤ 控制温度，适当低温处理，避免过高的培养温度。

⑥ 使用透气性好的封口材料。如牛皮纸、棉塞、滤纸、封口纸等，尽可能降低培养容器内空气湿度，加强气体交换。

⑦ 尽量选用玻璃化轻或无玻璃化的植物材料。

⑧ 在培养基中适当添加活性炭、间苯三酚、根皮苷、聚乙烯醇（PVA）均可有效控制玻璃化苗的发生。

课后作业

1. 名词解释：愈伤组织培养、细胞全能性、外植体、脱分化、植物生长物质、胚状体。
2. 愈伤组织培养对外植体有何要求？
3. 简述愈伤组织细胞分化。
4. 使用植物生长物质应注意哪些问题？
5. 愈伤组织的形态发生有哪两种情况？并比较各自形成的完整植株有何不同。
6. 简述愈伤组织培养在园艺植物育种中的应用。
7. 组织培养使大量、快速繁殖种苗成为可能，你能想出这种做法有什么弊端吗？
8. 茎尖培养根据培养目的和取材大小可分为哪几种类型？各有何特点？
9. 微繁殖技术能适用于生产取决于哪些条件？
10. 微繁殖技术主要适用哪些方面？
11. 简述茎尖微繁殖技术的一般方法。
12. 一般快速繁殖中，芽增殖的途径有哪些？
13. 何谓褐变？如何克服？
14. 何谓玻璃化现象？如何克服？

15. 何谓后生变化？后生变化对试管微繁殖有何影响？
16. 简述叶片培养中叶片消毒的一般程序。
17. 在进行幼胚培养时，由于幼胚过小而分离困难，可采取什么途径解决？
18. 为什么幼胚比成熟胚培养要求的培养基成分复杂？
19. 由胚乳培养获得的植株，是否一定要进行染色体倍数的检查？为什么？
20. 比较胚培养、胚乳培养、胚珠培养和子房培养的异同。
21. 胚胎培养技术在育种工作中有哪些应用？
22. 名词解释：单倍体、花粉胚、单倍体育种、预培养。
23. 试比较花药培养与花粉培养的异同。
24. 如何检测花粉发育期和花药培养产生植株的染色体倍性？
25. 花药培养产生的植株染色体倍性如何？其产生的原因是什么？
26. 单倍体植株有什么用途？
27. 花药培养中应注意哪些主要环节？
28. 查阅有关资料，简述我国单倍体育种的成就。
29. 简要说明分离单细胞的方法。
30. 单细胞培养常采用的基本培养方法有哪几种？指出每一种培养方法的要点。
31. 什么是植板率？本章中介绍的小细胞团计数方法有几种？
32. 简要说明影响单细胞培养的因子。
33. 什么是细胞悬浮培养？简述成批培养和连续培养的特点。
34. 细胞悬浮培养的应用主要体现在哪些方面？
35. 简述原生质体作为遗传饰变和生理生化研究的材料有何特点？
36. 简述酶法分离原生质体的原理和步骤？
37. 如何纯化分离植物原生质体并鉴定其活力？
38. 与其他组织、细胞培养相比，原生质体培养有何特点？
39. 原生质体融合有哪几种主要方法？

工作任务

任务1 初代培养

子任务1-1 离体根的初代培养

一、工作目标

了解离体根培养的方法和步骤。熟练外植体的选择、消毒、接种等操作过程。完成离体根的初代培养过程、熟练无菌操作规程。

二、材料用具

超净工作台、高压灭菌锅、电磁炉、无菌打孔器、无菌培养皿、酒精灯、接种工具、刮皮刀、无菌瓶、烧杯（500mL）、无菌滤纸、玻璃棒、火柴、记号笔、纱布、70%乙醇、胡萝卜肉质根、母液、培养瓶、移液管、95%乙醇、饱和漂白粉、0.1%氯化汞、无菌水等。

三、工作过程

1. 外植体选择与处理

取健壮的胡萝卜肉质根，用自来水冲净，用刮皮刀削去外层组织1~2mm厚，横切成10mm厚的切片，然后在超净工作台上将胡萝卜切片放入无菌瓶中，用70%乙醇处理几秒，无菌水冲洗一次，用饱和漂白粉溶液浸泡10min，无菌水漂洗3~4次，每次30~60s。将胡萝卜切片平放在无菌培养皿中，一只手用镊子固定胡萝卜片，另一只手用打孔器沿形成层区域垂直钻取圆柱体若干,然后用玻璃棒轻轻将圆柱体从打孔器中推出,放入装有无菌水的培养皿中。反复操作,直到达到接种数量要求。

2. 接种

从培养皿中取出胡萝卜圆柱体,放在无菌培养皿中,用解剖刀切除圆柱体两端各 2mm 的组织,然后将余下部分分切成 3 片(每片约 2mm 厚,小圆片直径 5mm),用无菌滤纸吸干圆片两面的水分,然后左手握住培养瓶,用火焰烧瓶口和封口材料,用右手的拇指和小指打开瓶盖,当打开瓶子时,瓶口朝向酒精灯火焰,并拿成斜角,以免灰尘落入瓶中造成污染。用镊子将胡萝卜片接种到培养基(为预先配制的诱导愈伤组织培养基,初代培养基配方为 MS+IAA 1.0mg/L+KT 0.1mg/L)中,用酒精灯灼烧一下瓶口和瓶盖,然后盖严,进行培养。同时操作期间经常用 70% 乙醇擦拭双手和台面,并经常进行接种工具的灭菌,避免交叉污染。

3. 培养

置于 25℃恒温箱中暗培养。接种几天后,外植体表面开始变得粗糙,有许多光亮点出现(这是愈伤组织开始形成的表现),3~4 周后形成大量愈伤组织。

4. 观察记录

跟踪观察记录产生愈伤组织和不定芽的时间以及出愈率、分化率和污染率等技术指标,及时淘汰劣苗、污染苗。

四、注意事项

(1) 外植体要求无病、健壮。

(2) 用打孔器钻取胡萝卜根时必须打穿组织。

(3) 严守无菌操作规程。

五、考核内容与评分标准

1. 相关知识

(1) 接种过程中的注意事项(20 分)。

(2) 常规灭菌方法(20 分)。

2. 操作技能

(1) 熟练掌握外植体选择、灭菌技术(30 分)。

(2) 熟练掌握外植体接种技术(30 分)。

子任务 1-2 马铃薯茎尖初代培养

一、工作目标

了解茎尖初代培养的方法和步骤。熟练掌握外植体的取材、消毒、接种、初代培养的操作过程。掌握植物茎尖的初代培养方法。

二、材料用具

超净工作台、高压灭菌锅、电磁炉、解剖镜、解剖刀、解剖针、长镊子、培养皿、酒精灯、接种工具、无菌瓶、烧杯(500mL)、玻璃棒、火柴、记号笔、纱布、70% 乙醇、75% 乙醇母液、培养瓶、移液管、95% 乙醇、0.1% 氯化汞、马铃薯块茎等。

三、工作过程

1. 培养基配制

初代培养基采用 MS+GA_3 0.1mg/L+NAA 0.5mg/L+6-BA 0.5mg/L,在初代培养前配制相应的固体培养基,并进行灭菌,备用。

2. 外植体选择与处理

马铃薯茎尖 1~2cm，自来水冲洗 30min，剥去外面的叶片。

3. 外植体灭菌与接种

接种前，打开超净台紫外灯以及接种室紫外灯灭菌 30min，30min 后打开超净台鼓风，关闭紫外灯。在准备室用肥皂水清洗双手，穿好经灭菌的实验服并戴好口罩，进入接种室打开超净台的照明灯。用 70% 乙醇擦拭双手和超净工作台台面，并把灭菌的培养基用 70% 乙醇擦拭后放入超净工作台。

取出接种工具浸泡在盛有 95% 乙醇的罐头瓶内，成套培养皿放在超净台面上。然后点燃酒精灯，按培养皿、接种工具的先后顺序在火焰上分别灭菌，并将接种工具摆放在培养皿或器械架上。

然后将外植体材料放在超净工作台上进行消毒。先用 75% 的乙醇浸润 15s，然后用无菌水冲洗 3~5 次，再用 0.1% 的升汞浸泡 8~10min，浸泡时可进行摇动，使植物材料和灭菌剂有良好的接触，然后用无菌水漂洗 3~5 次。最后将处理过的材料放入灭过菌的培养皿中待用。在解剖镜下一手拿镊子，一手拿解剖刀，将已消毒的茎尖放在解剖镜下，逐层剥去幼叶直至露出圆锥形生长点，用灭过菌的解剖刀切取长约 0.3~0.5mm 带 1~2 个叶原基的茎尖，切面要平整。然后左手握住培养瓶，用火焰烧瓶口和封口材料，用右手的拇指和小指打开瓶盖，当打开培养瓶时，瓶口朝向酒精灯火焰，并拿成斜角，迅速地将茎尖接种到 MS+GA_3 0.1mg/L+NAA 0.5mg/L+6-BA 0.5mg/L 培养基中，盖上瓶盖。同时操作期间经常用 70% 乙醇擦拭双手和台面，接种工具要反复在 95% 的乙醇中浸泡和在火焰上灭菌，避免交叉污染。

4. 初代培养

将接种后的材料放入培养室内培养，培养条件为温度 23~27℃，光照 1000~3000lx，16h/d。大约 5~7d 后茎尖转绿，40~50d 成苗。当新梢长出 2~3cm 长的腋芽时，在无菌条件下将无菌瓶苗剪成一段一芽，进行继代培养。

5. 观察记录

跟踪观察记录产生愈伤组织和不定芽的时间以及出愈率、分化率和污染率等技术指标，及时淘汰劣苗、污染苗。

四、注意事项

（1）外植体要求采用无病、健壮植株的茎段。

（2）腋芽萌发后及时转接到增殖培养基。

（3）严守无菌操作规程。

五、考核内容与评分标准

1. 相关知识

（1）茎尖接种过程中的注意事项（20分）。

（2）茎尖灭菌方法（10分）。

（3）茎尖的剥离（20分）

2. 操作技能

（1）熟练掌握外植体选择、灭菌技术（10分）。

（2）熟练掌握外植体接种技术（10分）。

（3）熟练掌握培养基的配制灭菌（10分）。

(4)熟练掌握茎尖初代组织培养（10分）。

(5)熟练掌握茎尖剥离的方法（10分）

子任务1-3　茎段初代培养

一、工作目标

了解茎段培养的方法和步骤。熟练掌握外植体的取材、消毒、接种、初代培养等操作过程。熟练茎段的初代培养程及无菌操作规程。

二、材料用具

超净工作台、高压灭菌锅、电磁炉、无菌培养皿、酒精灯、接种工具、无菌瓶、烧杯（500mL）、玻璃棒、火柴、记号笔、纱布、70%乙醇、75%乙醇、矮牵牛茎段、母液、培养瓶、移液管、95%乙醇、0.1%氯化汞。

茎段初代培养

三、工作过程

1. 培养基配制

初代培养基采用 MS+6-BA 0.3～1.0mg/L；在初代培养前配制相应的固体培养基，并进行灭菌，备用。

2. 外植体选择与处理

接种前，取生长健壮、无病虫害的矮牵牛植株，剪取茎段，带回实验室，用剪刀剪去叶片和叶柄，用自来水冲洗，剪成带节小段。

3. 外植体灭菌与接种

接种前，打开超净台紫外灯以及接种室紫外灯灭菌30min，30min后打开超净台鼓风，关闭紫外灯。在准备室用肥皂水清洗双手，穿好经灭菌的实验服并戴好口罩，进入接种室打开超净台的照明灯。用70%乙醇擦拭双手和超净工作台台面，并把灭菌的培养基用70%乙醇擦拭后放入超净工作台。

取出接种工具浸泡在盛有95%乙醇的罐头瓶内，成套培养皿放在超净台面上。然后点燃酒精灯，按培养皿、接种工具的先后顺序在火焰上分别灭菌，并将接种工具摆放在培养皿或器械架上。

将剪好的矮牵牛小段装入烧杯中，在超净工作台上，用75%乙醇处理30s，0.1%氯化汞8～10min，浸泡时可进行摇动，使植物材料和灭菌剂有良好的接触，然后用无菌水漂洗3～5次。取下镊子、剪刀在酒精灯火焰上灭菌，然后一手拿镊子，一手拿剪刀，将消毒好的茎段去除两端被消毒剂杀伤的部位，再剪成一段一芽的小茎段。然后左手握住培养瓶，用火焰烧瓶口和封口材料，用右手的拇指和小指打开瓶盖，当打开培养瓶时，瓶口朝向酒精灯火焰，并拿成斜角，以免灰尘落入瓶中造成污染。用镊子将茎段接种到 MS+6-BA 0.3～1.0mg/L 培养基中，盖上瓶盖。同时操作期间经常用70%乙醇擦拭双手和台面，接种工具要反复在95%的乙醇中浸泡和在火焰上灭菌，避免交叉污染。

4. 初代培养

接种后培养瓶置于22～24℃，光强1500～2000lx，光照时间12h/d的培养室内培养。2～3周后，从叶腋处长出1cm左右长的腋芽，在无菌条件下将无菌瓶苗剪成一段一芽，进行继代培养。

5. 观察记录

培养过程中跟踪观察，统计各项技术指标，及时分析并有效解决存在的问题，发现污染瓶及时清洗。

四、注意事项
（1）外植体要求采自无病、健壮植株。
（2）灭菌后接种前茎段两端要剪掉。
（3）严守无菌操作规程。

五、考核内容与评分标准
1. 相关知识
（1）茎段接种过程中的注意事项（20分）。
（2）茎段灭菌方法（10分）。
（3）茎段初代组织培养的一般过程（20分）。
2. 操作技能
（1）熟练掌握外植体选择、灭菌技术（10分）。
（2）熟练掌握外植体接种技术（10分）。
（3）熟练掌握培养基的配制灭菌（10分）。
（4）熟练掌握茎段初代组织培养（20分）。

子任务1-4　离体叶的培养

一、工作目标
了解叶片培养的方法和步骤。熟练掌握外植体的取材、消毒、接种、初代培养等操作过程。

二、材料用具
超净工作台、高压灭菌锅、电磁炉、无菌培养皿、酒精灯、接种工具、无菌瓶、烧杯（500mL）、玻璃棒、火柴、记号笔、纱布、70%乙醇、75%乙醇、驱蚊草的叶片、母液、培养瓶、移液管、95%乙醇、0.1%氯化汞、无菌水等。

三、工作过程
1. 培养基配制

初代培养基采用MS+6-BA 0.3～1.0mg/L；在初代培养前配制相应的固体培养基，并进行灭菌，备用。

2. 外植体选择与处理

接种前，取生长健壮、无病虫害的驱蚊草植株，剪取叶片，带回实验室，用自来水冲洗。

3. 外植体灭菌与接种

接种前，打开超净台紫外灯以及接种室紫外灯30min，30min后打开超净台鼓风，关闭紫外灯。在准备室用肥皂水清洗双手，穿好经灭菌的实验服并戴好口罩，进入接种室打开超净台的照明灯。用70%乙醇擦拭双手和超净工作台台面，并把灭菌的培养基用70%乙醇擦拭后放入超净工作台。

取出接种工具浸泡在盛有95%乙醇的罐头瓶内，成套培养皿放在超净台面上。然后点燃酒精灯，按培养皿、接种工具的先后顺序在火焰上分别灭菌，并将接种工具摆放在培养皿或器械架上。

将处理好的驱蚊草的叶片装入烧杯中，在超净工作台上，用75%乙醇处理30s，0.1%氯化汞5～6min，加入1～2滴吐温-80，浸泡时可进行摇动，使植物材料和灭菌剂有良好的接触,然后用无菌水漂洗 3~5 次。取下镊子、剪刀在火焰上灭菌,然后一手拿镊子、一手拿剪刀,用剪刀剪去叶缘和叶尖后,将叶片剪成 0.5cm 见方的小叶块,然后左手握住培养瓶,用火焰烧瓶口和封口材料,用右手的拇指和小指打开瓶盖,当打开培养瓶时,瓶口朝向酒精灯火焰,并拿成斜角,以免灰尘落入瓶中造成污染。用镊子将消毒好的小叶块接种到 MS+6-BA 0.3~1.0mg/L 培养基中,一般要求叶背面朝上平放培养基上,盖上瓶盖。同时操作期间经常用 70％乙醇擦拭双手和台面,接种工具要反复在 95％的乙醇中浸泡和在火焰上灭菌,避免交叉污染。

4. 初代培养

接种后培养瓶置于 25℃、光强 1000~1500lx、光照 16h/d 的培养室内培养。4 周后陆续有不定芽产生。

5. 观察记录

跟踪观察记录产生愈伤组织和不定芽的时间以及出愈率、分化率和污染率等技术指标,及时淘汰劣苗、污染苗。

四、注意事项

(1) 注意叶片的分切部位与分切方法。
(2) 根据叶片的幼嫩程度合理选择消毒剂和确定适宜的灭菌时间,防止消毒过度。
(3) 接种时,接种工具灼烧灭菌后要充分冷凉后再接种,防止造成叶片、叶柄烫伤。
(4) 注意把握愈伤组织分化时机。

五、考核内容与评分标准

1. 相关知识

(1) 叶片接种过程中的注意事项(20 分)。
(2) 叶片灭菌方法(30 分)。

2. 操作技能

(1) 熟练掌握外植体选择、灭菌技术(10 分)。
(2) 熟练掌握外植体接种技术(20 分)。
(3) 熟练掌握培养基的配制灭菌(10 分)。
(4) 熟练掌握叶片组织培养(10 分)。

子任务 1-5 胚初代培养

一、工作目标

了解胚培养的方法和步骤。熟练掌握外植体的取材、消毒、接种、初代培养等操作过程。熟练掌握胚的初代培养过程。

二、材料用具

超净工作台、高压灭菌锅、电磁炉、无菌培养皿、酒精灯、接种工具、无菌瓶、烧杯(500mL)、玻璃棒、火柴、记号笔、纱布、70％乙醇、75％乙醇、苹果种子、12％~14％次氯酸钠溶液、母液、培养瓶、移液管、95％乙醇、无菌水等。

三、工作过程

1. 培养基配制

初代培养基为 MS+6-BA 0.5~1.0mg/L+IAA 0.05~0.2mg/L;在初代培养前配制相应的固体培养基,并进行灭菌,备用。

2. 外植体选择与处理

将经层积处理的成熟饱满的苹果种子在蒸馏水中浸泡12h。

3. 外植体灭菌与接种

接种前,打开超净台紫外灯以及接种室紫外灯灭菌30min,30min后打开超净台鼓风,关闭紫外灯。在准备室用肥皂水清洗双手,穿好经灭菌的实验服并戴好口罩,进入接种室打开超净台的照明灯。用70%乙醇擦拭双手和超净工作台台面,并把灭菌的培养基用70%乙醇擦拭后放入超净工作台。

取出接种工具浸泡在盛有95%乙醇的罐头瓶内,成套培养皿放在超净台面上。然后点燃酒精灯,按培养皿、接种工具的先后顺序在火焰上分别灭菌,并将接种工具摆放在培养皿或器械架上。然后将外植体材料在超净工作台上用75%的乙醇浸泡10s,再用12%~14%的次氯酸钠消毒15min,最后用无菌水冲洗3次。浸泡时可进行摇动,使植物材料和灭菌剂有良好的接触。将1粒种子置于无菌培养皿中,用镊子夹住,用解剖刀先将种皮划破,再用另一把镊子轻轻把种皮剥去,然后用解剖刀沿胚胎的边缘小心地剥去胚乳。分离出胚后,用无菌水将每1个胚冲洗3次,然后左手握住培养瓶,用火焰烧瓶口和封口材料,用右手的拇指和小指打开瓶盖,当打开培养瓶时,瓶口朝向酒精灯火焰,并拿成斜角,以免灰尘落入瓶中造成污染。用镊子将消毒好的胚接种到MS培养基中,盖上瓶盖。同时操作期间经常用70%乙醇擦拭双手和台面,接种工具要反复在95%的乙醇中浸泡和在火焰上灭菌,避免交叉污染。

4. 初代培养

将培养瓶置于黑暗中培养,保持温度25℃,3~4d后转入光下培养,观察其生长状况。

5. 观察记录

跟踪观察记录产生愈伤组织和不定芽的时间,以及出愈率、分化率和污染率等技术指标,及时淘汰劣苗、污染苗。

四、注意事项

(1) 剥离胚时一定要细心谨慎,尽量使胚完整无损伤。

(2) 注意观察胚的位置和成熟度。

五、考核内容与评分标准

1. 相关知识

(1) 胚剥离过程中的注意事项(20分)。

(2) 外植体灭菌方法(10分)。

(3) 胚组织初代培养的一般过程(20分)。

2. 操作技能

(1) 熟练掌握外植体选择、灭菌技术(10分)。

(2) 熟练掌握外植体接种技术(10分)。

(3) 熟练掌握培养基的配制灭菌(20分)。

(4) 熟练掌握胚组织培养(10分)。

子任务1-6 花药初代培养

一、工作目标

了解花药培养的方法和步骤。熟练掌握外植体的取材、消毒、接种、初代培养等操作过程。掌握花药的初代培养过程、熟练无菌操作规程。

二、材料用具

超净工作台、高压灭菌锅、电磁炉、无菌培养皿、酒精灯、接种工具、无菌瓶、烧杯

(500mL)、玻璃棒、火柴、记号笔、纱布、70%乙醇、75%乙醇、大花萱草花蕾、0.1%升汞、5%次氯酸钠、母液、培养瓶、移液管、95%乙醇、无菌水等。

三、工作过程

1. 培养基配制

初代培养基：MS+NAA 5.0mg/L+KT 0.5mg/L；在初代培养前配制相应的固体培养基，并进行灭菌，备用。

2. 外植体选择与处理

开花前3~5d，从生长正常、无病虫害的大花萱草植株上剪下带花梗的花蕾，流水冲洗0.5~1h后备用。

3. 外植体灭菌与接种

接种前，打开超净台紫外灯以及接种室紫外灯灭菌30min，30min后打开超净台鼓风，关闭紫外灯。在准备室用肥皂水清洗双手，穿好经灭菌的实验服并戴好口罩，进入接种室打开超净台的照明灯。用70%乙醇擦拭双手和超净工作台台面，并把灭菌的培养基用70%乙醇擦拭后放入超净工作台。取出接种工具浸泡在盛有95%乙醇的罐头瓶内，成套培养皿放在超净台面上。然后点燃酒精灯，按培养皿、接种工具的先后顺序在火焰上分别灭菌，并将接种工具摆放在培养皿或器械架上。然后在超净工作台上进行花蕾表面消毒。具体方法是：先用75%的乙醇浸泡30s，再用0.1%升汞浸泡6min，最后用无菌水冲洗3~5次，用无菌滤纸吸干水分。浸泡时可进行摇动，使植物材料和灭菌剂有良好的接触。用接种工具去除花梗，剥掉花被，最后取出花药，接种于MS+NAA 5.0mg/L+KT 0.5mg/L初代培养基上。同时操作期间经常用70%乙醇擦拭双手和台面，接种工具要反复在95%的乙醇中浸泡和在火焰上灭菌，避免交叉污染。

4. 初代培养

接种后置于25℃、光照10~12h/d、光强1500~2000lx的条件下培养。

5. 观察记录

跟踪观察记录产生愈伤组织和不定芽的时间以及出愈率、分化率和污染率等技术指标，及时淘汰劣苗、污染苗。

四、注意事项

（1）用镊子夹取花药时力度要小，子房要竖直插入培养基。

（2）注意花蕾的采集时间。

五、考核内容与评分标准

1. 相关知识

（1）花药剥离过程中的注意事项（20分）。

（2）外植体灭菌方法（10分）。

（3）花药组织初代培养的一般过程（20分）。

2. 操作技能

（1）熟练掌握外植体选择、灭菌技术（10分）。

（2）熟练掌握外植体接种技术（10分）。

（3）熟练培养基的配制灭菌（20分）。

（4）熟练掌握花药初代组织培养（10分）。

任务 2　继代培养

子任务 2-1　愈伤组织继代培养

一、工作目标

了解愈伤组织继代培养的方法和步骤。熟练掌握继代培养的操作过程。

二、材料用具

超净工作台、高压灭菌锅、电磁炉、解剖刀、长镊子、培养皿、酒精灯、接种工具、烧杯（500mL）、玻璃棒、火柴、记号笔、纱布、70%乙醇、培养瓶、移液管、花药愈伤组织等。

三、工作过程

1. 培养基配制

继代培养基采用 N_6＋2,4-D 2.0mg/L，在继代培养前配制相应的固体培养基，并进行灭菌，备用。

2. 接种

接种前，打开超净台紫外灯以及接种室紫外灯灭菌30min，30min后打开超净台鼓风，关闭紫外灯。在准备室用肥皂水清洗双手，穿好经灭菌的实验服并戴好口罩，进入接种室打开超净台的照明灯。用70%乙醇擦拭双手和超净工作台台面，并把灭菌的培养基用70%乙醇擦拭后放入超净工作台。

取出接种工具浸泡在盛有95%乙醇的罐头瓶内，成套培养皿放在超净台面上。然后点燃酒精灯，按培养皿、接种工具的先后顺序在火焰上分别灭菌，并将接种工具摆放在培养皿或器械架上。

无菌条件下，左手握住愈伤组织培养瓶和接种瓶，用火焰烧瓶口和封口材料，打开无菌瓶苗瓶盖，瓶口朝向酒精灯火焰，并拿成斜角，用解剖刀将愈伤组织切成小块，然后打开接种瓶瓶盖，用镊子将愈伤组织接种到 N_6＋2,4-D 2.0mg/L 继代培养基中，盖好盖进行培养。

3. 观察记录

跟踪观察记录产生愈伤组织和不定芽的时间以及出愈率、分化率和污染率等技术指标，及时淘汰劣苗、污染苗。

四、注意事项

（1）无菌操作规程。

（2）培养基灭菌。

（3）严守无菌操作规程。

五、考核内容与评分标准

1. 相关知识

（1）愈伤组织接种过程中的注意事项（30分）。

（2）愈伤组织继代方法（20分）。

2. 操作技能

（1）熟练掌握愈伤组织接种（30分）。

（2）熟练掌握愈伤组织切割（10分）。

（3）熟练培养基的配制灭菌（10分）。

子任务 2-2　瓶苗继代培养

一、工作目标

了解瓶苗继代培养的方法和步骤。熟练掌握瓶苗继代培养的操作过程。

茎段继代培养

二、材料用具

超净工作台、高压灭菌锅、电磁炉、解剖刀、长镊子、培养皿、酒精灯、接种工具、烧杯（500mL）、玻璃棒、火柴、记号笔、纱布、70%乙醇、培养瓶、移液管、瓶苗等。

三、工作过程

1. 培养基配制

继代培养基采用 MS+IAA 1.5mg/L，在继代培养前配制相应的固体培养基，并进行灭菌，备用。

2. 接种

接种前，打开超净台紫外灯以及接种室紫外灯灭菌 30min，30min 后打开超净台鼓风，关闭紫外灯。在准备室用肥皂水清洗双手，穿好经灭菌的实验服并戴好口罩，进入接种室打开超净台的照明灯。用 70%乙醇擦拭双手和超净工作台台面，并把灭菌的培养基用 70%乙醇擦拭后放入超净工作台。

取出接种工具浸泡在盛有 95%乙醇的罐头瓶内，成套培养皿放在超净台面上。然后点燃酒精灯，按培养皿、接种工具的先后顺序在火焰上分别灭菌，并将接种工具摆放在培养皿或器械架上。

无菌条件下，左手握住无菌瓶苗的培养瓶和接种瓶，用火焰烧瓶口和封口材料，打开无菌瓶苗瓶盖，瓶口朝向酒精灯火焰，并拿成斜角，将瓶苗茎剪成一段一芽的小茎段，然后打开接种瓶瓶盖，用镊子将小茎段接种到 MS+IAA 1.5mg/L 继代培养基中，盖好盖进行培养。侧芽继续伸长并萌发出新的侧枝，4~5 周后继续分切成单芽茎段进行增殖培养。

3. 观察记录

跟踪观察记录产生愈伤组织和不定芽的时间以及出愈率、分化率和污染率等技术指标，及时淘汰劣苗、污染苗。

四、注意事项

(1) 无菌操作规程。
(2) 培养基灭菌。
(3) 严守无菌操作规程。

五、考核内容与评分标准

1. 相关知识

(1) 瓶苗接种过程中的注意事项（30 分）。
(2) 瓶苗继代方法（20 分）。

2. 操作技能

(1) 熟练掌握瓶苗的接种（30 分）。
(2) 熟练掌握瓶苗的切割（10 分）。
(3) 熟练培养基的配制灭菌（10 分）。

任务 3　生根培养

一、工作目标

熟练掌握生根培养的各个技术环节，包括生根培养基的配制、生根试管的接种、培养观察等。熟练掌握生根培养全过程。

生根培养

二、材料用具

组培苗、超净台、剪刀、解剖刀、镊子、培养皿、灭菌锅、电磁炉、烧杯、培养瓶、移液管、酒精灯、无菌滤纸、75%乙醇、95%乙醇、蒸馏水、MS基本培养基各种母液、蔗糖、琼脂、NAA激素母液等。

三、工作过程

1. 生根培养基的配制

（1）吸取MS母液：按母液顺序和规定量，用移液管提取母液，放入盛有一定量蒸馏水的烧杯。MS培养基无机盐浓度较高，不适宜生根，所以一般在配制生根培养基时需要将大量元素母液减半，配制成1/2MS培养基。

（2）加入生长调节物质：生长素利于根的生长，所以一般在配制生根培养基时加入生长素。NAA即是一种比较适合的生长调节物质。

（3）加入蔗糖：30g/L。

（4）定容：按照配制的量，加蒸馏水定容后倒入锅中。

（5）调节pH值：用0.1mol/L的NaOH或0.1mol/L的HCl调节pH值。

（6）熔化琼脂：7g/L（视琼脂质量而定），在电炉上加热溶液，并不断搅拌，使琼脂熔化。

（7）分装与封口：待琼脂溶解后，马上进行分装与封口，防止凝固。

（8）培养基的灭菌：打开灭菌锅锅盖，加水至水位线。把已装好培养基的三角瓶，连同蒸馏水及接种用具等放入锅筒内，装时不要过分倾斜培养基，以免弄到瓶口上或流出。然后盖上锅盖，对角旋紧螺丝，接通电源加热，当升至0.05MPa时，打开放气阀放气，回"0"后关闭放气阀。当气压上升到0.10MPa时，保压灭菌20min，到时停止加热。当气压回"0"后打开锅盖，取出培养基和灭菌用品，放于平台上冷凝。

2. 接种

（1）进入实验室后用水和肥皂洗净双手，穿戴上灭过菌的专用实验服、帽子、鞋子。

（2）打开超净工作台紫外灯，并打开无菌操作室内的紫外灯，照射20～30min（进行紫外灭菌）。

（3）照射20～30min后打开鼓风，关闭紫外灯，打开超净工作台照明灯，鼓风吹10～20min，用75%的乙醇擦拭工作台和双手，准备进行接种工作。

（4）用蘸有75%乙醇的纱布擦拭装有培养基的培养瓶，放进工作台。

（5）把接种器械浸泡在95%乙醇中，在酒精灯火焰上灭菌后，放在器械架上。

（6）用镊子将诱导出的不定芽剥离或将组培苗取出放于培养皿内，一手用镊子固定、一手用解剖刀将不定芽切下。用镊子把不定芽接种到生根培养基中。注意接种时使培养基成一定的倾斜度，将不定芽的基部插入培养基的内部。每瓶接种约3个小植株。

（7）整理实验用品。

3. 培养并观察

（1）培养：将接种完成的试管苗置于培养室，培养约20d。

（2）观察记录：一般12～15d后，小植株的基部即可看到有白色的根原基出现，慢慢即可变成正常的根，25d左右根长至1～3cm，当大部分根长至1～3cm时，打开瓶口，炼苗2～3d后，即可将小苗移栽到土壤中。

四、注意事项

(1) 在配制培养基时，琼脂的量称量要准确，防止培养基不凝固。

(2) 在配制培养基时，pH 值要调节准确，防止培养基不凝固，或者影响培养基营养成分。

(3) 接种时一定要按照无菌规范操作，减少试管苗污染。

五、考核内容与评分标准

1. 相关知识

(1) 记录试管苗生根培养步骤，统计生根率（10 分）。

(2) 生根培养基为何使用 1/2 MS 培养基（10 分）。

(3) 具体说明接种过程中的注意事项（20 分）。

2. 操作技能

(1) 固体培养基的配制（20 分）。

(2) 无菌接种（20 分）。

(3) 试管苗的培养与观察（20 分）。

课程思政资源

项目四　试管苗的驯化移栽

知识目标：了解试管苗的形态和生理特点、试管苗与实生苗的异同点、试管苗驯化的目的，掌握试管苗驯化移栽的方法，了解影响试管苗成活率的因素。

技能目标：掌握试管苗驯化、移栽及提高成活率的方法。

重点难点：试管苗的形态、生理特点及驯化移栽的方法。

必 备 知 识

一、试管苗的特点

组织培养获得的试管苗长期生长在试管或三角瓶等中，与外界环境相对隔离，形成了一个独特的生态系统。这个生态系统与外界环境相比具有以下四个特点。

1. 高温且恒温

试管苗整个生长过程通常均采用恒温培养，温度一般控制在 25℃±2℃，即使有变化，温差也是极小的；并且在培养过程中，有的植物需将温度控制得更高。

2. 高湿

植物组织培养过程中一方面试管苗吸收的水分通过叶面气孔蒸腾到培养瓶中，另一方面培养基中的水分也向培养瓶中蒸发，而后水汽凝结又进入培养基，这种循环就是培养瓶内的水分循环，结果造成培养瓶内空气的相对湿度接近于100%，远远大于培养瓶外的空气湿度。

3. 弱光

组织培养中的光强与太阳光相比一般较弱，因此幼苗一般生长较弱，经受不了太阳光的直接照射。

4. 无菌

试管苗的培养是在无菌条件下的。而在移栽过程中试管苗要经历由无菌向有菌的转换。若不注意，就会导致试管苗移栽过程中的死亡。

另外，试管苗还处在一种特殊的气体环境中。以上这些特点决定了试管苗在移栽前需要进行一段时间的驯化。

二、试管苗驯化移栽的目的

高温、高湿、弱光和无菌条件下培育出来试管苗与实生苗相比形态结构和生理功能上存在一定的差异（表4-1），对逆境的适应和抵抗能力差。因此，已生根的试管苗在移栽前要先进行锻炼，使试管苗适应移栽后的环境并进行自养，这是一个逐步锻炼和适应的过程，这个过程叫驯化。驯化的目的在于通过人工控水、控肥、增光、降温等措施，使试管苗逐渐适应外界环境，提高试管苗对外界环境条件的适应性，提高其光合作用的能力，促使试管苗健壮，最终达到提高试管苗移栽成活率的目的。

表 4-1 试管苗与实生苗形态结构与功能上的差异

苗类型	生长情况	叶及其功能	根及其功能
试管苗	生长细弱	角质层薄，水孔多，气孔的生理活性差，保水能力差；此外，叶绿体的光合性能也差	根输导系统不相通，无根毛或根毛较少，根无吸收功能或功能极低
实生苗	生长粗壮	角质层较厚，水孔少，气孔的生理活性强；叶绿体的光合性能好	根系发达，吸水能力强

三、驯化移栽的设施与设备

（一）保护栽培设施

1. 现代化温室

试管苗生根后不能直接移入大田，需要移入温室过渡，而且要求温室有较好的栽培条件，尽量实现机械化、自动化。最好建成较先进的现代化温室，框架采用镀锌钢材，屋面用铝合金材料做桁条，覆盖物可采用玻璃、玻璃钢、塑料板材或塑料薄膜温室，温室借助纵向侧柱或柱网连接

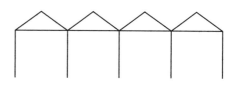

图 4-1 现代化温室剖面图

起来，相互通连，可以连续搭接成联栋的大型温室（图 4-1），每栋可达数千至上万平方米。冬季通过热水、蒸汽、热风加温，夏季采用通风与遮阳相结合的方法降温。整栋温室的加温、通风、遮阳和降温等工作可全部或部分由电脑控制。内装喷灌设备和可移动苗床，有利于试管苗及优良种苗的大批量生产，但造价较高。

2. 日光温室

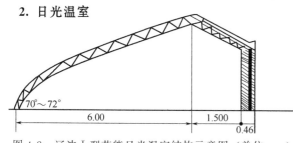

图 4-2 辽沈 I 型节能日光温室结构示意图（单位：m）

现代化温室造价较高，因此，如没有条件也可用日光温室代替（图 4-2）。日光温室在北方地区应用较为广泛，又称钢拱式日光温室，主要利用太阳能作热源提高室内温度。跨度一般为 5~7m，中高 2.4~3.0m，后墙高 1.6~2.0m，厚 50~80cm，用砖砌成，每隔 4~5m 设通风口，采光、保温等性能较好，且建造成本较低。保护栽培设施的建造还要考虑到当地的气候条件，选择适宜的保护设施或对相关设施进行改进。

3. 遮阴防雨拱棚

温室锻炼后的试管苗有些可以直接进入市场，有些还需要移入露地炼苗场作进一步驯化培养。露天炼苗场可以是完全露天，也可以建遮阴防雨棚，以防止太阳曝晒和大雨冲刷损伤幼苗，它是试管苗二次炼苗的场地，也是种苗等待进入市场的存放地。其最好建在地势较高，不淹水的地方，以防大雨淹没。其骨架一般可采用镀锌薄壁钢管拱棚（图 4-3）、竹木结构拱棚（图 4-4）、钢管

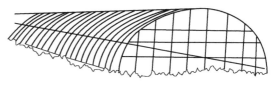

图 4-3 镀锌薄壁钢管拱棚

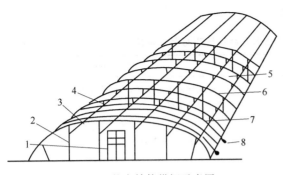

图 4-4 竹木结构拱棚示意图
1—棚门；2—立柱；3—拉杆；4—吊柱；
5—棚膜；6—拱杆；7—压杆；8—地锚

结构焊接拱棚，在顶部盖塑料薄膜，四周通风，再覆盖遮阴材料。遮阴材料既可使用遮阳网，又可就地取材，用高粱秸、芦苇、香蒲等物编织成遮阴帘，甚至还可利用透光率较低的旧塑料棚膜等。

4. 防虫纱网棚

若繁殖的苗木是脱毒苗则需要建造防虫纱网棚，目的是防止蚜虫侵入传播病毒病。一般防虫纱网棚以35~40目尼龙纱网为覆盖物。由于其质轻，因此，防虫纱网棚的骨架比塑料薄膜棚承重小，构建成本低。

（二）基质选用与消毒

1. 基质类型

基质具有良好的物理特性和化学特性，在固定幼苗的同时还具有持水、缓冲和提供部分养分、改善根际透气性的能力。

基质种类分有机基质和无机基质。

有机基质主要有泥炭、炭化稻壳、花生壳、椰糠、木屑等。通常泥炭和炭化稻壳应用较为广泛。用花生壳、椰糠作为基质时需进行冲洗和高温消毒。而木屑由于含有毒成分，特别是酚类化合物，因此使用前最好进行水冲洗或高温焖制等预处理。

无机基质主要有炉渣、河沙、蛭石、珍珠岩等。充分燃烧的煤炭炉渣粉碎后先用3mm孔径的筛子过筛，再用2mm孔径的筛子筛出直径2~3mm的炉渣，用水冲洗备用。河沙粒径一般以0.1~2.0mm为宜。

2. 基质的混配

上述基质除了单独应用外，也可根据当地资源优势，采用多种基质混合使用。一般选用2~3种基质混合使用，如泥炭：蛭石＝1：1。

3. 基质消毒

许多固体基质在使用前或长期使用过程中可能会含有一些病菌或虫卵，容易引发病虫害。因此，基质充分混匀后要进行消毒，如基质中混配有土，消毒更应严格。消毒的方法包括蒸汽消毒、微波消毒及药剂消毒。

（1）蒸汽消毒　蒸汽消毒可以防治猝倒病、立枯病、枯萎病、菌核病和黄瓜花叶病毒病等。基质量少时，可用容积1~2m³的柜或箱，箱内装好基质后进行喷湿处理，使基质含水量达到35%~45%，然后通入蒸汽，一般在70~90℃条件下，消毒15~30min，就能杀死病菌。如需消毒的基质量大，可将混匀后含水量达到35%~45%的基质堆成20cm高，长度依地形而定的，全部基质用防水耐高温的布盖住，通入70~90℃蒸汽1h。如基质中含有土则蒸汽的温度需达到90~100℃。这种方法消毒快，又没有残毒，是良好的消毒方法。

（2）微波消毒　微波消毒是用微波照射基质，能杀灭杂草、线虫和病菌。行走式微波消毒机由功率30kW发射装置和微波发射板组成，前进速度为0.2~0.4km/h，工作效率较高。

（3）药剂消毒

① 40%甲醛　甲醛是良好的杀菌剂，但杀虫效果较差。一般用40%的甲醛50倍液，按$20\sim40L/m^3$的药液量进行消毒，消毒效果较好。基质消毒时要求工作人员操作时戴上口罩，做好防护工作。

② 高锰酸钾　高锰酸钾是强氧化剂，一般用在石砾、粗沙等没有吸附能力且较容易用清水冲洗干净的惰性基质上消毒，而不能用于泥炭等有较大吸附能力的活性基质或者难以用清水冲洗干净的基质。

③ 氯化苦　氯化苦能够有效防治线虫、昆虫及一些草籽。氯化苦熏蒸的适宜温度为15~20℃。熏蒸前要求基质稍湿润，将混匀的基质堆放成高30cm，长度根据具体条件而定的基质堆，在基质上方每隔30cm打一个深为10~15cm的孔，每孔注入氯化苦5mL，随即将孔堵住，第一层打孔放药后，再在其上堆同样的基质一层，打孔放药，共处理3~4层，然后覆膜。7~10d后揭膜，晾7~8d干燥后即可使用。氯化苦对活的植物组织和人有毒害作用，所以施用时要注意安全。

④ 福尔马林消毒　福尔马林能防治猝倒病和菌核病。用0.5%的福尔马林喷洒床土，混拌均匀，然后堆放并用塑料薄膜封闭5~7d，揭开塑料薄膜使药味彻底挥发后方可使用。

⑤ 65%的代森锌粉剂　每立方米苗基质用药60g，混拌均匀后用塑料薄膜盖2~3d，然后撤掉塑料薄膜，待药味散后即可使用。

⑥ 威百亩　威百亩是一种水溶性熏蒸剂，对杂草、大多数线虫和真菌有效，可作为喷洒剂通过供液系统洒在基质的表面。也可把1L威百亩加入10~15L水中，均匀喷洒在$10m^3$的基质表面，施药后将基质密封，7~10d后可以使用。

四、驯化移栽

（一）炼苗

炼苗一般是将生根状态理想的试管苗（一般具有3~4条根，根长1~2cm）移入温室内，开始时保持与培养室比较接近的环境条件，适当遮光，提高湿度，以后逐渐撤除保护，使光照条件接近自然生长环境。经过一定时间的锻炼，打开封口材料，向瓶内加适量自来水，逐渐降低环境温度，转向有菌培养，使幼苗周围的环境逐步与自然环境相似。时间一般以7d左右为宜。

（二）移栽

1. 常规移栽法

常规移栽法是指将试管苗在生长素浓度高的培养基上诱导生根，当获得大量的不定根后，打开培养瓶注入少量自来水，在半遮光下驯化3~5d，然后取出试管苗，在20℃的温水中浸泡10min，换水两次，将黏附于试管苗根部的培养基洗洗净，移栽到装有经过消毒处理基质的育苗盘或育苗钵中，保持一定的温度和水分，当长出2~3片新叶时，就可将其移栽到田间或盆钵内。移栽的基质要根据不同植物的栽培习性来进行配制，这样才能获得满意的栽培效果。

2. 嫁接移栽法

嫁接移栽法是指取生长良好的同一植物的实生苗或幼苗作砧木，用试管苗作接穗进行嫁接的方法。试管苗的嫁接移栽法移栽成活率高、适用范围广、所需的时间短，有利于移栽植株的生长发育。

3. 直接移栽法

直接移栽法是指直接将试管苗移栽到盆钵中的方法。

(三) 成苗管理

试管苗移栽后 1~2 周为关键管理阶段，主要是光照、水分、通风、透气等方面的管理。根据试管苗的特点及其生境与田间环境差异，驯化应从温度、湿度、光照及有无菌等环境要素进行，前期创设与试管苗原来生境相似的条件，后期则要与移栽的条件相似，从而达到逐步适应的目的，有效提高移栽成活率。

1. 温度

试管苗比较娇嫩，从培养瓶中移到温室中，温度要尽可能保持一致，不同作物对温度要求不同，一般植物生长的最适温度，喜温植物以 25℃ 为宜，喜凉植物则以 18~20℃ 为宜。同时如果基质温度（即苗床温度）高于空气温度 2~3℃ 有利于促进生根和根系的发育。

2. 湿度

培养瓶中相对湿度达到 99% 以上，虽然温室内处于相对密闭的状态，空气湿度较大，但仍达不到培养瓶中的空气湿度，故需人工喷雾调节。后期逐渐降湿保持相对湿度在 70%~85%。

3. 光照

试管苗在培养瓶内光合作用微弱，因此移栽前应逐渐加强光照，使叶片恢复光合作用能力。但初期不宜长时间照射强光，光照强度以 1500~2000lx 为宜，特别注意避开中午强光，以免损伤叶肉组织，致使小苗随着蒸腾失水而萎蔫。后期光照可加强到 4000~5000lx，光线不足就会造成茎叶细长徒长，不利于培育壮苗。冬季光照弱，光照时间短，应加设人工光源来补充光照。

4. 施肥

驯化期间幼苗施肥的主要方式是追肥。追肥与否、何时追肥应视栽培基质储肥多少和幼苗的生长状况而定。一般移栽一周后每隔 3~5d 叶面喷施营养液一次，可结合喷水喷施。追肥的种类、数量应依据苗木生长需要来确定，但浓度不宜过大，应勤施少施。

5. 防止杂菌滋生

由于空气湿度高气温低，幼苗易感染立枯病、猝倒病、枯叶病，造成死亡，因此要及时喷药，防治病虫害。通常使用一定浓度的杀菌剂可以有效地保护幼苗，如百菌清、多菌灵等，浓度为 1/1000~1/800。

(四) 提高试管苗移栽成活率的途径

影响试管苗移栽成活率的因素有许多种，包括内因与外因。不同的植株和不同的试管苗种类对移栽的具体要求不同。但总的来说，提高试管苗移栽成活率的途径有以下几种。

1. 试管苗的生理状况

试管苗的生理状况是影响移栽成活率的内在因素。同一种植物的试管苗，其壮苗比弱苗移栽后成活率高（表 4-2）。

2. 不同栽培基质及消毒处理

不同栽培基质对试管苗移栽的成活率有显著影响（表 4-3）。因此，要根据植物的特性选择适宜的基质。就同一栽培基质而言，经过消毒处理的移栽效果较好，其总生长量、叶片重、根鲜重均明显高于未经消毒处理的。此外，采用有机基质比无机基质要好，复合基质要比单一基质好。

表 4-2　试管苗自身生长状况对移栽成活率的影响（吴殿星，2004）

试管苗规格	移栽株数	成活株数	成活率/%
苗高<4cm;茎径<0.15cm;根:1～2根	100	47	47.00
4cm<苗高<6cm;茎径>0.18cm;根:2～3根	350	230	65.71
6cm<苗高<8cm;茎径>0.2cm;根:2～3根	200	172	86.00
苗高>8cm;茎径>0.22cm;根:2～4根	150	142	94.67

表 4-3　不同基质对大蒜试管苗移栽成活率影响（吴殿星，2004）

基质	移栽株数	成活株数	成活率/%
消毒土	50	38	73.0
沙土	50	37	67.5
蛭石	50	47	94.0

3. 肥料

除了少数作物的试管苗叶片光合能力较强外，大多数作物试管苗光合能力极低。因此，要及时补充养料，移栽一周以后，即可用营养液叶面喷施，来快速补充苗株体内养料，促进早生根。3～5d 喷施一次，初期浓度低些，常用 0.15%～0.2% 磷酸二氢钾喷施。

4. 环境因子

环境条件也影响试管苗移栽的效果，关键是控制好前 10d 的温湿度和光照。温度一般保持在 25℃，移栽苗周围的相对湿度初期应保持 90%～100%，以后逐渐降低，直至与自然环境相适应。试管苗移栽后，要由异养转化为自养，因此适宜的光照就成为组培苗进行光合作用的必要条件，但前期光照不能太强，要做好适当遮阳工作，避免太阳直射。

5. 从无菌向有菌逐渐过渡

试管苗出培养瓶后，要将其上面的培养基洗净，以免杂菌滋长。第一次移栽时最好选用灭过菌的基质，特别是对于移栽后成活率比较困难的植物，以提高其移栽成活率。为此，小苗种好后要适当使用一定浓度的杀菌剂，如百菌清、多菌灵、托布津等，浓度为 1/1000～1/800，7～10d 喷施一次。

6. 植物生长调节物质

一般来说，生长素具有促进生根的作用，因此也能提高试管苗移栽的成活率。但植物不同选用的生长素种类不同。如月季以 NAA 诱导生根和提高移栽成活率效果最好。

7. 无机盐浓度

试验结果表明，降低无机盐的浓度对植物生根效果较好，有利于移栽成活。

8. 活性炭

在生根培养中加入少量活性炭，对某些月季的嫩茎生根有良好作用，尤其是用酸、碱和有机溶剂洗过的活性炭，效果更佳。但活性炭对有些月季品种的促根生长无反应。

课 后 作 业

1. 试管苗与实生苗在解剖结构和生理上有哪些区别？
2. 试管苗在移栽之前为什么要进行炼苗？
3. 简述移栽基质的消毒方法。
4. 简要说明试管苗常规的移栽方法。
5. 试论述如何提高试管苗移栽的成活率。

工作任务

任务　试管苗的驯化移栽

一、工作目标

能根据实际情况选择正确、可行的驯化移栽方法,完成试管苗驯化和移栽过程,且操作规范、准确、熟练。

二、材料用具

试管苗、温室(大棚)、苗床、自动喷雾装置、塑料薄膜、花盆(或浅盆、营养杯等)、烧杯、移栽基质用珍珠岩、蛭石、沙子、高锰酸钾、多菌灵等。

试管苗的驯化移栽

三、工作过程

1. 驯化炼苗

将具有 2~3 条根、根长 1~2cm 的试管苗移入温室或塑料大棚内,于 50%~70% 的遮阳网下炼苗 2~3d,然后开口倒入少量的蒸馏水,放置 1~2d。当试管苗茎叶颜色加深,根系颜色由白色或黄白色变为黄褐色并延长、伴有新根生出时表示炼苗成功。

2. 基质灭菌

根据试管苗种类来选择适宜基质,挑选出基质中杂质杂物,按一定比例(如珍珠岩:蛭石:草炭＝1:1:1)在水泥地上混拌均匀,而后进行消毒。消毒方法可采用喷洒 0.1% 高锰酸钾水溶液或 500~800 倍多菌灵水溶液,喷洒要全面、彻底,喷后用塑料覆盖 20~30min,或采用将混配后的基质用耐高压聚丙烯塑料袋装好,在高压灭菌锅中消毒 20min 后冷却备用。如果需要的量很大可在塑料膜上将混配浇湿后的基质,堆成高 1m、宽 2m 左右、长度不限的基质堆,用塑料膜盖严,利用太阳能消毒。一般夏季 2~3d、冬季 7~10d,翻堆摊晒 1 次。

3. 育苗盘准备

取干净的育苗盘或塑料钵,用 5% 高锰酸钾水溶液浸泡后刷洗,然后用清水冲洗干净。将消毒后的基质倒入育苗盘中,用木板刮平。如采用塑料钵移苗,则将基质装至距钵沿 0.5~1.0cm 处。基质装填完成后浇透水。

4. 试管苗出瓶与消毒

用镊子小心将试管苗取出,放在盛有 20℃ 左右的温水中,轻轻清洗净试管苗根上的培养基,并对过长的根适当修剪,再放入温水中清洗 1 次。将除去培养基的试管苗放入 500~800 倍多菌灵水溶液中浸泡 10~15min。

5. 试管苗移栽

在穴盘的孔穴或塑料钵的基质中心位置用塑料钎打孔,孔深及孔大小根据试管苗根系而定。然后手持镊子夹住试管苗,轻轻放入孔穴内,舒展根系,而后轻轻镇压,用细喷雾器喷水,以基质表面不积水为度。

6. 管理

保证移栽苗的温度和湿度,为了提高移栽成活率可适当让小苗接受自然光照射。适时配制营养液进行叶面追肥,增加营养。

四、注意事项

(1) 试管苗要选取健壮有根的。

(2) 基质要彻底灭菌，防止烂根。

(3) 在取苗时要轻拿轻放，勿伤幼苗，要把根上的培养基彻底清洗干净，防止烂根。

(4) 试管苗移栽后喷水要冲洗掉黏附在叶片上的基质。

(5) 移栽后的小苗要规范严格管理。要精心管理，并综合考虑各种生态因子的动态变化及相互作用，环境调控及时到位。

五、考核内容与评分标准

1. 相关知识

(1) 移栽 1～2 周后，观察比较各基质的长势情况，选出最佳基质（10 分）。

(2) 具体说明移栽过程中的注意事项（10 分）。

(3) 观察并记录下表（20 分）。

植物名称	基质	移栽日期	观察日期	移栽株数	长根株数	生根率/%	成活株数	成活率/%

2. 操作技能

(1) 炼苗（20 分）。

(2) 基质的灭菌（20 分）。

(3) 移栽（20 分）。

课程思政资源

项目五　植物脱毒技术

知识目标：了解植物病毒的形态与结构及组分、植物病毒的危害、植物病毒的传播途径，掌握植物脱毒的途径及机制、植物茎尖脱毒方法、无毒苗快繁流程和脱毒苗的鉴定及保存方法。

技能目标：掌握植物茎尖脱毒技术、无毒苗快繁技术和脱毒苗的鉴定及保存技术。

重点难点：植物茎尖脱毒、脱毒苗的鉴定。

必 备 知 识

一、植物病毒概述

1991年Matthews将病毒定义为：是包被在蛋白或脂蛋白保护性衣壳中，只能在适合的寄主细胞内完成自身复制的一个或一套基因组的核酸分子，又称分子寄生物。病毒区别于其他生物的主要特征是：个体微小，缺乏细胞结构，结构简单，主要由核酸及保护性衣壳组成；基因组只含一种核酸，RNA或DNA；依靠自身的核酸进行复制；缺乏完整的酶和能量系统，其核酸复制和蛋白质合成需要寄主提供原材料和场所；严格的细胞内专性寄生物。

按寄主性质的不同，病毒分为寄生植物的植物病毒、寄生动物的动物病毒及寄生细菌的噬菌体等。

（一）植物病毒学研究历史

1576年就有关于植物病毒病的记载，荷兰杂色郁金香就是郁金香碎色花病毒造成的。

1886年Mayer证明了烟草花叶病害的摩擦传染性；1892年Ivanowski发现了烟草花叶病的病原可以通过细菌过滤器；1898年Beijeincku又发现烟草花叶病的病原是一种传染性活性液体。

20世纪初，已经知道昆虫能传播植物病毒病，如叶蝉传播水稻矮缩病。1930年，麦金尼和汤清香发现病毒可以变异，产生致病力强弱不等的毒株，而且不同毒株之间有干扰作用。1935年，美国科学家Stanley获得了烟草花叶病毒的蛋白结晶，认为病毒是可在活细胞内增殖的蛋白（1946年获诺贝尔化学奖）。1936年英国科学家Bawden证明提纯的TMV为核酸与蛋白质所构成的核蛋白，从而揭示了病毒的本质含有核酸。1939年Kausch首次在电子显微镜下看到TMV烟草花叶病毒是杆状颗粒。1955年H. Fraenkel-Conrat成功地将TMV的核酸及其蛋白亚基重建，获得可感染的TMV。1956年Gierrer证明TMV去掉蛋白质的核糖核酸（RNA）能独立侵染烟草和繁殖，第一次证明RNA也是遗传信息的载体。1960年A. Tsugita测定了TMV外壳蛋白的氨基酸序列。

（二）植物病毒病的症状及危害

植物病毒是仅次于真菌的重要病原物。大田作物和果树、蔬菜都有几种或几十种病毒病，有的危害性很大。

1. 植物病毒病的症状

植物受病毒危害后，病毒除消耗植物的营养物质外，主要是可改变寄主植物的正常代谢过程，干扰或破坏其呼吸作用、光合作用、酶的活性，以及激素的代谢等，植物常表现如下症状。

(1) 变色（花叶、斑驳、明脉）　由于营养物质被病毒利用，或病毒造成维管束坏死阻碍了营养物质的运输，叶片的叶绿素形成受阻或积聚，从而产生花叶、斑点、环斑、脉带和黄化等。花朵的花青素也可因而改变，使花色变成绿色或杂色等，常见的症状为深绿与浅绿相间的花叶症。如烟草花叶病。

(2) 坏死（坏死斑点、环斑、蚀纹等）　由于植物对病毒的过敏性反应等可导致细胞或组织死亡，变成枯黄至褐色、有时出现凹陷，在叶片上常呈现坏死斑、坏死环和脉坏死，在茎、果实和根的表面常出现坏死条等。

(3) 畸形（如皱缩、卷叶、矮化、小叶、小果、叶或果不对称、丛生、耳突等）　由于植物正常的新陈代谢受到干扰，体内生长素和其他激素的生成和植株正常的生长发育发生变化，可导致器官变形，如茎间缩短、植株矮化、生长点异常分化形成丛枝或丛簇，叶片的局部细胞变形出现疱斑、卷曲、蕨叶及带化等。

有些病毒病不表现任何症状。植物病毒病与非侵染性病害比较，有发病中心、能传染。

2. 植物病毒病的危害

一种病毒可危害一至几种植物，一种植物可被一至几种病毒侵染。特别是无性繁殖植物，受病毒危害更为严重。草莓能感染62种病毒和类菌质体、马铃薯的病毒有18种、大蒜能感染11种病毒、月季感染10种病毒、牡丹能感染5种病毒、瑞香能感染4种病毒、丁香和茉莉能感染2种病毒。另外，通过种子传播的病毒有104种，并随着栽培时间的推移，危害越来越重，病毒种类也越来越多。病毒使植株产生生长迟缓、矮小，生长势减弱，营养器官变小，品质变劣，产量下降，观赏植物花径变小，花色退化，观赏价值降低等种性退化的现象。马铃薯病毒病严重时可减产70%～80%，甚至没有商品产量。大蒜病毒病一般导致减产30%～50%，引起世界各国科学家和政府部门的关注。

(三) 植物病毒形态、结构与组分

1. 植物病毒形态

观察植物病毒用电子显微镜。病毒大小用纳米（nm）表示。植物病毒的基本形态为球状、杆状和线状，少数为弹状、杆菌状和双联体状等（图5-1）。

(1) 球状病毒　直径大多在20～35nm，少数可以达到70～80nm。球状病毒也称为多

图 5-1　植物病毒形态电镜照片

面体病毒或二十面体病毒。大约一半左右的植物病毒科、属是属于这种形态，如黄瓜花叶病毒等。

（2）杆状病毒　多为(15～80)nm×(100～250)nm，两端平齐；少数两端钝圆。杆状病毒粒体刚直，不易弯曲，如烟草花叶病毒等。

（3）线状病毒　多为(11～13)nm×750nm，个别长度可以达到2000nm以上。线状病毒的两端也是平齐的，粒体有不同程度的弯曲，如马铃薯Y病毒等。

（4）弹状病毒　粒体一般长58～240nm，宽18～90nm。联体病毒（或双生病毒）是病毒由大小相同的两个近球形粒体组成，如番茄曲叶病毒等。

2. 植物病毒的结构与组分

绝大多数植物病毒粒体是由一个或多个核酸分子（DNA或RNA）包被在蛋白外壳里构成。其主要成分是蛋白质和核酸。有的病毒粒体中还含有少量的糖蛋白或脂类。

（1）蛋白质　蛋白衣壳的氨基酸组成由病毒的核酸决定。衣壳是由一种或几种多肽链经过三维折叠而成的蛋白亚基构成，蛋白亚基（也称结构亚基）是衣壳的基本结构单位。弹状病毒核衣壳外面还有脂质的囊膜包被。根据蛋白亚基的排列组合方式不同，植物病毒基本结构方式有两种：螺旋对称型和等面体对称。

杆状或线条状植物病毒是螺旋对称型，粒体的中间是螺旋状的核酸链，组成外面衣壳的蛋白质亚基（subunit）也排列成螺旋状，核酸链就嵌在亚基的凹痕处螺旋沟中。因此，杆状或线状病毒粒体的中心是空的。

（2）核酸　植物病毒的核酸有RNA或DNA两种。按复制过程中功能的不同，可分为5种类型，其中3种为RNA、2种为DNA。

① 正单链RNA（positive single strand RNA，+ssRNA）病毒　其单链RNA可以直接翻译蛋白，起mRNA的作用，故称为+ssRNA病毒。这是最主要的类型，70%以上的植物病毒均为此种核酸类型，如烟草花叶病毒属（*Tobamovirus*）的TMV、黄瓜花叶病毒属（*Cucumovirus*）的CMV、马铃薯X病毒属（*Potexvirus*）的PVY和马铃薯Y病毒属（*Potyvirus*）的PVY等。粒体形态有各种球形或长条形等。

② 负单链RNA（negtive single strand RNA，−ssRNA）病毒　其单链RNA不能起mRNA的作用，必须先转录成互补链，才能翻译蛋白，故称为−ssRNA病毒。只有植物弹状病毒两个属，也可引起重要的植物病害，如小麦丛矮病毒（WRDV）。粒体形态为短粗的子弹状或杆菌状，外面有囊膜。

③ 双链RNA（double strand RNA，dsRNA）病毒　因其核酸为互补的双链RNA而得名。其中的负链RNA转录出正链RNA，才能作为mRNA翻译蛋白。呼肠弧病毒科（*Reoviridae*）和分体病毒科（*Pativiridae*）四个属的病毒为此种核酸类型。

④ 单链DNA（ssDNA）病毒　由于DNA不能直接作为RNA而起作用，所以DNA病毒无"+、−"之分。单链DNA病毒仅有双联病毒（*Geminiviridae*）一科，为最小的球形粒体。复制时单链DNA先合成双链DNA。

⑤ 双链DNA（dsDNA）病毒　核酸类型与高等动、植物的相同，为互补的双链DNA。花椰菜花叶病毒属（*Caulimovirus*）和杆状DNA病毒属（*Badnavirus*）为此种类型。花椰菜叶病毒（CaMV）为直径50nm的球形粒体，含有双链、环状DNA分子。

（3）其他组分　除蛋白和核酸外，植物病毒含有的最大量的其他组分是水分，还有糖类、多胺（精胺和亚精胺）。例如，在西红柿丛矮病毒和芜菁黄花叶病毒的结晶体中，水分的含量分别为47%和58%。糖类主要发现在植物弹状病毒科病毒中,以糖蛋白或脂类的形式存在于病毒的囊膜中,如西红柿斑萎病毒含有7%的糖类。另外在其他病毒科或属中,如大麦病毒属中大麦条纹花叶病毒（Barley stripe mosaic virus）也含有糖蛋白。

（四）植物病毒的复制和增殖

1. 病毒基因组的复制

植物病毒与一般细胞生物遗传信息传递的主要不同点是反转录的出现,有的病毒的RNA可以在病毒编码的反转录酶的作用下,变成互补的DNA链。大部分植物病毒的核酸复制仍然是由RNA复制RNA。

病毒核酸的复制需要寄主提供复制的场所（通常是在细胞质或细胞核内）、复制所需的原材料和能量、部分寄主编码的酶及膜系统。病毒自身提供的主要是模板核酸和专化的聚合酶（Polymerase）,也称复制酶（或其亚基）。例如花椰菜花叶病毒编码一种依赖于RNA的DNA聚合酶（RNA-dependent DNA polymerase）,也称为反转录酶（reversetranscriptase）。已知在病毒合成系统中存在两种结构的RNA：一种是复制型（replicationform,缩写为RF）,是一个存在两种结构的RNA；另一种是复制中间型（replicative intermediate,缩写为RI）,是部分双链且含有几个单链尾巴的结构。由于双链RNA的性质独特,双链RNA检测技术常用来证明病毒的存在。

2. 植物病毒的增殖

植物病毒作为一种分子寄生物,无细胞结构,是分别合成核酸和蛋白组分再组装成子代粒体。这种特殊的繁殖方式称为复制增殖（multiplication）。从病毒进入寄主细胞到新的子代病毒粒体合成的过程即为一个增殖过程。

病毒侵染植物以后,在活细胞内增殖后代病毒需要两个步骤：一是病毒核酸的复制（replication）,从亲代向子代病毒传送核酸性状的过程,即病毒的基因传递（gene transmission）；二是病毒核酸信息的表达（gene expression）,即按照信息RNA的序列来合成病毒专化性蛋白的过程。这两个步骤遵循遗传信息传递的一般规律,不同类型的病毒在进行核酸转录、蛋白质翻译时有不同的策略。下面以＋ssRNA病毒的核酸复制为例,介绍病毒复制的一般过程。

（1）进入活细胞并脱壳　植物病毒以被动方式通过微伤口（机械伤或介体造成伤口）直接进入活细胞,并释放核酸,释放核酸的过程也称为脱壳（uncoating）。

（2）核酸复制和基因表达　核酸复制是传递遗传信息的中心环节,包括产生子代病毒的核酸和产生翻译病毒蛋白质的mRNA。脱壳后的病毒核酸直接作为mRNA,利用寄主提供的核糖体、tRNA、氨基酸等物质和能量,翻译形成病毒专化的RNA依赖性RNA聚合酶（RNA-dependet RNA polymerase RdRp）；在聚合酶作用下,以正链RNA为模板,复制出负链RNA；再以负链RNA为模板,复制出一些亚基因组核酸,同时大量复制出正链RNA；亚基因组核酸翻译出3种蛋白,包括衣壳蛋白。病毒合成的RNA与衣壳蛋白进行装配,成为完整的子代病毒粒体。子代病毒粒体可不断增殖并通过胞间联丝进行扩散转移。

（五）植物病毒的分类与命名

1. 植物病毒的分类

植物病毒的分类是将已知病毒按一定标准、相似程度或相关性的顺序排列,拼成一个系统,即分类系统。植物病毒的分类工作由国际病毒分类委员会（International Committee on

Taxonomy of viruses，ICTV）植物病毒分会负责。随着病毒学研究水平的提高，有关病毒基本性质的知识不断更新和丰富，病毒学家们对病毒分类研究也不断深入，新的病毒属（组）不断增加，尤其是病毒分类标准、指标内容越来越明确，且接近病毒的本质。经过20多年的不断修改、充实，到 2000 年，已报道的植物病毒 977 种，有关它们的分类系统 ICTV 先后发表《病毒分类与命名》报告七次，在第六次报告中，植物病毒与动物病毒和细菌病毒一样实现了按科、属、种分类。近代病毒分类体系趋于将病毒这类非细胞结构的分子寄生物列为独立的"病毒界"，下分为 RNA 病毒和 DNA 病毒两大类。但为方便及习惯，仍按寄主种类分为动物病毒、植物病毒、微生物病毒等实用系统分类。

（1）分类依据　植物病毒分类依据的是病毒最基本、最重要的性质：①构成病毒基因组的核酸类型（DNA 或 RNA）；②核酸是单链（single strand，ss）还是双链（double strand，ds）；③病毒粒体是否存在脂蛋白包膜；④病毒形态；⑤核酸分段状况（即多分体现象）等。

根据上述主要特性，将 977 种植物病毒分在 15 个科 73 个属中（包括 24 个未定科的悬浮属）。各科（属）名称及核酸类型见表 5-1。在上述 73 个属的 977 种植物病毒中，DNA 病毒只有 2 个科 11 个属；RNA 病毒有 13 个科 62 个属 834 种，占病毒总数的 85.36%。

根据核酸的类型和链数，可将植物病毒分为六大类群：第一类群是双链 DNA 病毒，有 6 个病毒属；第二类群为单链 DNA 病毒，5 个属；第三类群为双链 RNA 病毒，2 个科 6 个病毒属；第四类群为负单链 RNA 病毒，包括 2 个科 5 个病毒属；第五类群为正单链 RNA 病毒，涉及 7 个科 49 个病毒属。新增加反转录 ssRNA 类群，包括 2 个科 2 个属。

（2）分类方法　在植物病毒的分类系统中，多数学者认为病毒"种"的概念还不够完善，采用"门、纲、目、科、属、种"的等级分类方案还不成熟，所以近代植物病毒分类上的基本单位不称为"种（species）"而称为"成员（member）"，近似于属的分类单位称为"组（group）"。2000 年第七次报告则进一步明确了"科、属、种"关系：科下为属，属（genus）下为典型种（type species）、种（species）和暂定种（tentative species）。有些属下还保留有亚组（subgroup）的分类地位。在一个属内的病毒成员有共同特性，可用于鉴别，如马铃薯 Y 病毒属病毒有风轮状内含体等。

（3）病毒的株系　株系（strain）是病毒种下的变种。当分离到一种病毒，但还未完全了解其特征、不能确定分类地位时，常称其为"分离物"或"分离株"。

2. 植物病毒的命名

植物病毒的命名曾有不同的方案。一般是根据病毒的一定性状分归为不同的组群，因此习惯上所说的一种病毒只是一般用语，不是生物学上的物种之种。1966 年国际病毒命名委员会（ICNV）建议仍采用俗名法的普通名称，以便于指出它的主要寄主和主要症状，如烟草花叶病毒（TMV）。植物病毒中的标准名称，以寄主英文俗名加上症状来命名。第一个词的首写字母要大写，后面的词除专用词汇（如地名等）外首写字母一般不大写，如烟草花叶病毒为 Tobacco mosaic virus，缩写为 TMV；黄瓜花叶病毒为 Cucumber mosaic virus，缩写为 CMV。属名为专用国际名称，常由典型的寄主名称（英文或拉丁文）缩写＋主要特点描述（英文或拉丁文）缩写＋virus 拼组而成，如黄瓜花叶病毒属的学名为 Cucu-mo-virus、烟草花叶病毒属为 Toba-mo-virus，即植物病毒属的结尾是 -virus。科、属名书写时应用斜体，凡是经 ICTV 批准的确定种（definitive species）的名称均应用斜体书写或打印，而暂定种（tentative species）或属名未定的病毒名称暂用正体。

（六）植物病毒的传播与移动

病毒病多为系统性侵染，没有病症，易与非侵染性病害相混淆，往往需要通过一定方式的传染试验证实其传染性。植物病毒粒体或病毒核酸在植物细胞间转移速度很慢，而在维管束中则可随植物的营养流动方向迅速转移，使植物全株发病。

1. 定义及特性

病毒是专性寄生物，在自然界生存繁殖必须在寄主间转移。植物病毒从一个植株转移或扩散到其他植物的过程称为传播（transmission）。而从植物的一个局部到另一局部的过程称为移动（movement）。因此，传播是病毒在植物群体中的转移，而移动是病毒在植物个体中的位移。根据自然传播方式的不同，可以分为介体传播和非介体传播两类。

介体传播（vector transmission）是指病毒依附在其他生物体上，借其他生物体的活动而进行的传播，包括动物介体和植物介体两类；在病毒传播中无其他机体介入的传播方式称非介体传播，包括汁液接触传播、嫁接传播、种子和花粉传播等。

不同科、属的病毒在传播方式上存在明显的差异（表5-1）。

表 5-1 植物病毒属的自然传播方式

传播方式	病 毒 属 名
蚜虫	香石竹潜隐病毒属、黄化病毒属、大麦病毒属、苜蓿花叶病毒属、花椰菜病毒属、黄瓜花叶病毒属、蚕豆病毒属、伴生病毒属、马铃薯Y病毒属、耳突病毒属、植物弹状病毒属
叶蝉	联体病毒科、玉米细线病毒属、玉米褪绿斑驳病毒属、植物呼肠弧病毒A亚组、细胞质弹状病毒属、细胞核弹状病毒属
飞虱	植物呼肠弧病毒属、纤细病毒属
叶甲	雀麦花叶病毒属、豇豆花叶病毒属、南方菜豆花叶病毒属、芜菁黄花叶病毒属
粉虱	联体病毒科
蓟马	番茄斑萎病毒属
螨类	黑麦草花叶病毒属
线虫	蠕传病毒属、烟草脆裂病毒属
真菌	烟草坏死病毒属、大麦黄花叶病毒属、甜菜坏死病毒属
种子	潜隐病毒属、等轴易变环斑病毒属、大麦条纹花叶病毒属、烟草脆裂病毒属、苜蓿花叶病毒属、蠕传病毒属
花粉	潜隐病毒属、等轴易变环斑病毒属、大麦条纹花叶病毒属、烟草脆裂病毒属、豇豆花叶病毒属
机械	香石竹潜隐病毒属、苜蓿花叶病毒属、花椰菜花叶病毒属、黄瓜花叶病毒属、蚕豆病毒属、番茄丛矮病毒属、烟草花叶病毒属、马铃薯X病毒属、耳突病毒属、香石竹斑驳病毒属、甜菜坏死病毒属、烟草坏死病毒属、雀麦花叶病毒属、豇豆花叶病毒属、南方菜豆花叶病毒属、芜菁黄花叶病毒属

2. 介体传播

植物病毒的介体种类很多，主要有昆虫、螨类、线虫、真菌、菟丝子等。在传毒介体中，以昆虫最为重要。已知的昆虫介体400多种，其中约200种属于蚜虫类，130多种属于叶蝉类。在昆虫介体中，70%为同翅目的蚜虫、叶蝉和飞虱。大部分昆虫传毒来源于蚜虫传毒。

（1）昆虫介体

① 蚜虫　蚜虫是植物病毒的主要传播者。在蚜虫介体中，大约有200种蚜虫可传播160多种植物病毒。有的蚜虫只传播2~3种病毒，有的可以传播40~50种病毒（如蚕豆蚜和马铃薯蚜），桃蚜甚至可以传播100种以上的病毒。在这160多种植物病毒中，有的只由一种

蚜虫传播，有的可由多种蚜虫传播，黄瓜花叶病毒甚至可以由75种蚜虫传播。

蚜虫传播植物病毒主要是非持久性关系，获毒时所需的饲毒时间很短，蚜虫获毒后即能传毒，不需要经过潜育期，但不能持久（一般为4h以内）。这类病毒一般均能以汁液传播，并引起花叶型症状（如黄瓜花叶病毒等），包括马铃薯Y病毒属、花椰菜花叶病毒属、黄瓜花叶病毒属、苜蓿花叶病毒属等病毒。这些病毒也都很容易用汁液摩擦方法进行传播。非持久性病毒基本上是存在于薄壁细胞中，特别是表皮细胞和栅状组织细胞内，很少含在韧皮组织内。

半持久性传播的病毒种类不多，传毒时需要较长的饲毒时间方能获毒，随着饲毒时间的延长可提高其传毒能力。获毒的蚜虫不需要经过潜育期，但能保持较长时间（10～60h）的传毒能力。它们多数存在于韧皮部内，所以需要较长的获毒时间，如大麦黄矮病毒等。

② 叶蝉和飞虱　在叶蝉亚目大约2000个属15000种叶蝉中，只有21个属中的49种是病毒的传播介体。飞虱虽然有20个科，但仅飞虱亚目中的一部分能传播植物病害。介体的寄主主要是禾本科植物，传播的重要作物病害有水稻矮缩病、小麦丛矮病和玉米粗缩病等。

（2）土壤中的介体　主要是土壤中的线虫或真菌传播病毒。已知5个属38个种的线虫传播80种植物病毒或其不同的株系，其中多数属于蠕传病毒属和烟草脆裂病毒属的病毒，少数为其他球状病毒。由于线虫在土壤中移动很慢，传播距离有限，每年仅仅30～50cm。因此这些病毒的远距离传播主要依靠苗木，大多数还可以通过感病野生杂草的带毒种子传播。

3. 非介体传播

（1）机械传播　机械传播（Mechanical transmission）也称为汁液摩擦传播。田间的接触或室内的摩擦接种均可称为机械传播。田间主要为植株间接触、农事操作、农机具及修剪工具污染、人和动物活动等造成。机械传播对某些病毒很重要，如烟草花叶病毒属（Tobamovirus）和马铃薯X病毒属（Potexvirus）只有此种传播方式；引起花叶型症状的病毒或由蚜虫、线虫传播的病毒较易机械传播，而引起黄化型症状的病毒和存在于韧皮部的病毒难以或不能机械传播。

（2）无性繁殖材料和嫁接传播　由于病毒系统侵染的特点，在植物体内除生长点外各部位均可带毒。在以球茎、块根、接穗芽为繁殖材料的作物中危害严重，如马铃薯、大蒜、郁金香、苹果树等，这些无性繁殖材料都可以带毒。嫁接可以传播任何种类的病毒、植物菌原体和类病毒病害。

（3）种子和花粉传播　包括种子和花粉等。目前了解到由种子传播的病毒有104种，花粉传播的病毒有10多种。种子带毒的危害主要表现在早期侵染和远距离传播。早期侵染提供初侵染来源，在田间形成发病中心，尤其是和蚜虫非持久性传毒方式结合极有可能造成严重危害，如莴苣花叶病毒（LMV）种子带毒率可能不足0.1%，加上蚜虫传播即可造成绝收。带毒种子随种子调运则会远距离运输传播，病毒可在种子中长期存活。如烟草环斑病毒（TRSV）、菜豆普通花叶病毒（BCMV）均可在豆科种子中存活5年以上。种子还可能成为病毒越冬的场所，如CMV可在多种杂草种子中越冬。

由花粉直接传播的病毒数量并不多，现在知道的有十几种，但多数是木本寄主，如危害樱桃的桃环斑病毒、樱桃卷叶病毒；危害悬钩子的悬钩子环斑病毒、黑悬钩子潜隐病毒、悬钩子丛矮病毒以及酸樱桃黄化病毒等。

4. 病毒在植物体内的移动

植物病毒的移动都是被动的。病毒在植物叶肉细胞间的移动称作细胞间转移，其转移的速度很慢。病毒通过维管束输导组织系统的转移称作长距离转移，转移速度较快。

（1）病毒在细胞间的移动　胞间连丝是病毒的通道，病毒粒体或者核酸的分子量超过胞间连丝允许通过物质的极限。植物病毒靠产生运动蛋白去修饰胞间连丝，使其孔径扩大几倍甚至几十倍，以便病毒通过。病毒在细胞间运输的速度因病毒-寄主组合而异，也受到环境温度的影响。

（2）病毒的长距离移动　大部分植物病毒的长距离移动是通过植物的韧皮部，而甲虫传播的病毒可以在木质部移动。在植物输导组织中，病毒移动的主流方向是与营养主流方向一致的，也可以随营养进行上、下双向转移。

二、植物脱毒的意义及应用前景

多数病毒可随着世代的交替而除去，这些病毒只能危害一代，所以通过有性繁殖，就有可能得到无病毒植株。但对于无性繁殖植物经过有性世代，后代发生种性变异，所以无性繁殖的植物通过营养体进行传递病毒，其在母体内逐渐积累，危害日趋严重。而且通过种子传播病毒的植物，有性繁殖也不能脱除病毒。并随着栽培时间的推移，危害越来越重，病毒种类也越来越多。因此，植物脱毒技术是一种积极而有效脱除植株体内病毒的途径。可使植物去除病毒，恢复原来优良种性，生长势增强，改善品质，产量明显提高，最高可达300%。

植物脱毒技术不仅脱除了病毒，还可以去除多种真菌、细菌及线虫病害，使种性得以恢复，植株生长健壮，减少农药施用量，不但降低生产成本，而且利于生态环境的改善。因而，植物组织培养脱毒技术在生产实践中广泛应用。

1960年G. Morel采用兰花茎尖培养，经原球茎茎尖培养成小植株。同时实现了快繁与脱毒两个目的。一年之内可以从一个兰花茎尖繁殖出400万株具有相同遗传性的健康植株。致使欧、美和东南亚许多国家兴起了兰花工业。近年来植物脱毒与快速繁殖技术的研究与应用有了很大的发展，无病毒优质种苗的生产已广泛应用于花卉、果树、蔬菜、林木和药用植物，世界上许多国家和地区都已有大规模成批量的工厂化生产。

三、植物脱毒的途径及机制

早在11世纪就出现了热处理脱毒法，解决了一些作物的病毒病害问题。20世纪50年代发展起来的植物组织培养技术为脱毒提供了另一条有效途径。现在植物的脱毒技术有多种。

（一）热处理脱毒法

热处理脱毒法已应用多年，被世界多个国家利用。该项技术设备条件比较简单，脱毒操作也比较容易。

热处理又称温热疗法，其原理是植物组织处于高于正常温度的环境中，组织内部的病毒受热以后部分或全部钝化，但寄主植物的组织很少或不会受到伤害。热处理有两种方法，一是温烫处理，适用于休眠器官、剪下的接穗或种植的材料，在50℃左右的温水中浸渍数分钟至数小时，方法简便易行但易致使材料受伤；二是热处理，将生长的盆栽植株移入温热治疗室（箱内），处理温度和时间因植物种类和器官的生理状况而异，一般为35～40℃，短则几十分钟，长则可达数月。如康乃馨于38℃下2个月，草莓在36℃环境中处理6周，其茎尖中病毒可被消除。马铃薯植物经热处理后再切取茎尖培养，可除去PVX、PVS。利用

0.5~0.7mm 茎尖培养,可有效地脱除洋葱中的 GLV 和 OYDV。

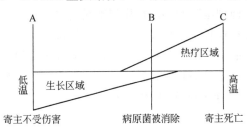

图 5-2 植物生长区域与热疗区域相对关系图解
(B—C 为热疗处理的临界区域)

热处理法中,最主要的影响因素是温度和时间。在热空气处理过程中,通常温度越高、时间越长、脱毒效果就越好,但是同时植物的生存率却呈下降趋势。所以温度选择应当考虑脱毒效果和植物耐性两个方面。每一种植物热处理均有其临界的温度范围,超出这一范围或温度虽在此范围之内,但处理时间过长,则寄主植物的组织受伤(图 5-2)。

菊花热处理从 10d 到 30d,无病毒苗从 9% 增加到 90%,热处理 40d 以上无病毒苗率并不增加,反而使再生植株总数降低。因此,在实际热处理过程中确定温度应兼顾植物组织和脱除病毒两方面。

热处理脱毒主要缺点是脱毒时间长、脱毒不完全。热处理只对球状病毒和线状病毒有效,而且球状病毒也不能完全除去,而对杆状病毒不起作用。如 TMV 这类杆状病毒就不能用这种方法脱除,因而该方法有一定的局限性。

(二) 茎尖培养脱毒

茎尖脱毒的机制是病毒在寄主体内分布不均匀,病毒的数量随植株部位与年龄而异,越靠近茎顶端区域病毒的浓度越小。怀特(1943)和利马塞特·科钮特(1949)发现,植物根尖和茎尖部病毒含量极低或不能发现病毒。究其原因可能有三个方面:第一,植物体内病毒靠维管束系统移动,分生组织区域内无维管束系统,病毒通过胞间连丝移动很慢,赶不上生长活跃的分生组织细胞不断分裂和生长速度,所以顶端分生组织区域一般无病毒或只携带浓度很低的病毒;第二,活跃生长的茎尖分生组织代谢水平很高,抑制病毒增殖;第三,茎尖分生组织的生长素含量很高,致使病毒无法复制。

茎尖培养中最主要的影响因素是茎尖大小,切取的茎尖越小脱毒效果越佳。一般要求茎尖高度小于 1mm。但茎尖太小,培养成活率低,过大则不能保证完全除去病毒。不同种类植物和要去除的病毒种类不同在茎尖培养时切取的茎尖大小亦不同。

茎尖培养除可去除病毒外,还可除去其他病原体,如细菌、真菌、类菌质体。人们采用茎尖培养技术相继获得了多种植物的无病毒植株。现在茎尖培养脱毒法已经成为植物无毒苗生产中应用最广泛的一种方法。

(三) 茎尖培养与热处理方法相结合

茎尖培养脱毒法脱毒率高,脱毒速度快,能在较短的时间内得到较多的原种繁殖材料,但这种方法存在的缺点是植物的存活率低。为了克服这一缺点,现在经常是将热处理与茎尖培养相结合来使用。这种方法已在许多植物上得到应用。

热处理与茎尖培养相结合提高脱毒效果的机制是热处理可使植物生长本身所具有的顶端免疫区得以扩大,有利于切取较大的茎尖(在 1mm 左右),从而能够提高培养或嫁接的成活率。

茎尖培养与热处理方法相结合脱除病毒的热处理一般是在 35~40℃ 条件下处理几十分钟甚至数月,也可以采用短时间高温处理。如分蘖洋葱鳞茎,脱毒率达 100%;采用 70℃ 的 10min 高温处理大葱假茎,然后切取 0.5mm 茎尖进行培养,脱毒率达 100%。

(四)抗病毒药剂法

抗病毒药剂法是一种新的脱毒方法,作用原理是抗病毒药剂在三磷酸状态下会阻止病毒 RNA 帽子结构形成。在早期破坏 RNA 聚合酶的形成;在后期破坏病毒外壳蛋白的形成。

常用的抗病毒化学药物有利巴韦林(病毒唑),5-二氢尿嘧啶(DHT)和双乙酰-二氢-5-氮尿嘧啶(DA-DHT)。这些药物常常通过直接注射到带病毒的植株上,或者加到植株生长的培养基上使用。在培养基中加入病毒唑,脱除了两种苹果潜隐病毒。

采用病毒抑制剂与茎尖培养相结合的脱毒方法,可以较容易地脱除多种病毒,而且这种方法对取材要求不严,接种茎尖可大于 1mm,易于分化出苗,提高成活率和脱毒率。

以上方法都是生产上常用的方法,但是有些病毒比较难去除,单独使用其中某一个方法很难获得成功,所以有人将热处理、抗病毒药剂和茎尖培养相结合使用,效果更好。

(五)茎尖微体嫁接

一些木本植物采用茎尖培养往往难以生根,可利用茎尖微体嫁接法脱毒。茎尖微体嫁接是 1975 年 Navarro 等首创,试管微体嫁接是组织培养与嫁接方法相结合,获得无病毒苗木的新技术。现已成为西班牙、美国柑橘无病毒生产的常规程序。此项技术还广泛用于梨、苹果、龙眼等植物上。

在无菌条件下培养砧木实生苗,嫁接上茎尖分生组织,继续进行试管培养,愈合成为完整植株,获得无病毒个体。具体方法:先将砧木种子进行表面消毒,接种在 MS 培养基上发芽,以苗龄约 2 周的幼嫩实生苗作砧木。把实生苗从试管中取出,在无菌条件下切去顶部,留下 1~1.5cm 的上胚轴部分,将子叶和腋芽抹去,把根切短为 4~6cm 长。从旺盛生长的成年树上选取茎尖,在显微镜下切取仅带 1 个叶芽的茎尖,约 0.5~1cm 大小作为接穗。采用倒"T"字形嫁接法,在砧木上胚轴上开口,沿茎下伸约 1mm,水平切口宽约 1mm,深达形成层。茎尖放在砧木的切口里,以其基部切面接触砧木的倒"T"字形的水平切口。嫁接苗用液体滤纸桥培养基培养。嫁接成活率在 30%~50%。嫁接成功的植株达到 4~6 片真叶移植到土壤。

除了以上这些脱毒方法以外,花药培养法、愈伤组织培养法、胚珠培养法也可用于植物脱毒。

四、植物脱毒技术流程

利用组织培养技术对植物进行脱毒,基本技术环节如图 5-3 所示。

(一)品种选择及母株培育

1. 正确选择品种

不同品种的产量、品质特性、病毒的感染程度及对病毒侵染的反应不同,关系到去除病毒的增产效果和脱毒种苗的应用年限。因此,要选择品质好、产量高、抗病毒病或耐病毒病

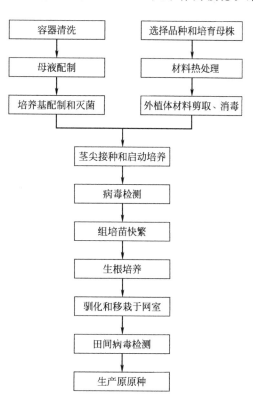

图 5-3 植物茎尖组织培养脱毒技术流程

性好的品种。

2. 保证品种纯度

高纯度外植体母株是生产高纯度、优质种苗的基础。特别是无性繁殖作物，用种量大、易造成品种混杂。因此选择高纯度的母株可避免无效劳动，提高工作效率。

3. 母株培育

母株可直接取于大田，但最好是取于室内培育的，既不受季节影响，又易消毒。应选择生长健壮、病毒轻、无其他病虫害的母株。

（二）选择适宜的培养基

基本培养基有许多种，其中 MS 培养基适合于多数双子叶植物、B_5 培养基和 N_6 培养基适合于多数单子叶植物、White 培养基适于根的培养。先试用这些培养基，再根据实际情况对其中的某些成分做小范围调整。一般培养用 MS 培养基均能成功。

激素浓度和相对比例的确定方法：用不同种类的激素进行浓度和比例的配合试验。在比较好组合基础上进行小范围的调整，设计出新的配方，经过反复摸索，选出一种适合培养基。

（三）外植体材料的消毒

选择适宜的外植体材料消毒，如鳞茎首先去皮，然后切掉上部的 2/3，后用体积分数 10％次氯酸钠溶液浸泡 10min，无菌水冲洗 3～4 次。再用无菌滤纸吸干水分备用。

（四）剥离茎尖和接种

在剥离茎尖时，把灭菌后的外植体放在超净工作台上带有滤纸的培养皿内，40 倍显微镜下一手用尖镊子将其按住，另一手用解剖针将叶片和叶原基剥掉，暴露出圆亮的顶端分生组织（图 5-4），用解剖刀将分生组织切下来，为了提高成活率，上面可以带有 1～2 个叶原基的分生组织，接种到培养瓶内的培养基上培养。

解剖时必须防止因超净台的气流和解剖镜上碘钨灯散发的热而使茎尖变干，因此茎尖暴露的时间应越短越好。使用冷源灯（荧光灯）或玻璃纤维灯更好。在衬有无菌湿滤纸的培养皿内进行解剖，也有助于防止茎尖变干。

解剖针要常常蘸 75％酒精，并用火焰灼烧进行消毒，冷却之后再使用。接种茎尖时一定

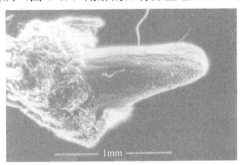

图 5-4　植物的顶端分生组织

不要接触到其他地方，确保无菌。

培养茎尖越小，产生幼苗的无毒率越高，而成活率越低。不同病毒种类去除的难易程度不同。因此需针对不同的病毒种类，培养适宜大小的茎尖。一般剥离带 1～2 个叶原基的茎尖即可获得较好的脱毒效果。对于难脱除的病毒则应配合采用其他措施。

（五）茎尖培养

将已接种外植体的试管置于（23±2）℃，光照强度 2000lx，每天光照时间 12～14h 的培养室中培养 2～6 周成苗。

茎尖培养过程中往往出现茎尖死亡、试管苗生长缓慢、试管苗长势弱等现象，其产生原因和防止措施见表 5-2。

表 5-2　茎尖培养过程中主要存在的问题、原因及措施

类型	原　因	措　施
茎尖死亡	剥离茎尖时间过长,茎尖已干枯死亡,茎尖太小,培养基、培养条件不合适等	操作速度加快,剥取稍大的茎尖,降低培养基离子浓度、增加氨基酸、维生素的种类和用量,改变植物生长调节剂的浓度及种类,减少光照强度和光照时间,降低培养温度等
弱苗	培养基、培养条件不合适等	调整培养基,特别是降低细胞分裂素的浓度或更换细胞分裂素的种类,调整生长素的种类或增大其浓度,适当增加光照强度和光照时间,降低培养温度等
试管苗生长缓慢	培养基、培养条件不合适等	调整培养基,特别是降低细胞分裂素的浓度或更换细胞分裂素的种类,调整生长素的种类或增大其浓度,适当增加光照强度和光照时间,降低培养温度等
试管苗不生根	培养基离子浓度过高,细胞分裂素浓度高而生长素浓度低等	降低培养基离子浓度、提高生长素和细胞分裂素的比例、提高光照强度、延长光照时间、增大琼脂用量等

（六）脱毒苗生根

待苗长至 1～2cm 高，转入生根培养基，生长 10～30d 生根。

（七）脱毒苗驯化与移栽

脱毒苗的驯化与移栽方法前文已述。关键是切断病毒再次传播的途径，如防止蚜虫传播病毒就要在脱毒苗的驯化室外扣上防蚜网。

五、植物脱毒苗的鉴定

经过脱毒处理的植株是否存在病毒，必须经过病毒学检测才能确定。可靠的病毒检测方法与建立有效的脱毒方法同等重要。由于植物病毒个体微小、结构简单、对寄主的依赖性强，鉴定工作难度大、技术性强、对工作条件的要求高。鉴定植物病毒过去大多采用病毒间生物学特性的差异，如所致症状类型、传播方式、寄主范围等。近年来随着生物科学的迅猛发展，免疫学方法、分子生物学方法等许多先进理化技术的应用促进了病毒检测技术的改进与发展。现在则增加了病毒核酸、蛋白分子生物学、生物化学等方面的方法。常用的方法有生物学实验、电子显微镜观察和血清学检测等。

（一）生物学实验

生物学实验的目的是确定病原的侵染性，用实验方法证明病毒与病害的直接相关性。生物学实验还可以确定病毒的传播方式，明确病毒所致病害的症状类型和寄主范围。在分子生物学技术尚欠发展时期，只有生物学方法可以区分在遗传信息上一个核苷酸或者蛋白质中一个氨基酸的变异，因此生物学实验是其他实验方法所不可取代的。

生物学实验中应用最多的是鉴别寄主，即用来鉴别病毒或其株系的具有待定反应的植物。凡是病毒侵染后能产生快而稳定并具有特征性症状的植物都可作为鉴别寄主。组合使用的几种或一套鉴别寄主称为鉴别寄主谱。一般包括 3～5 种不同反应类型的寄主植物。鉴别寄主谱中一般包括可系统侵染的寄主、局部侵染的寄主和不受侵染的寄主。根据植物病毒对鉴别寄主或指示植物的特异反应来确定病毒。TMV 和 CMV 在鉴别寄主上的反应见表 5-3。

采用鉴别寄主谱的方法简单易行，优点是反应灵敏，只需要很少的毒源材料，但工作量

表 5-3　TMV 和 CMV 在三种鉴别寄主上的反应

病毒	普通烟	心叶烟	黄瓜
TMV	系统花叶	局部枯斑	不感染
CMV	系统花叶	系统花叶	系统花叶

比较大，需要较大的温室种植植物，且比较费时间。有时因气候或栽培的原因，个别症状反应难以重复。

（二）电子显微技术

1. 电子显微镜的工作原理

电子显微镜（简称电镜）以电磁波为光源，利用短波电子流，因此分辨率达到 9.9×10^{-11} m，比光学镜要高 1000 倍以上。但是电子束的穿透力低，样品厚度必须在 $10\sim 100$ nm。所以电镜观察需要特殊的载网和支持膜，需要复杂的制样和切片过程。

2. 几种电镜制样技术

（1）负染色技术　指通过重金属盐在样品四周的堆积而加强样品外围的电子密度，使样品显示负的反差，衬托出样品的形态和大小（图 5-5）。负染色技术不仅快速简易，而且分辨率高，目前广泛用于生物大分子、细菌、原生动物、亚细胞碎片、分离的细胞器、蛋白晶体的观察及免疫学和细胞化学的研究工作中，尤其是病毒的快速鉴定及其结构研究所必不可少的一项技术。

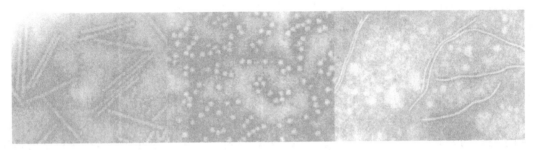

图 5-5　负染色制样的电镜照片

（2）超薄切片（正染色）技术　将样品经固定、脱水、包埋、聚合、超薄切片和用染色剂染色，电镜观察（图 5-6）。

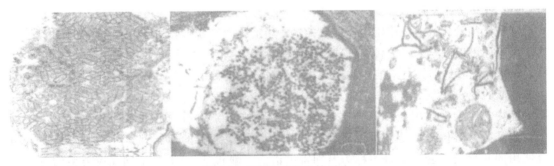

图 5-6　超薄切片的电镜照片

（3）免疫电镜技术　是免疫学和电镜技术的结合。该技术将免疫学中抗原抗体反应的特异性与电镜的高分辨能力和放大本领结合在一起，可以区别出形态相似的不同病毒（图 5-7）。在超微结构和分子水平上研究病毒等病原物的形态、结构和性质。配合免疫金标记还

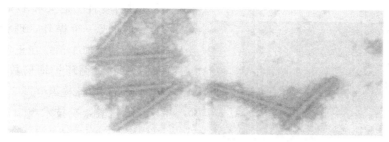

图5-7 TMV免疫电镜照片

可进行细胞内抗原的定位研究，从而将细胞亚显微结构与其功能、代谢、形态等各方面研究紧密结合起来。

（三）血清学检测技术

1. 血清学技术鉴定病毒的原理

（1）抗血清制备　利用植物病毒衣壳蛋白的抗原（antigen）特性，可以制备病毒特异性的抗血清（antiserum）。先用纯化的植物病毒注射小动物（兔子、小白鼠、鸡等），一定时间后取血，获得抗血清。血清制备的关键是病毒的纯化，纯度高的病毒才能获得特异性强的抗血清。

（2）血清反应　植物病毒与其血清的反应有好多种，但依据的原理都是抗原与抗体的特异性结合。最常用的两种方法是琼脂双扩散和酶联免疫吸附测定法。

2. 植物病毒血清学鉴定的常见方法

植物病毒血清学鉴定的常见方法有琼脂双扩散、ELISA、免疫电泳和免疫电镜等。

酶联免疫吸附（Enzyme Linked Immuno Sorbent Assay，ELISA）法：利用了酶的放大作用，使免疫检测的灵敏度大大提高。与其他检测方法相比较，ELISA有突出的优点：一是灵敏度高，检测浓度可达1～10ng/mL；二是快速，结果可在几个小时内得到；三是专化性强、重复性好；四是检测对象广，可用于粗汁液或提纯液，对完整的和降解的病毒粒体都可检测，一般不受抗原形态的影响；五是适用于处理大批样品，所用基本仪器简单，试剂价格较低，且可较长期保存。具有自动化及试剂盒的发展潜力。

ELISA是目前实现"快速、准确、经济"检测的最好手段之一。

（四）PCR技术及核酸杂交技术

血清学检测技术利用的是病毒衣壳蛋白的抗原性，检测的目标是蛋白。由于核酸才是有侵染性的，仅仅检测到蛋白并不能肯定病毒有无生物活性（如豆类、玉米种子中的病毒大多失去侵染活性，但保持血清学阳性反应）。因此，核酸检测技术也是鉴定植物病毒的可靠方法，主要有聚合酶链式反应（PCR）和核酸杂交方法比较常用。

1. PCR技术

PCR（Polymerase chain reaction）聚合酶链式反应，是在短时间内将极微量的靶DNA片段大量扩增的有效方法。3h左右特异性扩增上百万倍。植物病毒主要是RNA病毒，进行PCR检测时，需要将RNA反转录成互补DNA（cDNA），再进行PCR，即RT-PCR技术。

根据病毒核酸序列设计引物，从已知序列合成两段寡聚核苷酸作为反应的引物，它们与被检测样品核酸DNA两条链上的各一段序列互补且位于待扩增DNA区段的两侧。反应时，首先在过量的两种引物及4种dNTP参与下对模板DNA进行加热变性。随之将反应混合液冷却至某一温度使引物与其靶序列发生退火。此后退火引物在耐热的聚合酶作用下得以延伸。如此

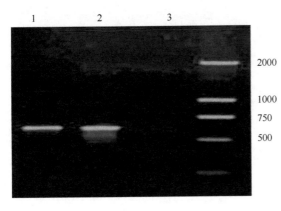

图 5-8 CarMV PCR 检测电泳照片

反复进行变性、退火和 DNA 合成这一循环。每完成一个循环，理论上就使目的 DNA 产物增加 1 倍，在正常反应条件下，经 25～30 个循环扩增倍数可达百万。然后用琼脂糖电泳检测（图 5-8）。

2. 核酸杂交技术

核酸杂交主要在 DNA 和 RNA 之间进行，依据是 RNA 与互补的 DNA 之间存在着碱基的互补关系。在一定的条件下，RNA 与 DNA 形成异质双链的过程称为杂交。其中，预先分离纯化或合成的已知核酸序列片段叫做杂交探针（probe）。由于大多数植物病毒的核酸是 RNA，其探针为互补 DNA（complementary DNA，cDNA），也称为 cDNA 探针。植物病毒分子探针具专一性强、灵敏度高、准确快速等优点。分子探针的长度一般在 500～1500 核苷酸碱基对（bp）。常用广谱分子探针，即包括多个不同专化性基因的核苷酸片段。

（五）物理化学等特性

在植物病毒研究的过程中，人们发现不同的病毒对外界条件的稳定性不同，这便成为区别不同病毒的依据之一。随着新病毒种类的发现和分子生物学研究的深入，人们也逐渐认识到这些物理特性在区分不同病毒中的局限性。

1. 稀释限点（dilution end point，DEP）

稀释限点是指保持病毒侵染力的最高稀释度，用 10^{-1}，10^{-2}，10^{-3}……表示。它反映了病毒的体外稳定性和侵染能力，也象征着病毒浓度的高低。

2. 钝化温度（thermal inactivation point，TIP）

钝化温度是指处理 10min 使病毒丧失活性的最低温度，用摄氏温度表示。TIP 最低的病毒是番茄斑萎病毒，只有 45℃；最高的是烟草花叶病毒，为 97℃；而大多数植物病毒在 55～70℃。

3. 体外存活期（longevity in vitro，LIV）

体外存活期是在室温（20～22℃）下，病毒抽提液保持侵染力的最长时间。大多数病毒的存活期在数天到数月。

4. 沉降系数及分子量

沉降系数（s）是指一种物质在 20℃水中在 1 达因（10^{-5}N）的引力场中沉降的速度，单位是每秒若干厘米，因这一单位太大，多采用其千分之一，即 svedberg 单位。植物病毒的 s_{20w} 常在 50s 到数千 s 之间。沉降系数的测定要用超速分析离心机，根据该病毒在一定离心力下沉降的速度来计算。有了沉降系数还可以来计算分子量。

5. 光谱吸收特性

由于蛋白质和核酸都能吸收紫外线，蛋白质的吸收高峰在 280nm 左右、核酸在 260nm 左右。因此 $E260/E280$ 的比值可以表示病毒核酸含量的多少，用于区分不同的病毒，比值小的多是线条病毒，比值大的可能是球状病毒；对同一种纯化的病毒，紫外吸收值可以表示病毒的浓度，对未纯化的病毒其 $E260/E280$ 比值偏离标准值的情况，说明病毒的纯度。文献中常有 $E_{1cm}^{0.1\%}$260nm 值，表示该病毒在 0.1%浓度、光径为 1cm 比色杯中，于

260nm处的吸收值。

6. 植物病毒的化学特性

植物病毒的化学特性主要是指核酸的类型、核酸的链数以及核酸的分子量、核酸在病毒粒体中的百分含量等。病毒核酸的这些特性用在病毒的分科、分属之中。

六、脱毒苗的快速繁殖及保存

（一）脱毒苗的快速繁殖

脱毒苗快繁技术途径可归纳为三条，一是用切段法繁殖成苗；二是由茎尖外植体直接分化丛生苗；三是由诱导产生愈伤组织后，再由愈伤组织诱导再生植株。兰科植物采用原球茎进行快繁，然后经试管苗驯化栽培，成为原原种。原原种再通过嫁接繁殖、扦插繁殖、压条繁殖、匍匐茎繁殖、微型块茎（根）繁殖等方法在有防护措施的露地扩繁后，应用于大田生产。

脱毒植株不具有额外的抗病性，在自然条件下很快再次被同一病毒或不同病毒感染。所以，在整个种子生产过程中要采取措施，切断病毒的传播途径。在大规模繁殖这些植株时，应把它们种在田间隔离区内，或采用春播早留种和夏播留种的方法。

（二）脱毒苗的保存

脱毒苗一般采用离体培养进行繁殖和保存。

离体保存是将单细胞、原生质体、愈伤组织、悬浮细胞、体细胞胚、试管苗等植物组织培养物，储存在使其抑制生长或无生长条件下，以达到保存植物种质的方法。离体保存具有省时、省地、省力、不受自然条件的影响，便于运输等优点。离体保存主要有低温保存和超低温保存两种方式。

1. 低温保存

低温保存是在低于正常培养温度下保存植物组织培养物的技术，是植物生长发育的有关理论与组织培养技术相结合的产物。低温保存的基本特征是保存材料的定期继代培养，不断繁殖更新，能够最大限度地保持材料的遗传稳定性。低温保存的基本措施是控制保存材料所处的温度和光照。在一定温度范围内，材料的寿命随保存温度的降低而延长，但要注意各种植物对低温忍受程度的差异。

甘薯、马铃薯、魔芋等多种植物在低温保存中都取得了良好的效果。将茎尖或小植株接种到培养基上，培养一段时间，置低温（1～9℃）、低光照下保存。在培养基中可添加脱落酸、矮壮素和甘露醇等生长延缓剂和渗透剂，提高保存效果。材料生长极缓慢，只需半年或一年更换一次培养基，因此又叫最小生长法。保存材料每6个月继代培养一次。继代培养时，从形态、经济性状、生理生化等方面对材料进行遗传稳定性鉴定。保存的材料要定期检查，及时清除污染材料，保持清洁，并注意积累资料。

2. 超低温保存

超低温保存也叫冷冻保存，一般以液态氮（−196℃）为冷源，使材料保存温度维持在−196℃，植物新陈代谢活动基本停止。

（1）冷冻的方法　由于材料生理状态的不同和植物种的差异，冷冻会导致不同的效果，关键是保护细胞不受冻害。目前有4种冷冻方法：快速冷冻法、慢速冷冻法、分步冷冻法、干燥冷冻法。

① 快速冷冻法　是将植物材料从0℃或其他预处理温度直接投入液氮。其降温速度在每

分钟1000℃以上。在降温冷冻过程中，植物体内的水在-140～-10℃是冰晶形成和增长的危险温度区；-140℃以下，冰晶不再增生。

② 慢速冷冻法　是以每分钟0.1～10℃的降温速度（一般为1～2℃/min）使材料从0℃降至-10℃左右，随即浸入液氮，或者以此降温速度连续降至-196℃。

③ 分步冷冻法　是指植物的组织和细胞在放入液氮前，经过一个短时间的低温锻炼，可分为两步冷冻法和逐级冷冻法两种。

两步冷冻法是慢速冷冻和快速冷冻法的结合。它的第一步是采用0.5～4℃/min的慢速降温法，使温度从0℃降至-40℃；第二步是投入液氮迅速冷冻。逐级冷冻法是在程序降温仪或连续降温冷冻设备条件下所采用的一种种质保存方法。其方法是先制备不同等级温度的溶液，如-10℃、-15℃、-23℃、-35℃或-40℃等，植物材料经冷冻保护剂在0℃处理后，逐级通过这些温度，材料在每级温度中停留一定时间（4～6min），然后浸入液氮。这种方法使细胞在解冻后呈现较高的活力。

④ 干燥冷冻法　是将植物材料置于27～29℃烘箱内，使其含水量由72%～77%下降到27%～40%后，再浸入液氮。

(2) 冷冻保存的程序

① 材料选择　冷冻前植物材料的性质影响冷冻效果，材料的性质包括物种、基因型、抗寒性、年龄、形态结构和生理状态等。

② 冷冻前的预培养　对冷冻前的材料进行预处理，是为了提高细胞分裂与分化的同步性，减小细胞内自由水含量，增强细胞的抗冻力。

预处理的方法有悬浮培养或继代培养、预培养、低温锻炼、冷冻防护剂。在悬浮培养中，可采用饥饿法使细胞分裂处于同步。通过调控细胞分裂的同步化，增加指数生长期的细胞，能有效地提高在液氮保存后的存活率。冷冻前对材料进行短暂的培养，可以提高冷冻处理后材料的存活率。植物茎尖冷冻之前，将植株放在4℃低温下处理3d，可使存活率从30%提高到60%。在冷冻前或冷冻期间细胞脱水，会使原生质体浓度增加，导致细胞发生"溶液效应"的毒害，冷冻防护剂可防止毒害。

课后作业

1. 植物病毒的形状有哪些？植物病毒由哪些组分组成？
2. 植物病毒有哪些危害？
3. 植物病毒分类的主要依据是什么？其属、种命名方法与其他病原物有何不同？
4. 植物病毒有哪些传播方式？在介体传播中，病毒与介体有何依赖关系？
5. 植物脱除病毒有哪些方法？其主要原理是什么？
6. 简述植物脱毒的过程。
7. 如何进行无毒苗的鉴定？
8. 简述无毒苗的快繁技术。
9. 无毒苗如何长期保存？

工作任务

任务1　植物茎尖脱毒

一、工作目标

了解植物病毒的危害、植物病毒的传播途径、植物脱毒的途径及机制，熟练掌握植物茎尖脱毒过程。

二、材料用具

外植体材料（大蒜、马铃薯）、解剖镜、解剖刀、解剖针、无菌室、次氯酸钠、升汞、MS培养基的母液、激素、酸度计（精密pH试纸）、琼脂、培养瓶、烧杯、容量瓶、量筒等。

三、工作过程

1. 被脱毒植物携带病毒的诊断及危害

了解植物携带病毒的种类以及在生产中的危害。

2. 品种的选择和母株培育

品种选择：选择品质好，产量高，抗耐病毒病性好、纯度高的品种。

母株培育：母株可直接取于大田，但最好是取于室内培育的植株，既不受季节影响，又易消毒。

马铃薯最好是在生长季节选择具有原品种典型特征的单株系选材料，并鉴定其已感染哪几种病毒。收获后，选择典型薯块在温室或培养箱内进行催芽处理。

3. MS培养基配制

根据资料设计培养基配方。

4. 外植体的预处理及消毒

选择适宜的外植体材料消毒，如鳞茎首先去皮，然后切掉上部的2/3，马铃薯进行块茎催芽，芽长4～5cm时，剪芽并剥去外叶。然后用体积分数10%次氯酸钠溶液浸泡10min，无菌水冲洗3～4次。再用无菌滤纸吸干水分备用。

5. 剥取茎尖和接种

在取茎尖时，把灭菌后的外植体放在超净工作台上带有滤纸的培养皿内，40倍显微镜下一手用一把尖镊子将其按住，另一手用解剖针将叶片和叶原基剥掉，暴露出圆亮的顶端分生组织，用解剖刀将分生组织切下来，上面可以带有1～2个叶原基的分生组织，接种到培养瓶内的培养基上培养。

解剖时必须防止因超净台的气流和解剖镜上碘钨灯散发的热而使茎尖变干，因此茎尖暴露的时间应越短越好。使用冷源灯（荧光灯）或玻璃纤维灯更好。在衬有无菌湿滤纸的培养皿内进行解剖，也有助于防止茎尖变干。

解剖针要常常蘸75%酒精，并用火焰灼烧进行消毒，冷却之后再使用。接种茎尖时一定不要接触到其他地方，确保无菌。

培养茎尖越小，产生幼苗的无毒率越高，而成活率越低。不同病毒种类去除的难易程度不同。因此需针对不同的病毒种类，培养适宜大小的茎尖。一般剥离带1～2个叶原基的茎尖即可获得较好的脱毒效果。对于难脱除的病毒则应配合采用其他措施。

6. 茎尖培养

将已接种外植体的培养瓶置于（23±2）℃，光照强度2000lx，每天光照时间12～14h的培养室中培养1～3月成苗。

7. 脱毒效果检测

常用指示植物法、电镜检测法或血清学方法进行检测，及时淘汰血清学阳性反应或在指示植物上有症状、电镜检测有病毒粒子的茎尖苗，无任何反应及无病毒粒子的苗即为脱毒苗。确认是不带病毒的苗，才能进一步快繁，对继续带病毒的株系应淘汰或进行再次脱毒。

指示植物鉴定：马铃薯病毒的敏感植物有千日红、黄花烟、心叶烟、毛叶曼陀罗。采用摩擦接种法，取培养植株的叶片置于研钵中，加入少量的水和等量的 0.1mol/L 磷酸缓冲液（pH 7.0），磨成匀浆，将其涂抹在指示植株叶片上，在指示植物的叶片撒上金刚砂，通过轻轻摩擦使汁浸入叶片表皮细胞而又不损伤叶片。5min 后用清水清洗叶面。将指示植株放于有防蚜虫网罩的温室内。然后视其病斑的有无，来判断培养植株是否脱除了病毒。如果千日红叶片枯斑，黄花烟、心叶烟呈花叶，证明该植物体内具有马铃薯 X 病毒。

四、注意事项

(1) 茎尖剥离速度要快。
(2) 除解剖刀外其他任何器械都不要碰到茎尖，以减少污染。
(3) 切取茎尖大小适宜，0.3～0.5cm。
(4) 外植体灭菌时间适宜。
(5) 无菌操作技术规范。

五、考核内容与评分标准

1. 相关知识

(1) 分析茎尖培养过程中主要存在的问题、原因及措施（10 分）。
(2) 简述植物茎尖脱毒过程中的注意事项（10 分）。

2. 操作技能

(1) 熟练掌握培养基的配制技术（10 分）。
(2) 熟练掌握外植体灭菌技术（20 分）。
(3) 熟练掌握茎尖脱毒技术（50 分）。

任务 2　植物花药脱毒

一、工作目标

了解植物病毒的危害、植物病毒的传播途径、植物脱毒的途径及机制，熟练掌握植物花药脱毒的基本知识及组培技术，完成植物花药脱毒过程。

二、材料用具

草莓花蕾、培养基母液、乙酸洋红、激素母液、琼脂、蔗糖、70％酒精、蒸馏水、12％次氯酸钠、纱布、培养皿、接种环、电子天平、显微镜、解剖刀、高压灭菌锅、电磁炉、超净工作台、烧杯、量筒、移液管、镊子、剪刀、pH 试纸、培养瓶、记号笔等。

三、工作过程

（一）花药脱毒原理

1974 年日本大泽胜次首先发现，草莓花药培养可产生无病毒植株。国内外研究证实草莓花药培养脱毒率高于茎尖脱毒率，一般可达 80％以上，有些报道指出可达 100％。因此，大泽胜次认为草莓花药培养脱毒，可以免去脱毒检测程序。草莓花药培养产生二倍体（$2n=56$），植株频率很高，且操作较茎尖培养脱毒简便。这些特点使草莓花药培养脱毒成为当前国内外草莓无病毒苗培育的主要方法之一。

（二）植物花药脱毒流程

1. 被脱毒植物携带病毒的诊断及危害

了解植物携带病毒的种类，以及在生产中的危害。

2. 品种的选择

选择品质好，产量高，抗、耐病毒病性好，以及纯度高的品种。

3. 培养基配制

根据资料设计培养基配方，多为改良型MS培养基。

4. 材料的选取

选取发育正常、无病虫植株的健壮的花蕾，一般取一级侧枝上的花蕾较好，因其数量大，并且发育同步、状态良好，外观花蕾长度2~2.5mm，花粉处于单核期。实践表明，从减数分裂期至双核期的花药均有可能诱导离体孤雄发育。因此，大多数园艺植物的花药培养，成功率最高的时期为单核期或单核中晚期。

5. 材料的预处理

接种前将采集的花蕾或花序以理化方法处理能提高花粉植株诱导频率。处理方法有低温、离心（花药）、低剂量辐射、化学试剂（如乙烯利）处理等。据报道，水稻10℃处理48h，胚状体和愈伤组织诱导率（14.3%）较对照（7.8%）提高近1倍；曼陀罗3℃处理48h诱导率由对照的8.2%提高到32.6%。国内外研究者采用离心蕾（或花药）^{60}Co照射穗子、乙烯利喷母株等方法均可不同程度地提高出愈率。

低温处理（低温冷藏）是最常用的方法，即将禾谷类植物带叶鞘和穗子或其他植物的花蕾用湿纱布包裹放入塑料袋中，置冰箱冷藏。如烟草在7~9℃放置7~14d，小麦、大麦在7℃放置7~14d，水稻在10℃放置14~21d。

低温处理可阻止小孢子正常分化，使停留于单核状态的花粉显著增多，有利于诱导分化愈伤组织和胚状体。

6. 外植体消毒

由于花蕾未开放，花药是无菌或半无菌状态，因而消毒程序较简便。以70%酒精棉球擦拭材料外表，使之浸润30s（若采用田间材料表面有尘土，可先置流水下漂洗），再用0.1%升汞浸泡5~10min，或饱和漂白粉清液浸10~20min，最后用无菌水冲洗材料4~5次。灭过菌的花蕾可直接取出花药，也可在冰箱4~5℃下冷处理2~4d。有研究认为，经冷藏处理的花药更易产生胚状体。

7. 花药接种

在超净工作台上用镊子剥去部分花冠，露出花药，用长柄（枪状）镊子夹住花丝取出花药置培养基中（不要直接夹花药，以免损伤），或用接种环蘸取花药接种于培养基上。接种密度宜高，以促进"集体效应"的发挥，有利于提高诱导率。

8. 花药培养

大多数植物花药接种后，置于25~28℃，光暗交替条件下培养为宜，光强2000~10000lx，光照时间12~18h。离体培养的花药对温度最敏感，对一些温度要求较高的植物（如烟草、小麦、油菜、曼陀罗），在接种后先置30~32℃高温下培养2~5周，再置较低温下培养，其愈伤组织发生率和绿苗率显著提高。水稻花药培养温度则宜控制在30℃以下，以26~28℃为宜，过高温易导致白化苗发生频率增加。光照对愈伤组织的形成并非必要条件，研究证明禾谷类植物的花药培养，黑暗较光照条件下出愈率更高。但由愈伤组织分化成芽或胚状体及再生植株壮苗培养阶段，都必须要光照。

9. 植株的诱导

诱导愈伤组织分化芽或根，需将其转至分化培养基或生根培养基，可先诱导芽，待形成一定绿苗群体再诱导根，也可同时诱导根和芽。

10. 脱毒效果检测

常用指示植物法、电镜检测法或血清学方法进行检测，及时淘汰血清学阳性反应或在指示植物上有症状、电镜检测有病毒粒子的茎尖苗，无任何反应及无病毒粒子的苗即脱毒苗。确认是不带病毒的苗，才能进一步快繁，对继续带病毒的株系应淘汰或进行再次脱毒。

四、注意事项

（1）选取外植体材料时，关键在于选取处于合适发育期的花药。

（2）接种时不要直接夹花药，以免损伤。

（3）除解剖刀外，其他任何器械都不要碰到花药，以减少污染。

（4）外植体灭菌时间适宜。

（5）无菌操作技术规范。

五、考核内容与评分标准

1. 相关知识

（1）分析花药培养过程中主要存在的问题、原因及措施（10分）。

（2）简述植物花药脱毒过程中的注意事项（10分）。

2. 操作技能

（1）熟练掌握培养基的配制技术（10分）。

（2）熟练掌握外植体预处理和灭菌技术（20分）。

（3）熟练掌握花药脱毒技术（50分）。

课程思政资源

项目六　花卉快速繁殖技术

知识目标：通过花卉快速繁殖技术的学习，熟练掌握花卉植物快速繁殖技术。
技能目标：能够独立完成花卉植物的快速繁殖过程。
重点难点：植物快速繁殖培养基的优化。

任务1　蝴蝶兰的组培与快速繁殖

一、工作目标

通过此项工作掌握植物组织培养的基本知识，并掌握蝴蝶兰的组培技术。

二、材料用具

蝴蝶兰、MS固体培养基母液、激素母液、琼脂、蔗糖、75%乙醇（酒精）、无菌水、0.1%升汞、多菌灵、电子天平、高压灭菌锅、电磁炉、超净工作台、烧杯、量筒、移液管、镊子、剪刀等。

三、工作过程

1. 培养基的配制（参考项目二中任务3 MS固体培养基的配制与灭菌）

初代培养基：B_5＋GA_3 2.0mg/L＋NAA 0.1mg/L
继代培养基：B_5＋6-BA 1.0mg/L＋NAA 0.2mg/L
生根培养基：1/2MS＋IBA 1.2mg/L＋NAA 0.05mg/L

2. 培养过程

（1）外植体的选择　外植体的选择是蝴蝶兰组培快速繁殖的关键。腋芽节位以第3～4节花梗芽是较适宜的外植体，采样成活率较高。

（2）外植体的消毒灭菌　取蝴蝶兰花梗在自来水下用细软毛刷轻刷表面，剪成2～3cm长的茎段。在超净工作台上进行灭菌处理。先将材料放入75%的酒精浸泡30s，无菌水冲洗1次。再用0.1%的升汞浸泡消毒8min，灭菌后用无菌水冲洗5次，每次至少2min。

（3）初代培养　用解剖刀将茎段两端坏死部分切除后，接入初代培养基中。培养室温度控制在（25±2）℃。接种后遮光放置4～5d，而后每天光照12h，2周后切口处开始膨大，产生淡绿色瘤状愈伤组织，并不断增大。

（4）继代培养　4周后将愈伤组织切下转接到继代分化培养基上，转瓶后愈伤组织的体积和重量不断增加，4周左右愈伤组织表面出现较大绿色颗粒，并形成芽点，分化出丛生芽。

（5）壮苗生根培养　当丛生苗长到3～4cm、具有4～5片叶时，将其转移到生根培养基上培养，10d后切口基部开始出现白色的根状突起，25d后，每株生根4条以上，生根率为95%以上。

（6）驯化　试管苗移栽前需要有驯化的过程，移栽前5d左右，在室内将封口膜打开1/3左右，使幼苗与空气有一定接触。2d后，将试管苗转移到驯化温室内，使幼苗完全暴露在空气中，要适当遮阳，避免高温和强光直接照射，3d后即可移栽。

(7) 移栽　移栽时将幼苗取出，用流水小心洗去根部的培养基，后放在1000倍的多菌灵水溶液中浸泡1~2min，并去掉老叶，放入铺有湿报纸的盒子中，要注意保湿。栽培的基质为经过高温消毒后的苔藓，用镊子划痕后，夹住幼苗根部，插入至第1轮叶，用手小心压紧，用薄膜覆盖保湿，温度保持在25℃左右，相对湿度70%~80%，移栽成活率可达90%以上。当新叶长出、新根伸长时，每周用0.3%~0.5%磷酸二氢钾进行叶面施肥1次，成苗率达80%以上。

四、考核内容与评分标准

(1) 熟练掌握培养基配制技术（20分）。

(2) 熟练掌握无菌接种技术（20分）。

(3) 熟练掌握继代增殖培养技术（30分）。

(4) 熟练掌握生根培养技术（10分）。

(5) 熟练掌握驯化移栽技术（20分）。

任务2　菊花的组织培养

一、工作目标

通过此项工作掌握植物组织培养的基本知识，并掌握菊花的组培技术。

二、材料用具

菊花、MS固体培养基母液、激素母液、琼脂、蔗糖、75%酒精、无菌水、0.1%升汞、多菌灵或高锰酸钾、电子天平、高压灭菌锅、电磁炉、超净工作台、烧杯、量筒、移液管、镊子、剪刀等。

三、工作过程

1. 培养基的配制（参考项目二中任务3 MS固体培养基的配制与灭菌）

初代培养基：MS＋6-BA 1.0mg/L＋NAA 1.0mg/L

继代培养基：MS＋6-BA 1.0mg/L＋NAA 0.1mg/L

生根培养基：1/2MS＋NAA 0.1mg/L

2. 培养过程

(1) 外植体的选择　菊花组织培养外植体取材较广泛，可选择叶片、叶柄、茎段等作为外植体。

(2) 外植体的消毒灭菌　外植体消毒灭菌时，先用自来水冲洗0.5h，再用75%的酒精消毒30s后用无菌水冲洗1次，0.1%的升汞消毒7~8min，无菌水冲洗4~5次，备用。

(3) 初代培养　在无菌的条件下，将灭菌后的叶片切成0.5cm^2小块接种到初代培养基上，置于温度25℃，湿度70%~80%，光照强度2000~3000lx，14~16h/d光照时间的条件下。

(4) 继代培养　大概15d后便长出带有丛生芽的愈伤组织，将诱导分化形成的带丛生芽的愈伤组织分割成小块，转接到继代培养基上约20d，小苗增殖倍数可达10倍。

(5) 壮苗生根培养　将小苗转入生根培养基上进行生根壮苗培养，4~5d可见根的分化，生根率可达95%以上。10d左右根数增多增长，颜色浓绿、粗壮、长势良好，可用于移栽。

(6) 驯化　把长有健壮根系的植株连瓶不开盖放在温室，经3~4d打开盖，放置3~4d进行驯化炼苗。驯化期间注意温度和湿度的控制。并且尽量让试管苗接受自然光照。

(7) 移栽　温室小苗床用消过毒的珍珠岩或蛭石或按1∶1的比例做介质,消毒可用开水浸泡,也可用1%的高锰酸钾浇透(或1%多菌灵)。取出小苗,洗去黏附的琼脂培养基,并用0.1%多菌灵洗根,移栽于小苗床上,密度为3cm×5cm,移栽完毕,再浇适量水。用塑料薄膜覆盖保湿,有条件时可用自动喷雾装置,不必盖塑料薄膜。如果是塑料薄膜覆盖,则要注意通风和温度,避免温度过高。菊花2周即可长根成活,长根成活的植株可做第二次移植,移于营养杯中,每杯一苗。再逐渐上盆、换盆或地植,并按常规栽培要求进行管理。

四、考核内容与评分标准

(1) 熟练掌握培养基配制技术(20分)。
(2) 熟练掌握无菌接种技术(20分)。
(3) 熟练掌握继代增殖培养技术(30分)。
(4) 熟练掌握生根培养技术(10分)。
(5) 熟练掌握驯化移栽技术(20分)。

任务3　非洲菊的组培快速繁殖

一、工作目标

通过此项工作掌握植物组织培养的基本知识,并掌握非洲菊的组培技术。

二、材料用具

非洲菊、MS固体培养基母液、激素母液、琼脂、蔗糖、75%酒精、无菌水、0.1%升汞、1%次氯酸钠、电子天平、高压灭菌锅、电磁炉、超净工作台、烧杯、量筒、移液管、镊子、剪刀等。

三、工作过程

1. 培养基的配制(参考项目二中任务3 MS固体培养基的配制与灭菌)

初代培养基:MS+6-BA 1.0mg/L+NAA 1.0mg/L

继代培养基:MS+6-BA 1.0mg/L+NAA 0.1mg/L

生根培养基:1/2MS+NAA 0.1mg/L

2. 培养过程

(1) 外植体的选择　可选择茎尖、嫩叶、花托等作为外植体。茎尖培养操作烦琐,但对脱毒苗的生产是最有效的。花托培养可直接成苗,既可保持种性,又简便易行耗时短,是首选的外植体。首先要选择花大、花色艳丽、市场流行的品种,再选择无病虫害、生长健壮、花色纯正的优良品种单株。一旦选出优株后,应进行挂牌标记,并一直在其上采取花蕾。作为外植体的花蕾要选取直径在1cm左右,而且未露心的小花蕾,太大或是太小的花蕾均不能获得满意的效果。

(2) 外植体的消毒灭菌　将外植体剥去外层萼片,在自来水下冲洗干净,然后在无菌条件下放入0.1%的升汞溶液中浸泡15min,取出后剥去外部所有萼片,在1%的次氯酸钠溶液中消毒10min,放入无菌水中充分洗3次。或75%酒精浸泡30s,0.1%升汞加数滴吐温浸泡5~8min,无菌水冲洗6~7次。

(3) 初代培养　在超净台上,用镊子轻轻夹取灭菌后的外植体,植入培养基中。培养温度25~27℃,光照时间12~14h,光照强度2000lx。

(4) 试管苗的增殖与继代培养　非洲菊经过初代培养6~7周以后,愈伤组织上有小芽分化，但数量有限，不能满足生根及实际生产上的需求。这时，可采用芽丛分割法将带有小芽的愈伤组织切成 2~4 个小块，分别移到继代培养基上，使其继续增殖为新的中间产物，培养一段时间后，又会有小芽陆续分化，芽丛的发生力可保持半年左右。

在继代培养时，降低 MS 培养基中的氮素营养会导致芽的发生率降低，铵态氮和硝态氮之比为 1:2 时对非洲菊芽的增殖最好。随着 6-BA 浓度的提高，增殖速度也会相应提高。但在较高的 6-BA 浓度条件下芽苗会变细、变弱，且随 6-BA 浓度进一步提高，芽苗变得更加丛生、细弱。根据这种情况，生产中在努力提高芽苗增殖率的同时，还应保证分生芽苗的健壮。

（5）试管苗的壮苗与生根　当材料增殖到一定数量后，便要进入生根培养阶段，若不能及时将试管苗转到生根培养基上，就会使久不转移的小苗产生发黄老化现象，或因过分拥挤而使无效苗增多造成浪费。生根培养是使无根苗生根的过程，生根可采用 1/2MS 或者 1/4MS 培养基，全部去掉或用低浓度的细胞分裂素，并加入适量的生长素（NAA，IBA 等）。

（6）驯化　把长有健壮根系的植株连瓶不开盖放在驯化温室，经过 3~4d 后打开瓶盖，也可往瓶里喷些自来水，让小苗更快适应温度的变化和有菌的环境。放置 3~4d 进行驯化炼苗，驯化期间注意温度和湿度的控制。

（7）试管苗的移栽　经过驯化的试管苗在瓶里有新叶长出，这时可以进行试管苗的移栽。移栽可采用常规移栽法进行，基质可选择细河沙、珍珠岩、蛭石等，按照比例配制灭菌后使用。移栽后要从温度、湿度、光照和虫害几方面做好管理。

四、考核内容与评分标准

(1) 熟练掌握培养基配制技术（20 分）。

(2) 熟练掌握无菌接种技术（20 分）。

(3) 熟练掌握继代增殖培养技术（30 分）。

(4) 熟练掌握生根培养技术（10 分）。

(5) 熟练掌握驯化移栽技术（20 分）。

任务 4　大花蕙兰的组培快速繁殖

一、工作目标

通过此项工作掌握植物组织培养的基本知识，并掌握大花蕙兰的组培技术。

二、材料用具

大花蕙兰、MS 固体培养基母液、激素母液、琼脂、蔗糖、75% 酒精、蒸馏水、0.1% 升汞、电子天平、高压灭菌锅、电磁炉、超净工作台、烧杯、量筒、移液管、镊子、剪刀等。

三、工作过程

1. 培养基的配制（参考项目二中任务 3 MS 固体培养基的配制与灭菌）

初代培养基：MS＋6-BA 0.4mg/L＋香蕉汁 100g/L＋活性炭 0.5g/L

　　　　　　1/2MS＋6-BA 1.0mg/L＋NAA 0.1mg/L＋香蕉汁 100g/L＋活性炭 0.5g/L

继代培养基：1/2MS＋6-BA 1.0mg/L＋NAA 0.1mg/L＋香蕉汁 100g/L＋活性炭 0.5g/L

生根培养基：VW＋NAA 0.1mg/L＋香蕉汁 150g/L＋活性炭 0.5g/L

2. 培养过程

（1）外植体的选择　大花蕙兰的取材广泛，用于大花蕙兰组织培养的外植体有茎尖、茎段、试管苗茎段、原球茎、根状茎、假鳞茎、叶片、幼根、花梗和花瓣等。不同外植体进行原球茎诱导的难易程度不同，通常茎尖和侧生芽的诱导率较高。

（2）外植体的消毒灭菌　切取长度在10cm左右的芽，剥去外部的叶片，用自来水冲洗干净，用蒸馏水洗3次；在无菌条件下用75%的酒精消毒1min，无菌水冲洗一次；0.1%的升汞消毒8~10min，无菌水冲洗4~6次，备用。

（3）初代培养　在超净台上，用镊子轻轻夹取灭菌后的外植体，将长5mm左右大小合适的茎尖植入培养基中。培养温度25~27℃，光照时间12~14h，光照强度1000lx。

（4）试管苗的增殖与继代培养　经过一段时间的培养，每个茎尖分化出4~5个原球茎，可将原球茎增殖并进行幼苗分化培养。

具体操作要求：在无菌的条件下把培养瓶里的原球茎用镊子轻轻夹住取出，用手术刀切割成大小合适的小块，接种到增殖继代培养基中，每瓶接种10个原球茎。原球茎接入培养基中15d后，开始增殖，25d后已形成许多原球茎，35d后就可以转接，幼苗的分化只占原球茎总数的10%左右，但随着培养天数的增加，幼苗分化数增加，所以原球茎及时转接可以避免幼苗分化，已分化的幼苗，切去芽可以继续当原球茎增殖。分化的幼苗可进行下一组培环节使用。

（5）试管苗的生根培养　将幼苗分化培养中高于2cm的幼苗切出，转接到生根壮苗培养基中培养，温度为24~26℃，光照强度1000~1800lx，光照时间12~14h/d。30d后小苗便会生根，生根率可达90%以上。

（6）驯化　把长有健壮根系的植株连瓶不开盖放在驯化温室，经过3~4d后打开瓶盖，也可往瓶里喷些自来水，让小苗更快适应温度的变化和有菌的环境，放置3~4d进行驯化炼苗。

（7）试管苗的移栽　当试管苗高6~7cm、有2~4片叶和3~4条根时即可在温室条件下移栽，洗净根部黏附的培养基，栽植于灭菌的基质中，基质可选择苔藓、树皮等。栽后要浇透水，并且注意保湿保温。30d后统计成活率，成活后进行合理管理。

四、考核内容与评分标准

（1）熟练掌握培养基配制技术（20分）。

（2）熟练掌握无菌接种技术（20分）。

（3）熟练掌握继代增殖培养技术（30分）。

（4）熟练掌握生根培养技术（10分）。

（5）熟练掌握驯化移栽技术（20分）。

任务5　卡特兰的组培快速繁殖

一、工作目标

通过此项工作掌握植物组织培养的基本知识，并掌握卡特兰的组培技术。

二、材料用具

卡特兰、MS固体培养基母液、激素母液、琼脂、蔗糖、75%酒精、无菌水、0.1%升汞、电子天平、高压灭菌锅、电磁炉、超净工作台、烧杯、量筒、移液管、镊子、剪刀等。

三、工作过程

1. 培养基的配制（参考项目二中任务 3 MS 固体培养基的配制与灭菌）

初代培养基：MS＋NAA 0.1mg/L

增殖培养基：MS＋NAA 0.1mg/L

生根培养基：1/2MS＋香蕉汁 100g/L 或椰乳汁 150g/L

2. 培养过程

（1）外植体的选择　一般选择卡特兰的茎段作为外植体。

（2）外植体的消毒灭菌　取卡特兰的茎段，用流水冲洗约 30min，放入 75%酒精中浸泡 30s，而后用 0.1%的升汞消毒 8～12min，最后用无菌水浸洗 8 次，每次 5min，备用。

（3）初代培养　将消毒后的试管苗茎段放入无菌的 1% EDTA 液中并切割，将 0.5cm 长的茎段接种在诱导培养基上，在 25～27℃下暗培养 7～10d，然后移到温度 28～30℃，光照强度 1000lx 的条件下培养，光照时间 12h/d。

（4）试管苗的增殖与继代培养　外植体在诱导培养基上经 2 个月的培养变得膨大，切开后再经 1～2 个月的培养，茎尖处出现绿点，随后逐渐长成许多原球茎，而其他部分为褐色，很容易与绿色部分分离，可剔除褐色物把原球茎接种在增殖培养基上继续培养直至成苗。

（5）试管苗的生根培养　卡特兰试管苗生根比较容易，将其接种到生根培养基上，在生根的同时小苗也会继续生长。

（6）驯化　当试管苗生长至符合移栽标准时，将瓶苗在室温下放置 5～8d，然后揭开瓶盖 1～2d 进行炼苗。

（7）试管苗的移栽　驯化后将小苗从瓶中取出，用自来水冲洗苗根上的培养基，用浸透水后沥掉水分的水苔包住根部栽入穴盘上，置于通风阴湿处，一周后开始每隔一周施一次营养液并间以喷淋防菌剂。此后，只要注意保持水苔湿度，维护适宜光温（冬季温度不足时要加温），植株就能正常生长，移栽成活率可达 95%以上。一般设施大棚移栽适期为 4～6 月和 8～10 月。当小苗成活长出新根并长高时，可上盆，盆径先小后大。在几种栽培介质中，水苔效果最好，锯末、蛭石次之，珍珠岩、粗沙则长势较差，从降低成本考虑，以锯末、蛭石、珍珠岩、粗沙和少量水苔混合较为理想。

四、考核内容与评分标准

（1）熟练掌握培养基配制技术（20 分）。

（2）熟练掌握无菌接种技术（20 分）。

（3）熟练掌握继代增殖培养技术（30 分）。

（4）熟练掌握生根培养技术（10 分）。

（5）熟练掌握驯化移栽技术（20 分）。

任务 6　文心兰的组培快速繁殖

一、工作目标

通过此项工作掌握植物组织培养的基本知识，并掌握文心兰的组培技术。

二、材料用具

文心兰、MS 固体培养基母液、激素母液、琼脂、蔗糖、75%酒精、无菌水、次氯酸钠、高锰酸钾、电子天平、高压灭菌锅、电磁炉、超净工作台、喷雾器、烧杯、量筒、移液管、镊子、剪刀等。

三、工作过程

1. 培养基的配制（参考项目二中任务 3 MS 固体培养基的配制与灭菌）

初代培养基：1/2MS＋6-BA 2.0mg/L＋NAA 0.5mg/L

继代培养基：1/2MS＋6-BA 2.0mg/L＋NAA 0.1mg/L

生根培养基：1/2MS＋NAA 0.25mg/L

2. 培养过程

（1）外植体的选择　一般选择文心兰的茎尖作为外植体。

（2）外植体的消毒灭菌　从母株上切取叶片尚未展开的幼芽，除去外层叶片，暴露侧芽，用自来水冲洗 30min，剥去最外面的一层叶鞘，在 75% 酒精中浸 2～3s 后立即置于 15% 次氯酸钠溶液中浸泡 15min，其间不时用手轻轻摇动容器，取出后剥去多余的组织，再置于 5% 次氯酸钠溶液中浸 5～10min。取出后用无菌水冲洗 3～5 次，备用。

（3）初代培养　在无菌条件下剥取顶芽或侧芽作为外植体，切下 0.5～1mm 的茎尖。将其接种在一定激素配比的培养基上，黑暗静止培养 20d（每天摇动 2～3 次），然后置于光下培养，待外植体转绿后，移至诱导培养基上培养。培养温度 25℃，光照强度为 1000lx，光照时数 12h，大约 30d 后，外植体膨大并形成原球茎。

（4）试管苗的增殖与继代培养　将生长健壮的原球茎转入继代培养基中进行不定芽诱导，30d 后开始分化，逐步诱导出丛生芽，继续培养 30d 左右可发育成不具根的幼芽。

（5）试管苗的生根培养　当不定芽长至 1.5～2.5cm，且具有 3～4 片叶时自底部切下，转入生根培养基内诱导生根。每瓶 8～10 个小苗，20d 后小苗基部可分化出 1cm 左右长的根。

（6）驯化　经过上述组织培养成活的文心兰幼苗植株，必须经过驯化后才能移栽盆中。其目的是促使幼苗适应外界气候环境，使移栽苗的成活率增高。其方法为：在文心兰成苗时，把试管连同苗从培养室移往所要栽培的温室中，打开瓶口，放置 2d 左右。

（7）试管苗的移栽　经过炼苗后，先要洗苗。洗苗需要用 20℃ 左右的温水，认真清洗 2～3 遍，保证将根部的培养基等物质冲洗干净。

苗洗净后晾干。由于兰花大多数喜润而畏湿，要求适当通风和适当的水分，因此基质要用既能吸水，又能排水，既能透气又有养分的材料。常用基质有水苔、泥炭土、椰糠、木炭等。文心兰的移栽基质以水苔为最佳，其成分比例为泥炭藓 3/4、珍珠岩和木炭 1/4。将基质洗净后，用洁净温水浸泡 1d，使其充分吸水膨胀，柔软舒展，移苗前先要挤出水苔中的部分水分，以颜色发白为度。

文心兰生长的最适温度为 15～20℃，不可受霜冻。兰花既怕高温，又怕严寒，因此对其栽培温度一定要重视，不宜过高，也不宜过低。

光照对兰花生长发育的影响也很重要。兰花的需光量随种类而异。此外，在兰花的培养中均需适宜的遮阴。季节不同遮阴度也不同，春、秋季需遮 50% 的光，夏季需遮 70% 的光，而在冬季则不需遮光。

大多数兰花生于多雨但排水良好的环境中，故喜湿润而怕过多的水分。但不同种类的兰花对水分的需求也不相同。对于文心兰，只要水温适宜，浇灌得法，白天和黄昏浇水都是可以的。浇水以能湿润根为度，不可过多，即使是水苔失水发白，也不应急于浇水。总之，浇水操作要适合兰花既怕久旱又忌积水，喜润、干而不燥的特性。刚出瓶的兰花小苗对空气湿度的要求较高，相对湿度一般应控制在 80% 甚至 90% 以上，可采用加塑料薄膜保持湿度的方法。

但是，长期高湿对形成壮苗是不利的，随着移栽时间延长可逐渐增大覆盖缝隙，3～4d内便可撤去覆盖物。在生长期，约75%的空气相对湿度即可满足多数品种的需要。文心兰的根能从空气中吸取养分，所以不断更新环境空气对兰花生长是十分重要的。可每天通风1～2次，但时间不宜过长，以免引起棚内温度和湿度骤变。换气后，待气温回升稳定后，用喷雾器喷洒 $KMnO_4$ 溶液消毒，注意不要使药液滴在叶片上。

此外，苗期管理还应注意对苗的施肥、保洁、消毒及病虫害防治。

四、考核内容与评分标准

(1) 熟练掌握培养基配制技术（20分）。

(2) 熟练掌握无菌接种技术（20分）。

(3) 熟练掌握继代增殖培养技术（30分）。

(4) 熟练掌握生根培养技术（10分）。

(5) 熟练掌握驯化移栽技术（20分）。

任务7 君子兰的组培快速繁殖

一、工作目标

通过此项工作掌握植物组织培养的基本知识，并掌握君子兰的组培技术。

二、材料用具

君子兰、MS固体培养基母液、激素母液、琼脂、蔗糖、75%酒精、无菌水、0.1%升汞、电子天平、高压灭菌锅、电磁炉、超净工作台、烧杯、量筒、移液管、镊子、剪刀等。

三、工作过程

1. 培养基的配制（参考项目二中任务3 MS固体培养基的配制与灭菌）

初代培养基：MS＋2,4-D 2.5mg/L＋水解乳蛋白 500ml/L

MS＋KT 2～3mg/L＋NAA 0.5mg/L

继代培养基：MS＋6-BA 2.0mg/L＋NAA 0.1mg/L

生根培养基：1/2MS＋KT 0.5mg/L＋NAA 0.1mg/L 或 1/2MS＋IBA 0.2mg/L＋BA 0.1mg/L

2. 培养过程

(1) 外植体的选择　君子兰的许多部位都可以作为外植体，如成熟胚、花丝、花托、茎尖、叶片、花柱、子房等。且经愈伤组织脱分化不定芽途径再生很容易，以茎尖及幼叶等材料培养及分化效率较高。

(2) 外植体的消毒灭菌　若以成熟胚或花蕾作外植体，首先将外植体用流水冲洗约30min，然后放入75%酒精中浸泡 30s，而后用0.1%的升汞消毒8～10min，最后用无菌水浸洗5次备用。

(3) 初代培养　在无菌条件下取出外植体接种在初代诱导培养基上，在激素诱导下逐渐产生愈伤组织。接种后20d后逐渐形成黄色愈伤组织。

(4) 继代培养　及时将愈伤组织转移到分化培养基上，经6～8周后，部分愈伤组织转为淡绿色，可用放大镜观察到小幼叶，之后可见许多小幼芽不断长出来。每块愈伤组织上可出多个芽。将这样的材料接转到新鲜培养基上做增殖，以便得到更多的愈伤组织和小幼苗。

(5) 壮苗生根培养　经过以上的培养，小苗在数量上增多，这时把长得较大的苗接种到生根培养基中进行生根培养，使外植体壮苗并生根。

（6）驯化　生根后的君子兰小苗可按照一般的驯化方法进行驯化。

（7）移栽　君子兰组培小苗可按一般操作方法进行移栽，先要洗净根部黏附的培养基，栽植于灭菌的基质中，基质可选择苔藓、树皮、珍珠岩或混合基质等。栽后要浇透水，初期应该注意保持湿度。

四、考核内容与评分标准

（1）熟练掌握培养基配制技术（20分）。

（2）熟练掌握无菌接种技术（20分）。

（3）熟练掌握继代增殖培养技术（30分）。

（4）熟练掌握生根培养技术（10分）。

（5）熟练掌握驯化移栽技术（20分）。

任务8　花叶芋的组培快速繁殖

一、工作目标

通过此项工作掌握植物组织培养的基本知识，并掌握花叶芋的组培技术。

二、材料用具

花叶芋、MS固体培养基母液、激素母液、琼脂、蔗糖、75%酒精、无菌水、0.1%升汞、电子天平、高压灭菌锅、电磁炉、超净工作台、烧杯、量筒、移液管、镊子、剪刀等。

三、工作过程

1. 培养基的配制（参考项目二中任务3 MS固体培养基的配制与灭菌）

初代培养基：MS+6-BA 2～4mg/L+NAA 0.5～1.0mg/L

继代培养基：MS+6-BA 2～4mg/L+NAA 0～0.5mg/L

生根培养基：1/2MS+NAA 0.1mg/L

2. 培养过程

（1）外植体的选择　花叶芋取材可选幼叶、叶柄、花序和根等，一般常用刚抽出的卷成筒状的幼叶或刚展开的嫩叶作为外植体。

（2）外植体的消毒灭菌　取外植体，用流水冲洗约30min，放入75%酒精中浸泡30s，而后用0.1%的升汞消毒8～10min，最后用无菌水浸洗5次，备用。

（3）初代培养　将叶切成边长5～8cm大小的块，接种在初代诱导培养基上，培养在28～30℃条件下，10d后切口产生愈伤组织。

（4）继代培养　将愈伤组织转移到继代培养基上进行继代培养，培养35～45d后可产生胚状体。再经约30d在同样培养基上继代培养，胚状体可萌生成小苗。

（5）壮苗生根培养　一般花叶芋组培苗生根较容易，多数在继代培养基上便会形成不定根系，有时为了增加根的强度和活性，可将小苗转入生根培养基中继续培养。直至小苗长成完整苗壮的植株。

（6）驯化　当试管苗有了发达的根系以及2～3片小叶时，便可开始驯化，方法可采用一般的经2～3d盖盖驯化，再经2～3d的开盖驯化。

（7）移栽　驯化后即可移栽。取出小苗，洗去根部的培养基，移栽于沙壤土中。温度控制在20～25℃之间，保湿，并适当遮阴，成活率可达90%以上。试管苗移栽以后，叶片全为绿色，待长出4～5片叶以后，才逐渐呈现各品种的特征。

四、考核内容与评分标准

(1) 熟练掌握培养基配制技术（20分）。
(2) 熟练掌握无菌接种技术（20分）。
(3) 熟练掌握继代增殖培养技术（30分）。
(4) 熟练掌握生根培养技术（10分）。
(5) 熟练掌握驯化移栽技术（20分）。

任务9　矮牵牛的组培快速繁殖

一、工作目标

通过此项工作掌握植物组织培养的基本知识，并掌握矮牵牛的组培技术。

二、材料用具

矮牵牛、MS固体培养基母液、激素母液、琼脂、蔗糖、75%酒精、无菌水、0.1%升汞、电子天平、高压灭菌锅、电磁炉、超净工作台、烧杯、量筒、移液管、镊子、剪刀等。

三、工作过程

1. 培养基的配制（参考项目二中任务3 MS固体培养基的配制与灭菌）

初代培养基：MS＋6-BA 0.5mg/L＋IAA 0.2mg/L

继代培养基：MS＋6-BA 1.0mg/L＋IAA 0.4mg/L

生根培养基：1/2MS＋IBA 1.0mg/L＋IAA 0.5mg/L

2. 培养过程

(1) 外植体的选择　外植体可选取矮牵牛的叶或芽。

(2) 外植体的消毒灭菌　将矮牵牛的叶和芽先用自来水冲洗干净，然后放入75%酒精中浸泡30s，无菌水冲洗1次，再用0.1%升汞溶液进行表面灭菌，5min后，用无菌水冲洗多次备用。

(3) 初代培养　在无菌条件下将灭菌后的叶片切割成0.5cm×0.5cm的小块接种于初代培养基上。将接种完的培养瓶放置在培养室内。室内温度一般保持在18～25℃，光照时间为每天12h，光照强度为500～1000lx。

(4) 继代培养　外植体在经过一段时间培养后萌发出新芽，将长出的新芽接种在继代培养基上继续培养，经多次继代培养，可扩大繁殖量。

(5) 壮苗生根培养　将继代增殖的健壮芽苗切下，接种于生根培养基上，12～14d后，瓶苗长成2～3cm高，并长出长度为0.3～2.0cm的3～6条根。

(6) 驯化　把长有健壮根系的植株连瓶不开盖放在驯化室，经过3～4d后打开瓶盖，也可往瓶里喷些自来水，让小苗更快适应温度的变化和有菌的环境。放置3～4d进行驯化炼苗。

(7) 移栽　打开瓶盖，将小苗从瓶中取出，洗净粘着幼苗的培养基，将苗栽于灭过菌的蛭石介质中，保持80%以上相对湿度，25～30℃温度，1个月后成活率可达90%以上，这时可上盆或出售小苗。

四、考核内容与评分标准

(1) 熟练掌握培养基配制技术（20分）。
(2) 熟练掌握无菌接种技术（20分）。
(3) 熟练掌握继代增殖培养技术（30分）。
(4) 熟练掌握生根培养技术（10分）。

(5) 熟练掌握驯化移栽技术（20分）。

任务 10　彩叶草的组培快速繁殖

一、工作目标
通过此项工作掌握植物组织培养的基本知识，并掌握彩叶草的组培技术。

二、材料用具
彩叶草、MS固体培养基母液、激素母液、琼脂、蔗糖、75%酒精、无菌水、0.1%升汞、洗衣粉、多菌灵、电子天平、高压灭菌锅、电磁炉、超净工作台、烧杯、量筒、移液管、镊子、剪刀等。

三、工作过程
1. 培养基的配制（参考项目二中任务3 MS固体培养基的配制与灭菌）
初代培养基：MS+6-BA 1.0mg/L+NAA 0.1mg/L
继代培养基：MS+6-BA 0.5mg/L+NAA 0.01mg/L+GA_3 0.5mg/L
生根培养基：1/2MS+NAA 0.1mg/L
2. 培养过程
（1）外植体的选择　进行彩叶草组织培养时，可选择叶片、茎段等作为外植体。
（2）外植体的消毒灭菌　取带腋芽的茎段，用洗衣粉浸泡15min，再用自来水冲洗30min，然后在超净工作台上用75%酒精浸泡30s，无菌水冲1次，再放入0.1%升汞溶液浸10min，无菌水冲洗4～5次备用。
（3）初代培养　将灭菌后的外植体切成1cm左右的长度，接种在诱导培养基上，培养15d后，腋芽开始萌动，再过10d长成带2～3片叶的芽。
（4）继代培养　切取诱导培养基中新萌生的芽，转入分化培养基中，15d即可继代，其增殖系数可达6～8倍。
（5）壮苗生根培养　将长至2～3cm高的试管苗转入生根培养基中，12d后在试管苗基部长出白色健壮的不定根，根长可达1cm，试管苗生根率为100%。
（6）驯化　当试管苗长至3～4cm高，根长1～2cm时，就可以进行驯化移栽。先将瓶苗带瓶移入常温温室驯化，放置3d后揭开瓶盖再炼苗3d。
（7）移栽　驯化后将小苗取出，用自来水洗净根部附着的培养基，将根部置于1000倍的多菌灵溶液中浸泡5～10min，移植到装有已消毒基质的育苗盘中，基质配方为腐殖土：蛭石=2:1。前一周置于半遮阳处，以后逐渐增加光照。要求每天浇水，保证湿度在85%～90%，特别是夏天高温时，每天要早晚各浇水1次，并保证空气湿度，以后湿度逐渐降低到70%。彩叶草相对需肥少，移栽15d内可不施任何肥，15d后可根据生长情况叶面施肥1～2次，移栽25d后即可上盆。

四、考核内容与评分标准
（1）熟练掌握培养基配制技术（20分）。
（2）熟练掌握无菌接种技术（20分）。
（3）熟练掌握继代增殖培养技术（30分）。
（4）熟练掌握生根培养技术（10分）。
（5）熟练掌握驯化移栽技术（20分）。

任务 11　百合的组培快速繁殖

一、工作目标
通过此项工作掌握植物组织培养的基本知识，并掌握百合的组培技术。

二、材料用具

百合、MS固体培养基母液、激素母液、琼脂、蔗糖、75%酒精、无菌水、0.1%升汞、电子天平、高压灭菌锅、电磁炉、超净工作台、烧杯、量筒、移液管、镊子、剪刀等。

三、工作过程

1. 培养基的配制（参考项目二中任务3 MS固体培养基的配制与灭菌）

初代培养基：MS＋NAA 0.1～1.0mg/L＋6-BA 0.1～1.0mg/L

继代培养基：MS＋6-BA 1.0mg/L＋NAA 0.3mg/L

生根培养基：MS＋NAA 0.3～0.5mg/L

1/2MS＋IBA 0.2～0.5mg/L＋AC 0.5%

2. 培养过程

（1）外植体的选择　百合的很多器官、组织都可以作为外植体，如鳞片、叶片、子房、种子、花梗、花瓣、珠芽、花柱、花丝、花药、胚、腋芽、芽尖等。为加快繁育组培苗的进程，降低技术操作难度，一般用百合鳞片作外植体。

（2）外植体的消毒灭菌　将百合鳞茎取出，用自来水和软毛刷洗刷干净（如外层鳞片已腐烂或带较多霉点，最好弃之不用）；或可剥去外层鳞片，选取中间洁白完整的鳞片。在4℃低温处理24h，以降低鳞片含毒率。在超净工作台上，用75%酒精浸泡30s，无菌水冲洗1次，取出后放入0.1%升汞溶液中浸泡15min，无菌水冲洗7～8次。用消毒滤纸吸干表面水分，放置备用。

（3）初代培养　在无菌条件下将鳞片横切为5mm×5mm的小块，并按外层鳞片、中层鳞片、内层鳞片以及鳞片上部、中部、下部等分类，分别接种在初代培养基上。外植体培养温度25℃，光照时间12h/d，光照强度1000lx。经过观察，在初代培养中，2～3周后鳞片切口处开始产生小鳞茎，再过2周其中大部分小鳞茎分化形成了芽，而也有一些小鳞茎则分化形成了完整的植株小幼苗。

（4）继代培养　为了加快繁殖进程、扩大繁殖系数，可将小鳞茎或小芽接种在继代增殖培养基上培养。

（5）壮苗生根培养　将鳞茎较健壮的苗分成单株，去除基部的愈伤组织，接种于生根培养基上。待根长到1～2cm长时，可进行驯化。

（6）驯化　当根长到1～2cm长，将试管苗放于驯化温室进行驯化炼苗，不开盖放置2～3d，再打开瓶盖，炼苗2～3d。

（7）移栽　驯化后的小苗可进行移栽，取出小苗，洗去根部的培养基，栽入灭过菌的腐殖土：沙土＝1∶1的基质中，保持温度20～25℃，相对湿度70%以上，50%的自然光照，成活率可达90%以上。

四、考核内容与评分标准

（1）熟练掌握培养基配制技术（20分）。

（2）熟练掌握无菌接种技术（20分）。

（3）熟练掌握继代增殖培养技术（30分）。

（4）熟练掌握生根培养技术（10分）。

（5）熟练掌握驯化移栽技术（20分）。

任务12　观赏凤梨的组培快速繁殖

一、工作目标

通过此项工作掌握植物组织培养的基本知识，并掌握观赏凤梨的组培技术。

二、材料用具

观赏凤梨、MS 固体培养基母液、激素母液、琼脂、蔗糖、75%酒精、无菌水、0.1%升汞、多菌灵、电子天平、高压灭菌锅、电磁炉、超净工作台、烧杯、量筒、移液管、镊子、剪刀等。

三、工作过程

1. 培养基的配制（参考项目二中任务 3 MS 固体培养基的配制与灭菌）

初代培养基：MS＋6-BA 1.0～3.0mg/L＋NAA 0.01～0.05mg/L

继代培养基：MS＋6-BA 2.0～5.0mg/L＋NAA 0.05～0.1mg/L

生根培养基：1/2MS＋KT 0.5mg/L＋IBA 1.0mg/L
　　　　　　1/2MS＋KT 0.5mg/L＋NAA 1.0mg/L
　　　　　　1/2MS＋NAA 0.1mg/L＋IBA 1.0mg/L

2. 培养过程

（1）外植体的选择　观赏凤梨的很多器官、组织都可以作为外植体，如叶片、腋芽、茎尖等。一般用嫩芽作外植体。

（2）外植体的消毒灭菌　将外植体用自来水冲洗掉表面灰尘，用软毛刷轻轻刷洗材料表面，再用自来水冲洗 30min，将外植体放置在超净工作台上，无菌条件下用 75%的酒精表面消毒 30s，无菌水冲洗 1 次，0.1%的升汞（$HgCl_2$）振荡消毒 10～12min，用无菌水冲洗 5～6 遍。

（3）初代培养　在无菌条件下把外植体多余叶片剥去，直至离生长点 0.5cm 左右（注意保留生长点以及数个叶原基），用锋利手术刀迅速将材料平均纵切成 4 小块，接入初代培养基上。在温度（25±2）℃、光照 1500～2000lx，光照时数 12h/d 条件下培养，以诱导腋芽的生长。

（4）继代培养　嫩芽接种于诱导培养基上，5d 后茎尖上的叶片开始伸长，经 15d 左右培养后，茎段上的侧芽开始萌动，这时可将初代培养获得的无菌芽作适当的切割，培养在继代培养基上。

（5）壮苗生根培养　将 3～4cm 高的小苗单芽切下，接种于生根培养基上。在温度（25±2）℃、2000lx 光照条件下培养 12h/d。

（6）驯化　当经过生根培养 25～30d 后，小苗高 3～4cm 时，叶色变得浓绿，叶片已经舒展，根系发达时，即可将试管苗移入无直射光自然温度的地方培养 5d，打开瓶盖继续炼苗 2d。

（7）移栽　经过驯化的试管苗便可以移栽。用镊子小心取出试管苗，用自来水洗净附于根部的培养基，并用 1000 倍液的多菌灵浸泡 10min，放置于室内自然风干 1d，之后移栽于准备好的沙床上。培养土以河沙：表土：椰糠＝1:1:1 为最好。移栽后适当喷雾、遮阳、保持湿度、温度，移栽试管苗成活率可达 90%以上。

四、考核内容与评分标准

（1）熟练掌握培养基配制技术（20 分）。

（2）熟练掌握无菌接种技术（20 分）。

（3）熟练掌握继代增殖培养技术（30 分）。

（4）熟练掌握生根培养技术（10 分）。

（5）熟练掌握驯化移栽技术（20 分）。

任务 13　香石竹的组培快速繁殖

一、工作目标
通过此项工作掌握植物组织培养的基本知识，并掌握香石竹的组培技术。

二、材料用具
香石竹、MS固体培养基母液、激素母液、琼脂、蔗糖、75%酒精、无菌水、0.1%升汞、电子天平、高压灭菌锅、电磁炉、超净工作台、烧杯、量筒、移液管、镊子、剪刀等。

三、工作过程
1. 培养基的配制（参考项目二中任务 3 MS固体培养基的配制与灭菌）

初代培养基：MS＋KT 1.0mg/L＋NAA 0.2mg/L

继代培养基：MS＋6-BA 0.5mg/L＋NAA 0.05mg/L
　　　　　　MS＋KT 2.0mg/L＋NAA 0.2mg/L

生根培养基：1/2MS＋NAA 0.1mg/L

2. 培养过程

(1) 外植体的选择　香石竹的很多器官、组织都可以作为外植体，如叶片、腋芽、茎尖等。

(2) 外植体的消毒灭菌　把香石竹茎尖在自来水下冲洗 1h，用 75%酒精浸渍 30s，再用 0.1%升汞溶液消毒 10min，用无菌水冲洗 6～8 次。

(3) 初代培养　在超净工作台上，在双筒显微镜下用接种针剥取 0.2～0.3mm 的茎尖，迅速接种到初代培养基上，经 1 周左右的培养，茎尖开始转绿并逐渐长叶。

(4) 继代培养　取接种 3～4 周的茎尖，转接到继代培养基中，经 25～30d 的培养后可见分化 3～4 个较粗壮的不定芽。

(5) 壮苗生根培养　当分化出的不定芽长达 2～3cm 时，将芽取下转接到生根培养基中，培养 15d 左右开始长根，培养 40d 左右便长出平均每根长 1～3cm 的不定根，生根率达 95%以上。

(6) 驯化　生根后的试管苗可移入无直射光自然温度的地方培养 4～5d，打开瓶盖继续炼苗 2～3d。

(7) 移栽　驯化后的试管苗可移至温室内。基质采用无菌的 2/3 珍珠岩＋1/3 砻糠灰，移苗后即覆盖薄膜保湿，1 周后逐步揭开薄膜通风并每天定时喷水保湿。在育苗期内，每月喷洒营养液 3～4 次，促进小苗叶片长宽，茎秆粗壮，叶色转深，可提高植到大田的成活率。

四、考核内容与评分标准
(1) 熟练掌握培养基配制技术（20分）。
(2) 熟练掌握无菌接种技术（20分）。
(3) 熟练掌握继代增殖培养技术（30分）。
(4) 熟练掌握生根培养技术（10分）。
(5) 熟练掌握驯化移栽技术（20分）。

任务 14　红掌的组培快速繁殖

一、工作目标
通过此项工作掌握植物组织培养的基本知识，并掌握红掌的组培技术。

二、材料用具
红掌、MS固体培养基母液、激素母液、琼脂、蔗糖、75%酒精、无菌水、0.1%升汞、电子天平、高压灭菌锅、电磁炉、超净工作台、烧杯、量筒、移液管、镊子、剪刀等。

三、工作过程

1. 培养基的配制（参考项目二中任务 3 MS 固体培养基的配制与灭菌）

初代培养基：1/2MS＋6-BA 1.0mg/L＋KT 0.1mg/L＋NAA 0.5mg/L
　　　　　　MS＋6-BA 1.0mg/L＋KT 0.1mg/L＋NAA 0.5mg/L

继代培养基：1/2MS＋6-BA 1.0mg/L＋NAA 0.5mg/L

生根培养基：1/2MS＋NAA 0.5mg/L
　　　　　　1/2MS＋IBA 2.0mg/L＋NAA 0.2mg/L

2. 培养过程

（1）外植体的选择　红掌的很多器官、组织都可以作为外植体，如嫩叶、嫩芽、茎尖等。

（2）外植体的消毒灭菌　从生长健壮的红掌植株上摘取完全展开的幼嫩叶片，用自来水冲洗 30min，而后在超净工作台上进行表面消毒。先用 75％酒精浸泡 1min，用镊子小心夹出，无菌水冲洗 2 次，再置于 0.1％升汞中浸泡灭菌 5min，要求不断摇动，最后无菌水冲洗 6～8 次，用无菌吸水纸吸干后备用。

（3）初代培养　将消毒过的叶片切成约 1cm^2 的小块，接种于初代诱导培养基上。培养温度 25℃，光照 8～10h/d，光照强度 800～1500lx。

（4）继代培养　经过初代培养，在外植体上会长出愈伤组织，这时将诱导出的愈伤组织进行切割，转入继代培养基继续培养约 60d 则可形成丛生的不定芽。培养温度（25±2）℃，光照强度 1500～2000lx，光照时间 10h/d，观察其生长情况。

（5）壮苗生根培养　当分化的小苗高度大于 1.0cm 时，将生长健壮的小苗切成单苗接种于生根培养基上培养。培养温度（25±2）℃，光照强度为 3000lx，光照 12h/d。

（6）移栽　红掌组培苗移栽容易成活，不需经过驯化炼苗。移栽时小心从瓶内取出试管苗，用自来水洗去粘在根部的培养基，植于基质中（基质先用 1/1000 的高锰酸钾溶液浸泡 2h，滤干备用）。移栽后浇足定根水，移栽后的前 10d，需喷雾 1～2 次/d，并应罩上透明塑料薄膜，保证棚内空气相对湿度在 90％～100％，遮光率 80％，温度 25～30℃。10d 后打开保湿罩，逐渐降低湿度并增强光照。小苗移栽 7d 后，最好每隔 7d 喷施 1 次 1/2MS 营养液。

四、考核内容与评分标准

（1）熟练掌握培养基配制技术（20 分）。
（2）熟练掌握无菌接种技术（20 分）。
（3）熟练掌握继代增殖培养技术（30 分）。
（4）熟练掌握生根培养技术（10 分）。
（5）熟练掌握驯化移栽技术（20 分）。

任务 15　玫瑰的组培快速繁殖

一、工作目标

通过此项工作掌握植物组织培养的基本知识，并掌握玫瑰的组培技术。

二、材料用具

玫瑰、MS 固体培养基母液、激素母液、琼脂、蔗糖、75％酒精、无菌水、0.1％升汞、电子天平、高压灭菌锅、电磁炉、超净工作台、烧杯、量筒、移液管、镊子、剪刀等。

三、工作过程

1. 培养基的配制（参考项目二中任务 3 MS 固体培养基的配制与灭菌）

初代培养基：MS＋6-BA 2.0mg/L＋NAA 0.2mg/L

继代培养基：MS＋6-BA 1.0mg/L＋NAA 0.1mg/L

生根培养基：MS＋NAA 0.1mg/L

2. 培养过程

（1）外植体的选择　玫瑰的茎段、种胚、茎尖等均可作为外植体。

（2）外植体的消毒灭菌　取玫瑰新生枝条在自来水下冲洗干净，用 75% 的酒精浸泡 20~30s，无菌水冲洗 1 次，再置于 0.1% 升汞溶液中浸泡 20min，无菌水清洗 3~5 次。

（3）初代培养　切取长 9~10mm 玫瑰茎段，接种在初代培养基上。培养在温度为 25℃，光照强度为 1000lx，光照时数为 12h 的环境下。

（4）继代培养　经过初代诱导培养，外植体可诱导产生愈伤组织，将产生的愈伤组织切下接种在继代培养基上，可分化再生出新的幼苗。

（5）壮苗生根培养　将试管苗接种在生根培养基中，玫瑰茎段组织培养 8~10d 内即可生根。光照对玫瑰生根有直接影响。光照时间每天 12h 以上，光照强度适宜有利于生根。

（6）驯化　生根培养后，将试管苗放于驯化温室进行驯化炼苗，不开盖放置 2~3d，再打开瓶盖，炼苗 2~3d。

（7）移栽　将驯化后的玫瑰试管苗先转栽到灭过菌的混合基质上（粗沙、细土、畜肥的配比为 2∶1∶1），在 80%~85% 相对湿度的温室里生长，其幼苗成活率可达 80% 以上。

四、考核内容与评分标准

（1）熟练掌握培养基配制技术（20 分）。

（2）熟练掌握无菌接种技术（20 分）。

（3）熟练掌握继代增殖培养技术（30 分）。

（4）熟练掌握生根培养技术（10 分）。

（5）熟练掌握驯化移栽技术（20 分）。

任务 16　大岩桐的组培快速繁殖

一、工作目标

通过此项工作掌握植物组织培养的基本知识，并掌握大岩桐的组培技术。

二、材料用具

大岩桐、MS 固体培养基母液、激素母液、琼脂、蔗糖、75% 酒精、无菌水、0.1% 升汞、电子天平、高压灭菌锅、电磁炉、超净工作台、烧杯、量筒、移液管、镊子、剪刀等。

三、工作过程

1. 培养基的配制（参考项目二中任务 3 MS 固体培养基的配制与灭菌）

初代培养基：MS＋6-BA 1.0mg/L＋NAA 0.1mg/L

继代培养基：MS＋6-BA 0.5mg/L＋NAA 0.1mg/L

生根培养基：MS＋IBA 0.5mg/L

2. 培养过程

（1）外植体的选择　大岩桐的许多器官和组织都可作为外植体，如幼嫩的叶片、叶柄、茎段、小芽等。

(2) 外植体的消毒灭菌　切取大岩桐的幼嫩叶片（带叶柄切下），用自来水冲洗干净。在超净工作台上，将洗净的叶片先用75%酒精浸泡30s，无菌水冲洗1次，用0.1%升汞溶液浸泡5~6min取出，用无菌水冲洗4~5次，最后用无菌滤纸吸干表面水分。

(3) 初代培养　用解剖刀切去叶柄，将叶片切成8mm×8mm小块，接种在初代培养基中。培养温度20~25℃，光照强度2000lx，光照时间12~16h/d。经过15d的培养，外植体变形、弯曲、膨大增厚。30d后，切口处产生少量愈伤组织。转入新的初代培养基中，愈伤组织继续生长。45d后，愈伤组织分化出小芽眼，继续培养；70d后，叶片几乎长满了芽眼，同时芽逐渐伸长。

(4) 继代培养　将带芽愈伤组织分切成小块，转入继代培养基中培养，每瓶5块左右，每月转瓶一次。这时芽继续分化并生长。将大的芽单独切下，接入新鲜继代培养基进行增殖培养。10d后，在芽的基部形成丛生芽；25d后丛生芽长大。将丛生芽切割，再转入新鲜培养基中培养，每20~30d转瓶一次，可得到大量小苗。

(5) 壮苗生根培养　将高2cm以上、带有4~6片叶的小苗切下，接在生根培养基中进行生根培养。7d后开始生根，15d后可得到生根良好的小植株。

(6) 驯化　大岩桐组培苗的移栽环节是关键。首先，将瓶盖轻轻拧松，放于阴凉处，7d后观察叶片颜色变深，10d左右可进行移栽。

(7) 移栽　先将试管苗基部及根部的培养基冲洗干净，注意不要伤根和折断叶片。用灭过菌的珍珠岩为介质进行假植。移好后，要浇透水，宜用喷雾，避免水流太大将苗冲倒。浇完水察看是否有倒伏的小苗，及时予以扶正并固定。加盖薄膜保湿，10d后小苗挺立，可揭开薄膜。若是在夏天移栽，要注意遮阳，待小苗成活后再掀开遮阳网。小苗移栽的前期，要保持80%以上空气相对湿度，可用喷雾加湿。小苗成活后，可结合浇水每周喷施叶面肥1次，以尿素和三要素复合肥交互使用为宜，浓度在0.1%即可。

四、考核内容与评分标准

(1) 熟练掌握培养基配制技术（20分）。
(2) 熟练掌握无菌接种技术（20分）。
(3) 熟练掌握继代增殖培养技术（30分）。
(4) 熟练掌握生根培养技术（10分）。
(5) 熟练掌握驯化移栽技术（20分）。

任务17　杜鹃花的组培快速繁殖

一、工作目标

通过此项工作掌握植物组织培养的基本知识，并掌握杜鹃花的组培技术。

二、材料用具

杜鹃花、MS固体培养基母液、激素母液、琼脂、蔗糖、75%酒精、无菌水、5%次氯酸钠、1%克菌丹、吐温-20、电子天平、高压灭菌锅、电磁炉、超净工作台、烧杯、量筒、移液管、镊子、剪刀等。

三、工作过程

1. 培养基的配制（参考项目二中任务3 MS固体培养基的配制与灭菌）

初代培养基：改良MS+ZT 5.0mg/L+NAA 0.01mg/L

继代培养基：改良 MS＋ZT 2.0mg/L＋NAA 0.1mg/L
生根培养基：MS＋NAA 1.5～2.0mg/L

2. 培养过程

（1）外植体的选择　杜鹃花组织培养通常使用的外植体为茎尖、茎节和花蕾等。因花蕾的分化较为困难、周期长，茎尖的取材受到一定限制，故多采用茎节作为初代培养的外植体。

（2）外植体的消毒灭菌　将杜鹃花茎段在流水下冲洗 30min，在超净工作台上，将外植体浸泡在 75%酒精中 30s，无菌水冲洗 1 次，再将其浸泡在 5%的次氯酸钠液中灭菌 15～20min，其间不停搅拌，为加强灭菌效果，还可加入 1%的克菌丹或 0.1%的吐温-20（山梨糖醇）配合使用。最后用无菌水冲洗 4～5 次，每次最少 1min，干后备用。

（3）初代培养　将灭菌后的外植体剪成长度为 1cm 左右的小段，接种在初代培养基上。培养室温度 25℃左右，光照强度 2500～3000lx，光照时数 12～14h。

（4）继代培养　经过一段时间的培养，诱芽率即可达 100%。将小芽切下接种在继代培养基上完成继代培养。在杜鹃花组织培养中，从接种到诱芽产生，所需的时间明显长于月季和菊花等，故其继代增殖培养的周期也较长，一般 45d 继代一次较合适。

（5）壮苗生根培养　经过扩大繁殖后的试管苗可进行生根培养，将试管苗接种在生根培养基中，培养 45d 时的生根率为 90%左右。

（6）驯化　生根培养后，将试管苗放于驯化温室进行驯化炼苗，不开盖放置 2～3d，再打开瓶盖，炼苗 2～3d。

（7）移栽　移栽基质可选择比例为 1:1 的灭过菌的泥炭土和蛭石混合物。表层要过筛，以利根系附着；下层铺粗粒，以利基质渗水。移栽时用镊子去掉根部附着的培养基（不可损伤根系）。用镊尖将基质拨一小洞，把根系放入，覆土，轻轻压实，浇足水。试管苗移栽成活的关键是保证一定的温、湿条件。

四、考核内容与评分标准

（1）熟练掌握培养基配制技术（20 分）。
（2）熟练掌握无菌接种技术（20 分）。
（3）熟练掌握继代增殖培养技术（30 分）。
（4）熟练掌握生根培养技术（10 分）。
（5）熟练掌握驯化移栽技术（20 分）。

任务 18　彩色马蹄莲的组培快速繁殖

一、工作目标

通过此项工作掌握植物组织培养的基本知识，并掌握马蹄莲的组培技术。

二、材料用具

彩色马蹄莲、MS 固体培养基母液、激素母液、琼脂、蔗糖、无菌水、洗衣粉、2%次氯酸钠、多菌灵、0.1%升汞、电子天平、高压灭菌锅、电磁炉、超净工作台、烧杯、量筒、移液管、镊子、剪刀等。

三、工作过程

1. 培养基的配制（参考项目二中任务 3 MS 固体培养基的配制与灭菌）

初代培养基：MS＋6-BA 1.0mg/L＋NAA 0.1mg/L

继代培养基：MS＋6-BA 0.5mg/L＋NAA 0.2mg/L
生根培养基：MS＋NAA 0.3mg/L＋IAA 0.2mg/L

2. 培养过程

（1）外植体的选择及预处理　选取开花良好的彩色马蹄莲植株，待花谢后挖取块状根茎，晾干后，用100mg/L的GA_3进行30～60min的浸泡处理，促进芽眼萌发。待20d后芽眼萌动后，将块茎用软毛刷刷洗干净，剥去芽表面褐色皮层，挖取0.5cm^2大小的生长芽或芽眼。

（2）外植体的消毒灭菌　将从球茎上挑下的芽眼放入洗衣粉水中充分漂洗，并用自来水冲洗干净，然后在0.1％的升汞溶液中浸泡30min，切除四周少许组织，放入2％次氯酸钠溶液中浸泡20min，无菌水洗5次，干后备用。

（3）初代培养　将灭菌后的芽眼接种在初代培养基上，芽眼30d左右便可在诱导培养基中萌发，并有部分丛生芽的分化。

（4）继代培养　将芽对半切开，继续培养60d后，在部分芽块基部可形成致密具绿色芽点的愈伤组织，并有大量不定芽长出，较大的不定芽可长到2cm左右高。

（5）壮苗生根培养　当继代培养基中分化的幼苗长至3～5cm高时，转入生根培养基中，15d后即可生根，一般情况下幼苗的生根率可达96％以上。

（6）驯化　生根培养后，将试管苗放于驯化温室进行驯化炼苗，不开盖放置2～3d，再打开瓶盖，炼苗2～3d。

（7）移栽　将出瓶后的生根苗洗去培养基，放入低浓度多菌灵中消毒片刻，按5cm×5cm株行距，移栽于灭过菌的腐殖土∶红土＝10∶1或土质较好的沙壤土上，均可获得良好的生长效果。移栽1个月内，要注意保水和遮阳。1个月后，幼苗开始迅速生长，此时可适当增加光照，并辅助喷施叶面肥。

四、考核内容与评分标准

（1）熟练掌握培养基配制技术（20分）。
（2）熟练掌握无菌接种技术（20分）。
（3）熟练掌握继代增殖培养技术（30分）。
（4）熟练掌握生根培养技术（10分）。
（5）熟练掌握驯化移栽技术（20分）。

任务19　鸟巢蕨的组培快速繁殖

一、工作目标

通过此项工作掌握植物组织培养的基本知识，并掌握鸟巢蕨的组培技术。

二、材料用具

鸟巢蕨、MS固体培养基母液、激素母液、琼脂、蔗糖、75％酒精、无菌水、0.1％升汞、电子天平、高压灭菌锅、电磁炉、超净工作台、烧杯、量筒、移液管、镊子、剪刀等。

三、工作过程

1. 培养基的配制（参考项目二中任务3 MS固体培养基的配制与灭菌）

初代培养基：MS
继代培养基：MS＋6-BA 0.5mg/L＋IBA 0.2mg/L
　　　　　　MS＋6-BA 0.4mg/L＋NAA 0.2mg/L

生根培养基：1/2MS＋NAA 0.5mg/L
　　　　　　1/2MS＋IBA 0.3mg/L＋NAA 0.5mg/L

2. 培养过程

（1）外植体的选择　进行鸟巢蕨的组织培养一般选择孢子作为外植体。

（2）外植体的消毒灭菌　将鸟巢蕨叶片上的孢子小心地收集在一块干净的白布上，用线扎好，然后用自来水冲洗30min后，置于超净工作台上，先用75%的酒精浸泡消毒30s，无菌水冲洗1次，再用0.1%升汞浸泡灭菌10min，用无菌水冲洗4~5次。

（3）初代培养　解开线绳，将灭菌后的孢子接入初代培养基。在适宜的光照和温度下，约15d后在培养基上外植体表面可以看到许多绿色的小点。培养温度为（25±2）℃，光照强度1000~1500lx，光照时间为10h/d。

（4）继代培养　诱导孢子萌发1个月后，形成原叶体，在原叶体的基部有许多棕色的绒毛，将原叶体分切成小团接入继代分化培养基中。经过20d左右的培养，在原叶体团中有小苗分化出来。

（5）壮苗生根培养　小苗长到30mm以上时，便会呈鸟巢状，这时分成单苗转入生根培养基中。经过约30d的培养，在苗基部便形成棕色的根。根长2~3cm不等。生根率在95%以上。

（6）驯化及移栽　将高4cm以上的生根苗放置室外炼苗1周，移出培养瓶外，洗净培养基，移植于装有腐殖土和珍珠岩（配比为4∶1）混合基质的营养钵中，上覆塑料膜，在弱光下炼苗10d，去膜作日常管理，成活率可达90%以上。

四、考核内容与评分标准

（1）熟练掌握培养基配制技术（20分）。

（2）熟练掌握无菌接种技术（20分）。

（3）熟练掌握继代增殖培养技术（30分）。

（4）熟练掌握生根培养技术（10分）。

（5）熟练掌握驯化移栽技术（20分）。

任务20　一品红的组培快速繁殖

一、工作目标

通过此项工作掌握植物组织培养的基本知识，并掌握一品红的组培技术。

二、材料用具

一品红、MS固体培养基母液、激素母液、琼脂、蔗糖、无菌水、0.1%升汞、洗衣粉、多菌灵、电子天平、高压灭菌锅、电磁炉、超净工作台、烧杯、量筒、移液管、镊子、剪刀等。

三、工作过程

1. 培养基的配制（参考项目二中任务3 MS固体培养基的配制与灭菌）

初代培养基：MS＋6-BA 0.1mg/L＋NAA 0.1mg/L＋2,4-D 1.5mg/L

继代培养基：MS＋6-BA 2.0mg/L＋NAA 0.1mg/L
　　　　　　MS＋6-BA 0.5mg/L＋NAA 0.1mg/L
　　　　　　MS＋6-BA 0.5mg/L＋NAA 0.1mg/L＋IBA 0.005mg/L

生根培养基：1/2MS＋IBA 1.0mg/L

1/2MS+IAA 1.0mg/L

2. 培养过程

(1) 外植体的选择　一品红的嫩叶、嫩芽、嫩茎等器官均可作为外植体进行组织培养。

(2) 外植体的消毒灭菌　把外植体用适当浓度的洗衣粉液轻轻清洗5min,再用自来水冲洗30min,置于超净工作台上进行表面灭菌。灭菌时先用500倍液的多菌灵澄清液浸泡8~10min,后置于0.1%升汞溶液中浸泡处理8~12min,最后用无菌水冲洗8次待用。

(3) 初代培养　将灭菌后的嫩茎在超净工作台上用锋利解剖刀切成长约0.5~1cm的茎段接种到初代诱导培养基上。培养温度保持23~27℃,光照强度为1500~2000lx,光周期性为1d,12h光照、12h黑暗。

(4) 继代培养　外植体在诱导培养基上,30d左右开始产生愈伤组织,将愈伤组织切下接种到继代培养基上继续培养,60d后开始产生丛生芽苗。增殖时间一般以30d左右为1个周期。

(5) 壮苗生根培养　将已分化出来的2~3cm的芽苗转接至生根培养基上,经10d左右便开始生根,15d后长出3~6条1~3cm长的白色根。

(6) 驯化与移栽　将生根后的试管苗在驯化室内不开盖炼苗3~7d,然后逐渐开瓶炼苗1~2d,便可进行移栽。先将试管苗根部的培养基充分洗净,再用800~1000倍的多菌灵溶液浸泡1~2min,移栽至灭过菌的蛭石基质中。栽植后需浇透水,相对湿度保持在80%~95%,为了保证湿度,可用塑料薄膜保湿,温度在20~28℃,以后逐渐减少遮阴和喷雾次数,同时注意喷药防治病菌感染并切实加强肥水管理。培养10~15d长出新根后可移至正常环境条件下,以适应自然光照和温度、湿度条件,逐渐成为商品苗。

四、考核内容与评分标准

(1) 熟练掌握培养基配制技术（20分）。

(2) 熟练掌握无菌接种技术（20分）。

(3) 熟练掌握继代增殖培养技术（30分）。

(4) 熟练掌握生根培养技术（10分）。

(5) 熟练掌握驯化移栽技术（20分）。

课程思政资源

项目七　蔬菜快速繁殖技术

知识目标： 通过蔬菜快速繁殖技术的学习，熟练掌握蔬菜植物快速繁殖技术。
技能目标： 能够独立完成蔬菜植物的快速繁殖过程。
重点难点： 植物快速繁殖培养基的优化。

任务1　马铃薯的组培快速繁殖

一、工作目标

通过此项工作掌握植物组织培养的基本知识，并掌握马铃薯快速繁殖组培技术。

二、材料用具

马铃薯、培养基母液、激素母液、琼脂、蔗糖、70%酒精、蒸馏水、10%的漂白粉、电子天平、显微镜、解剖刀、高压灭菌锅、电磁炉、超净工作台、烧杯、量筒、移液管、镊子、剪刀、pH试纸、培养瓶、记号笔等。

三、工作过程

1. 培养基的配制（参考项目二中任务3 MS固体培养基的配制与灭菌）

初代培养基：MS＋蔗糖3%＋琼脂0.7%
继代培养基：MS＋蔗糖3%＋琼脂0.7%
壮苗培养基：1/2MS＋NAA 0.05mg/L＋蔗糖3%＋琼脂0.7%

2. 培养过程

（1）外植体的选择　选择休眠过后的块茎，在室内进行催芽，每天以40℃处理带芽块茎4h，以25℃处理20h作为变温处理。当芽长到4～5cm，叶片未充分展开时剪取顶芽。

（2）外植体的消毒灭菌　将顶芽放入烧杯中自来水冲洗1h，再用75%的酒精浸泡30s进行表面消毒，然后用无菌水冲洗1次，后浸泡于12%的漂白粉上清液中，每升漂白液外加10滴Tween 20，浸泡15min，最后用无菌水彻底冲洗4～5次。

（3）初代培养　在多倍显微镜下，用薄刀片切取茎尖（带1～2个叶原基），切取茎尖速度要快，或在垫有无菌湿润的滤纸上解剖，接种于初代培养基上培养温度为25℃。光照时间每天12h，强度约3500lx，培养20d，腋芽长出的无根苗剪成单芽茎段。

（4）继代培养　将不定芽块切割成小芽块转至增殖培养基中进行增殖。材料接种后置于培养温度25℃、光照强度为3000lx、光周期为16h（光照）的环境下培养。

（5）壮苗生根培养　将组培苗切分成带1～2个叶片的茎段，转接到壮苗培养基中培养，光照强度为2000～4000lx，4周后组培苗茎芽长高、茎变粗、叶片增大、叶色浓绿，茎叶表面有明显的细毛。

（6）驯化与移栽　将组培苗放在散射光下经过5～7d炼苗，即可移植。移植至细沙：腐熟马粪：园土为1:2:3的营养钵中，保持温度为20℃，当苗高10～15cm时即可放入防虫网室定植。

四、考核内容与评分标准

（1）熟练掌握培养基配制技术（20分）。
（2）熟练掌握无菌接种技术（20分）。

(3) 熟练掌握继代增殖培养技术（30分）。

(4) 熟练掌握生根培养技术（10分）。

(5) 熟练掌握驯化移栽技术（20分）。

任务2 大蒜的组培快速繁殖

一、工作目标

通过此项工作掌握植物组织培养的基本知识，并掌握大蒜的组培技术。

二、材料用具

大蒜、培养基母液、激素母液、琼脂、蔗糖、70%酒精、蒸馏水、0.1%氯化汞、漂白粉、电子天平、高压灭菌锅、电磁炉、超净工作台、烧杯、量筒、移液管、镊子、剪刀、pH试纸、培养瓶、记号笔等。

三、工作过程

1. 培养基的配制（参考项目二中任务3 MS固体培养基的配制与灭菌）

初代培养基：MS+BA 2mg/L+NAA 0.6mg/L+蔗糖3%+琼脂0.7%

继代培养基：MS+BA 2mg/L+NAA 0.1mg/L+蔗糖3%+琼脂0.7%

生根培养基：1/2MS+NAA 0.2mg/L+蔗糖3%+琼脂0.7%

2. 培养过程

(1) 外植体的选择与灭菌　选取经过休眠处理的大蒜鳞茎，去掉鳞片，剥成单个蒜瓣，用0.1%氯化汞溶液浸泡10~15min，无菌水清洗3~5次。

(2) 初代培养　在显微镜下剥取0.2~0.9mm的茎尖，接种于初代培养基上培养，温度为25℃，光照时间每天12h，光照强度在1200~2000lx，培养40d开始分化，100d形成丛生芽。

(3) 继代培养　将芽块切割成小段转至增殖培养基中增殖，增殖1~2代后转入生根培养基中。

(4) 生根培养　将较矮、长势弱的无效苗剪下转到1/2 MS壮苗培养基上，培养20d左右，芽苗明显长高、健壮，叶片舒展，叶色浓绿，可用于生根。

将增殖和壮苗培养的高度在3cm左右的芽剪下，插入生根培养基中诱导，生根率最高达76.3%，产生的根粗壮、数量多，便于移栽成活。

(5) 驯化与移栽　将生根的组培苗在室内打开瓶盖炼苗2~3d后，洗净根部培养基，移入珍珠岩苗床，搭小拱棚，控制光照度在5000~10000lx，温度在15~35℃，湿度在85%以上。每周喷1次10%的MS大量元素营养液，2周后逐渐打开小拱棚，增加光照，4周后，便可进行常规管理，成活率可达94.3%。

四、考核内容与评分标准

(1) 熟练掌握培养基配制技术（20分）。

(2) 熟练掌握无菌接种技术（20分）。

(3) 熟练掌握继代增殖培养技术（30分）。

(4) 熟练掌握生根培养技术（10分）。

(5) 熟练掌握驯化移栽技术（20分）。

任务3 分蘖洋葱的组培快速繁殖

一、工作目标

通过此项工作掌握植物组织培养的基本知识，并掌握分蘖洋葱的组培技术。

二、材料用具

分蘖洋葱鳞茎盘、超净工作台、高压灭菌锅、电磁炉、酒精灯、接种工具、剪枝剪、无菌瓶、烧杯（500mL）、无菌滤纸、玻璃棒、火柴、记号笔、纱布、70%酒精、母液、培养瓶、移液管、95%酒精、10%次氯酸钠、无菌水等。

三、工作过程

1. 培养基的配制（参考项目二中任务 3 MS 固体培养基的配制与灭菌）

初代培养基：MS＋KT 1.0mg/L＋2-4D 2.0mg/L＋蔗糖 3%＋琼脂粉 0.6%，pH 为 5.8

继代培养基：MS＋BA 0.2mg/L＋NAA 0.1mg/L＋蔗糖 3%＋琼脂粉 0.6%

生根培养基：MS＋IBA 1.5＋NAA 0.01mg/L＋蔗糖 3%＋琼脂粉 0.6%

2. 培养过程

（1）外植体的选择与灭菌　新采收分蘖洋葱鳞茎切除顶部 2/3，用 10%次氯酸钠溶液浸泡 10min，无菌水冲洗 3～4 次，无菌滤纸吸干水分，取茎尖下幼嫩鳞茎盘接种。

（2）初代培养　将茎尖下幼嫩鳞茎盘接种于配制好的初代培养基中。培养温度为 23～27℃，每天光照 12～14h，光照强度为 2000lx。20d 后长出明显愈伤组织，呈淡黄色，质地疏松。

（3）增殖培养　在无菌条件下将初代培养的愈伤组织移到继代培养基上进行分化培养，60d 后愈伤开始分化出苗。培养温度为 23～27℃，每天光照 12～14h，光照强度为 2000lx。

（4）生根培养　增殖到一定的数量后进行生根培养。将小苗转接到生根培养基中，置于培养室中进行培养。培养温度为 23～27℃，每天光照 12～14h，光照强度为 2000lx。20d 时生根率可达 100%，根短粗且根数极多，根毛多。苗整齐健壮，长势强，浓绿。

（5）驯化与移栽　将有 2～3 条根的组培苗从培养室取出，放置于遮阴度为 50%～70%的温室中进行闭瓶炼苗 10d 左右，温度保持于 20℃左右。待瓶苗生长健壮、叶色正常后，移到自然光下，打开培养瓶盖，温度保持 16～25℃，每天中午在瓶苗周围喷洒多次雾水，保持空气湿度大于 60%，并控制好光照，炼苗驯化 2～4d。

选择株型完整、茎秆粗壮、根系完整的无污染生根苗移栽，出瓶时将培养基与小苗一起轻轻取出，每次以 3 株为宜，以减少对苗的机械损伤。先在自来水中小心洗净根部的培养基，然后移栽到消毒后比例为珍珠岩：蛭石：草炭呈 1∶1∶0.5 的基质中。白天尽量控制在 18～20℃，夜间尽量控制在 11～14℃；空气湿度保持在 70%～80%；前期要适度遮阴，后期可直接利用自然光照，促进光合产物的积累。

四、考核内容与评分标准

（1）熟练掌握培养基配制技术（20 分）。

（2）熟练掌握无菌接种技术（20 分）。

（3）熟练掌握继代增殖培养技术（30 分）。

（4）熟练掌握生根培养技术（10 分）。

（5）熟练掌握驯化移栽技术（20 分）。

课程思政资源

项目八　果树快速繁殖技术

知识目标：通过果树快速繁殖技术的学习，熟练掌握果树植物快速繁殖技术。
技能目标：能够独立完成果树植物的快速繁殖过程。
重点难点：植物快速繁殖培养基的优化。

任务1　软枣猕猴桃的组培快速繁殖

一、工作目标

通过此项工作掌握植物组织培养的基本知识，并掌握软枣猕猴桃的组培技术。

二、材料用具

软枣猕猴桃茎尖、超净工作台、高压灭菌锅、电磁炉、酒精灯、接种工具、剪枝剪、无菌瓶、烧杯（500mL）、无菌滤纸、玻璃棒、火柴、记号笔、纱布、70%酒精、母液、培养瓶、移液管、95%酒精、0.1%氯化汞、无菌水等。

三、工作过程

1. 培养基的配制（参考项目二中任务3 MS固体培养基的配制与灭菌）

初代培养基：MS＋BA 1.0mg/L＋NAA 0.05mg/L＋蔗糖3%＋琼脂粉0.6%，pH为5.8

继代培养基：MS＋BA 2.0mg/L＋IBA 0.2 mg/L＋蔗糖3%＋琼脂粉0.6%

生根培养基：1/2MS＋IBA 0.2＋蔗糖3%＋琼脂粉0.6%

2. 培养过程

(1) 外植体的选择　剪取休眠的软枣猕猴桃1年生枝条于室内清水中，促使其萌芽生长，抽出新梢后取梢尖部分。

(2) 外植体的消毒灭菌　在超净工作台上将茎段剪成3cm左右的小段，用蒸馏水冲洗3遍，然后用无菌滤纸将水吸干，再用70%酒精消毒30s。用0.1%升汞消毒4min后将升汞倒掉，重新加升汞再消毒4min，用无菌水漂洗4～5次。灭菌过程中，要轻轻晃动三角瓶，使药液与外植体充分接触。

(3) 初代培养　去掉顶芽外的嫩叶，切取3～5mm长茎尖，接种于配制好的初代培养基中。培养温度为23～26℃，每天光照12h，光照强度为2500lx。该条件下培养，茎尖生长快、丛芽多、叶片色泽正常、基部愈伤组织绿，40d后个别形成了丛芽，苗高可达2cm。

(4) 增殖培养　在无菌条件下将初代培养的芽和幼苗转移到继代培养基上进行增殖培养。转接时把基部的愈伤组织切除，将幼苗切成小段，每段上都带有2个或2个以上腋芽。在温度为23～26℃、每天光照12h、光照强度为2500lx的条件下进行培养，则试管苗基部丛生芽形成较多，增殖系数可达5.0。

(5) 生根培养　增殖到一定的数量，可进行生根培养。将3cm左右的小苗，转接到上述培养基中，置于培养室中进行培养。培养条件为温度23～26℃，每天光照12h，光照强度为2500lx。15d时根长2cm左右，生根率可达98%，根的粗细适度，有根毛。

(6) 驯化与移栽　根系长至2～3cm的试管苗进行炼苗3～4d，使试管苗逐步适应外界环境，然后洗净附着于根部的培养基移栽到河沙，成活率可达80%左右，生长旺盛，很快有新根长出，新生根量大。

移栽后加强温湿度的管理，要保持较高的空气湿度，栽后1～5周空气湿度应保持在80%～90%，以免苗木失水。温度应保持在25℃左右，栽后要适当遮阳，避免午间强光照射，以利于小苗逐渐适应外界环境条件。

四、考核内容与评分标准

(1) 熟练掌握培养基配制技术（20分）。

(2) 熟练掌握无菌接种技术（20分）。

(3) 熟练掌握继代增殖培养技术（30分）。

(4) 熟练掌握生根培养技术（10分）。

(5) 熟练掌握驯化移栽技术（20分）。

任务2　蓝莓的组培快速繁殖

一、工作目标

通过此项工作掌握植物组织培养的基本知识，并掌握蓝莓的组培技术。

二、材料用具

蓝莓茎尖或带芽的茎段、超净工作台、高压灭菌锅、电磁炉、酒精灯、接种工具、剪枝剪、无菌瓶、烧杯（500mL）、无菌滤纸、玻璃棒、火柴、记号笔、纱布、70%酒精、母液、培养瓶、移液管、95%酒精、饱和漂白粉、0.1%氯化汞、无菌水等。

三、工作过程

1. 培养基的配制（参考项目二中任务3 MS固体培养基的配制与灭菌）

初代培养基：改良WPM+ZT 2.0mg/L+蔗糖2%+琼脂粉0.6%，pH为5.5

继代培养基：改良WPM+ZT 2.0mg/L+蔗糖2%+琼脂粉0.5%

生根培养基：改良WPM+IBA 2.0mg/L+蔗糖3%+琼脂粉0.5%+活性炭0.5g/L

2. 培养过程

(1) 外植体的选择　选长势旺盛的幼嫩枝条，除去所有叶片，切除顶芽外的第3～10节茎段作外植体。

(2) 外植体的消毒灭菌　切下其带芽茎段，长2～3cm，用自来水清洗干净，在饱和漂白粉上清液中浸泡15min，浸泡时不断搅动。浸泡后的茎段用流水冲洗干净，装入消毒的培养皿，放在超净工作台上，打开紫外灯，做表面灭菌30min。把经过预处理的材料在无菌条件下放进70%的酒精中，约30s后用无菌水冲洗2~3次，再用0.1%的氯化汞浸泡3～12min。灭菌过程中，要轻轻晃动三角瓶，使药液与外植体充分接触，再用无菌水冲洗5次。

(3) 初代培养　接种过程中左手握住培养瓶，用火焰烧瓶口和封口材料，用右手的拇指和小指打开瓶盖。当打开瓶子时，瓶口朝向酒精灯火焰，并拿成斜角，以免灰尘落入瓶中造成污染。将材料切成1cm左右的茎段，接种于配制好的培养基中。同时操作期间经常用70%酒精擦拭双手和台面，并经常进行接种工具的灭菌，避免交叉污染。在培养温度为23～27℃、每天光照12h、光照强度为1600lx、相对湿度为80%的条件下进行培养。

(4) 增殖培养　在无菌条件下，将培养30～40d的蓝莓试管苗的茎段切成带节的1.5cm

左右,接种到增殖培养基中,每瓶接种8个。在培养温度为23~27℃、每天光照12h、光照强度为1600lx、相对湿度为80%的条件下进行培养。

(5) 生根培养　蓝莓苗增殖到一定的数量后进行生根培养。将3cm左右的小苗,转接到上述培养基中,置于培养室中进行培养。培养条件为温度23~27℃,每天光照12h,光照强度1600lx,相对湿度80%的左右。

(6) 驯化与移栽　当小植株长至4cm左右,叶片达3~4片,根3~5条,即可移栽。将小植株带瓶移入温室1周左右,然后打开瓶盖注入自来水炼苗3~5d。

栽培蓝莓组培苗的土壤应是人工调配的混合营养土。不同地区原料来源不同,如林下的腐叶土、泥炭土、苔藓等,但要求腐殖质含量高、具较多的可溶性氮、土壤溶液应酸性、pH值在4.3~4.8,并进行土壤消毒,装箱备用。

移栽时小心地把苗从瓶中取出,洗净附着于根部的培养基,以免杂菌污染。注意不要伤根,以免伤口腐烂。移栽季节在春夏季进行,此时小苗长势旺,成活率高。

移栽后加强温湿度的管理,要保持较高的空气湿度,栽后1~5周空气湿度保持在80%~90%,以免苗木失水。温度保持在25℃左右,栽后要适当遮阳,避免午间强光照射,以利于小苗逐渐适应外界环境条件。1个月后,见干再浇水,一次浇透。

四、考核内容与评分标准

(1) 熟练掌握培养基配制技术(20分)。
(2) 熟练掌握无菌接种技术(20分)。
(3) 熟练掌握继代增殖培养技术(30分)。
(4) 熟练掌握生根培养技术(10分)。
(5) 熟练掌握驯化移栽技术(20分)。

任务3　树莓的组培快速繁殖

一、工作目标

通过此项工作掌握植物组织培养的基本知识,并掌握树莓的组培技术。

二、材料用具

树莓新梢、超净工作台、高压灭菌锅、电磁炉、酒精灯、接种工具、剪枝剪、无菌瓶、烧杯(500mL)、无菌滤纸、玻璃棒、火柴、记号笔、纱布、70%酒精、母液、培养瓶、移液管、95%酒精、0.1%氯化汞、无菌水等。

三、工作过程

1. 培养基的配制(参考项目二中任务3 MS固体培养基的配制与灭菌)

初代培养基:MS+BA 1.0mg/L+NAA 0.01mg/L+GA_3 0.1mg/L+蔗糖3%+琼脂粉0.6%,pH为5.8

继代培养基:MS+BA 0.5mg/L+NAA 0.1mg/L+蔗糖3%+琼脂粉0.6%

生根培养基:MS+NAA 0.5mg/L+蔗糖3%+琼脂粉0.6%

2. 培养过程

(1) 外植体的选择　在长势旺盛、无病虫害的树莓植株上取3~4cm的新梢,除去所有叶片。

(2) 外植体的消毒灭菌　用自来水清洗干净,在超净工作台上,用70%的酒精消毒20~30s,无菌水冲洗1次,再用0.1%的氯化汞浸泡8~10min。灭菌过程中,要轻轻晃动三角瓶，使药液与外植体充分接触，再用无菌水冲洗 3~5 次。

(3) 初代培养　将材料切成 1cm 左右的茎段，接种于配制好的初代培养基中。同时操作期间经常用 70% 酒精擦拭双手和台面，并经常进行接种工具的灭菌，避免交叉污染。培养温度为 23~26℃，每天光照 18~24h，光照强度为 2500~3000lx。

(4) 增殖培养　将丛生芽剪接成 1~2 个芽的茎段或芽块，转接到增殖培养基上进行增殖培养。1 个月可长至 4cm，有 6~8 片叶的健壮无根苗。

(5) 生根培养　选取生长健壮、3cm 左右的无根小苗接种于生根培养基中，温度 25~27℃ 条件下 5d 可在幼茎基部形成根原基。

(6) 驯化与移栽　根长至 0.5~1cm 时，把试管瓶移到室温条件下进行炼苗。移栽前 5d 左右，在室内将封口膜打开 1/3 左右，使幼苗与空气有一定接触。2d 后，移栽到驯化温室内，使幼苗完全暴露在空气中，要适当遮阴，避免高温和强光直接照射，3d 后即可移栽。

移栽时将幼苗取出，小心洗去根部的培养基，去掉老叶，放入铺有湿报纸的盒子，要注意保湿。栽培基质为消毒后的黄沙，用镊子划痕后，夹住幼苗根部，插入至第一轮叶，用手小心压紧，用薄膜覆盖，保持温度在 21~25℃，控制好水分和温度，移栽成活率可达 80% 以上。

四、考核内容与评分标准

(1) 熟练掌握培养基配制技术（20 分）。
(2) 熟练掌握无菌接种技术（20 分）。
(3) 熟练掌握继代增殖培养技术（30 分）。
(4) 熟练掌握生根培养技术（10 分）。
(5) 熟练掌握驯化移栽技术（20 分）。

任务 4　蓝靛果的组培快速繁殖

一、工作目标

通过此项工作掌握植物组织培养的基本知识，并掌握蓝靛果的组培技术。

二、材料用具

蓝靛果休眠芽、超净工作台、高压灭菌锅、电磁炉、酒精灯、接种工具、剪枝剪、无菌瓶、烧杯（500mL）、无菌滤纸、玻璃棒、火柴、记号笔、纱布、70% 酒精、母液、培养瓶、移液管、95% 酒精、0.1% 氯化汞、无菌水等。

三、工作过程

1. 培养基的配制（参考项目二中任务 3 MS 固体培养基的配制与灭菌）

初代培养基：1/2MS＋6-BA 2.0mg/L＋NAA 0.2mg/L＋蔗糖 3%＋琼脂粉 0.6%，pH 为 5.8

继代培养基：1/2MS＋6-BA 1.0mg/L＋NAA 0.1mg/L＋蔗糖 3%＋琼脂粉 0.6%

生根培养基：MS＋NAA 0.2mg/L＋0.1% 活性炭＋蔗糖 3%＋琼脂粉 0.6%

2. 培养过程

(1) 外植体的选择　以冬眠枝条上萌发的腋芽作为外植体。

(2) 外植体的消毒灭菌　将冬眠枝条插在水中培养一段时间，待芽萌动时进行处理。在超净工作台上，用 70% 的酒精消毒 20~30s，无菌水冲洗 1 次，再用 0.1% 的氯化汞浸泡 5~8min。灭菌过程中，要轻轻晃动三角瓶，使药液与外植体充分接触，再用无菌水冲洗

3～5次。

（3）初代培养　将灭菌后的芽接种于配制好的初代培养基中，同时操作期间经常用70%酒精擦拭双手和台面，并经常进行接种工具的灭菌，避免交叉污染。培养温度为22～24℃，每天光照12～14h，光照强度为2000lx。

（4）增殖培养　将丛生芽剪接成1～2个芽的茎段，转接到增殖培养基上进行增殖培养。培养温度为22～24℃，每天光照12～14h，光照强度为2000lx。1个月可长至4～6cm，形成健壮无根苗。

（5）生根培养　选取生长健壮无根苗，剪成3cm左右的苗接种于生根培养基中，在温度23～25℃条件下培养。

（6）驯化与移栽　根长至1～1.5cm时，把试管瓶移到室温条件下进行炼苗。移栽前在棚内放置2～3d。2～3d后，即可移栽。移栽时将幼苗取出，小心洗去根部的培养基，去掉老叶，放入铺有湿报纸的盒子，要注意保湿。栽培基质为消毒后的河沙，可开沟移栽，用手小心压紧，用薄膜覆盖。保持温度在21～25℃，控制好水分和温度，移栽成活率可达80%以上。

四、考核内容与评分标准

(1) 熟练掌握培养基配制技术（20分）。
(2) 熟练掌握无菌接种技术（20分）。
(3) 熟练掌握继代增殖培养技术（30分）。
(4) 熟练掌握生根培养技术（10分）。
(5) 熟练掌握驯化移栽技术（20分）。

任务5　草莓的组培快速繁殖

一、工作目标

通过此项工作掌握植物组织培养的基本知识，并掌握草莓脱毒与快速繁殖的组培技术。

二、材料用具

草莓芽、超净工作台、高压灭菌锅、电磁炉、酒精灯、接种工具、剪枝剪、无菌瓶、烧杯（500mL）、无菌滤纸、玻璃棒、火柴、记号笔、纱布、70%酒精、母液、培养瓶、移液管、95%酒精、洗涤灵、3%次氯酸钠溶液、无菌水等。

三、工作过程

1. 培养基的配制（参考项目二中任务3 MS固体培养基的配制与灭菌）

初代培养基：MS＋BA 0.5mg/L＋蔗糖3%＋琼脂0.7%
继代培养基：MS＋BA 0.5mg/L＋蔗糖3%＋琼脂0.7%
生根培养基：MS＋NAA 0.5mg/L＋AC 1g/L＋蔗糖3%＋琼脂0.7%

2. 培养过程

（1）外植体的选择　取热处理后生长健壮的母株或匍匐茎上的顶芽作为外植体，以每年6～7月份最为适宜。如果母株没有经过热处理，则于7～8月份匍匐茎发生最旺盛的时期，在无病虫害的田块、连续晴天3～4d时，选取生长健壮、新萌发且未着地的3cm长匍匐茎段作为外植体。

（2）外植体的消毒灭菌　用自来水流水冲洗2～4h，用洗涤灵水溶液洗去材料表面的油质，然后剥去外层叶片。在无菌条件下，用70%的酒精浸泡数秒以去除表面的蜡质。再表面消毒 15～30min，并不停地搅动，以促进药液的渗透，然后用无菌水冲洗 3～5 次。

(3) 初代培养　将培养皿放到事先消好毒的解剖镜上，一手执细镊子将茎尖按住，另一只手用解剖针将叶片和外围的叶原基逐层剥掉。当一个闪亮半圆球的顶端分生组织充分暴露出来之后，用解剖刀片将带有 1～2 个叶原基的分生组织切下来，将茎尖顶部向上接种到培养基上，每个接种容器上接种一个茎尖。剥离茎尖时，速度要快，茎尖暴露的时间越短越好，以防止茎尖失水变干。接种过程中，左手握住培养瓶，用火焰烧瓶口和封口材料，用右手的拇指和小指打开瓶盖，当打开瓶子时，瓶口朝向酒精灯火焰，并拿成斜角，以免灰尘落入瓶中造成污染。同时操作期间经常用 70％酒精擦拭双手和台面，并经常进行接种工具的灭菌，避免交叉污染。

接种到预先配制的诱导愈伤组织培养基表面，培养温度为 22～25℃，日照 16～18h/d，光强 3000lx。经 2～3 个月的培养，可生长分化出芽丛，一般每簇芽丛含 20～30 个小芽为适。注意在低温和短日照下，茎尖有可能进入休眠，所以必须保证较高的温度和充足的光照时间。

(4) 继代培养　把芽丛割成芽丛小块，转入继代培养基中令其长大，以利分株。待苗长大到 1～2cm 时，可将芽丛小块切割成有 3～4 个芽的芽丛再转入继代培养基中，达到扩大繁殖的目的。培养条件为温度 23～27℃，光照强度 1000～1500lx，光照时间为 12h/d。经过 3～4 周的培养，可获得 30～40 个腋芽形成的芽丛及植株。

(5) 生根培养　将芽丛切割开，单个芽转接到生根培养基中生根。培养温度 23～27℃，光照强度 2000～2500lx，光照时间为 12h/d。培养 4 周后，可长成高 4～5cm 并有 5～6 条根的健壮苗。

(6) 驯化移栽　用镊子把草莓苗从试管瓶中取出，洗掉根系附带的琼脂培养基。事先备好 8cm×8cm 或 6cm×6cm 的塑料营养钵，内装等量的腐殖土和河沙。栽前压实，浇透水，用竹签在钵中央打一小孔，将试管苗插入其中，压实苗基部周围基质，栽后浇水，以利幼苗基部和基质密合。

栽后的试管苗要培养在湿度较大的空间内，一般加设小拱棚保湿，并经常浇水，每天叶面喷水 3～4 次，增加棚内湿度，以见到塑料薄膜内表面分布均匀的小水珠为宜。4～5d 就能成活，展开新叶。经过 7～10d 后，当检查有一定的根系生出，可逐渐降低湿度和土壤含水量，进入正常幼苗的生长发育管理阶段，增加光照，以利于幼苗健壮生长。

四、考核内容与评分标准

(1) 熟练掌握培养基配制技术（20 分）。
(2) 熟练掌握无菌接种技术（20 分）。
(3) 熟练掌握继代增殖培养技术（30 分）。
(4) 熟练掌握生根培养技术（10 分）。
(5) 熟练掌握驯化移栽技术（20 分）。

任务 6　葡萄的组培快速繁殖

一、工作目标

通过此项工作掌握植物组织培养的基本知识，并掌握葡萄的组培技术。

二、材料用具

葡萄茎尖或带芽的茎段、超净工作台、高压灭菌锅、电磁炉、酒精灯、接种工具、剪枝剪、无菌瓶、烧杯（500mL）、无菌滤纸、玻璃棒、火柴、记号笔、纱布、70%酒精、母液、培养瓶、移液管、95%酒精、0.1%氯化汞、无菌水等。

三、工作过程

1. 培养基的配制（参考项目二中任务 3 MS 固体培养基的配制与灭菌）

初代培养基：MS＋蔗糖 3%＋琼脂 0.7%

B_5＋BA 0.5～1mg/L＋IAA 0.1～0.3mg/L＋蔗糖 3%＋琼脂 0.7%

继代培养基：MS＋BA 0.4～0.6mg/L＋蔗糖 3%＋琼脂 0.7%

生根培养基：1/2MS＋NAA 0.1～0.3mg/L＋蔗糖 3%＋琼脂 0.7%

2. 培养过程

(1) 外植体的选择　外植体选择新梢顶端或休眠枝条的萌发芽。

(2) 外植体的消毒灭菌　剪取健壮无病的葡萄嫩枝，除去幼叶，以自来水冲洗 2～3h，置冰箱处理 4h，将处理后的材料用自来水反复浸泡冲洗。在超净工作台上，将葡萄带芽的茎段，用 70% 酒精浸泡消毒 15～20s，再用 0.1% 氯化汞浸泡 5～10min、无菌水冲洗 4～5 次，以彻底清除氯化汞。

(3) 初代培养　外植体表面消毒后，去除茎段基部切口，切成 1～2cm 长的带芽茎段，接种到初代培养基上进行培养。培养条件为温度 25～28℃、光照 16h/d、光照度 1800lx。2 周左右可看到不定芽出现，逐渐形成丛生芽。

(4) 继代培养　当培养的茎尖形成不定芽时，选取较大不定芽，进行继代培养。3 周左右，小芽即可长成 4cm 左右高的无根苗。培养条件为光照强度 2000lx，光照时间 10h/d，温度 25～28℃，30～40d 可继代 1 次。培养基中培养 1～2 周，每块培养物可长出单芽苗或丛生芽苗，使数量增多。

(5) 生根培养　待试管苗增殖到一定数量后，可将其转入生根培养基中进行壮苗生根培养。选取 3～4cm 高的壮苗，接种到生根培养基上。生长 10d 后，苗的基部形成白色的突起；40d 后，形成 0.5cm 以上的幼根，生根率可达 90% 以上。

(6) 驯化移栽　当葡萄试管苗根长至 1cm 左右且有 5～7 片新叶时，进行炼苗。打开瓶盖 1 周，将苗移入蛭石中，湿度保持在 90% 左右。10cm 下的地温应稳定在 15℃ 左右，光照为 4000～5000lx。15～20d 后，见幼叶变绿时，即可移植到大田，成活率可达 80% 以上。

四、考核内容与评分标准

(1) 熟练掌握培养基配制技术（20分）。

(2) 熟练掌握无菌接种技术（20分）。

(3) 熟练掌握继代增殖培养技术（30分）。

(4) 熟练掌握生根培养技术（10分）。

(5) 熟练掌握驯化移栽技术（20分）。

课程思政资源

项目九　树木快速繁殖技术

知识目标： 通过树木快速繁殖技术的学习，熟练掌握树木植物快速繁殖技术。
技能目标： 能够独立完成树木植物的快速繁殖过程。
重点难点： 植物快速繁殖培养基的优化。

任务1　平榛的组培快速繁殖

一、工作目标
通过此项工作掌握植物组织培养的基本知识，并掌握平榛的组培技术。

二、材料用具
平榛、MS固体培养基母液、激素母液、琼脂、蔗糖、75%酒精、无菌水、12%漂白粉上清液、吐温-20、电子天平、高压灭菌锅、电磁炉、超净工作台、烧杯、量筒、移液管、镊子、剪刀等。

三、工作过程
1. 培养基的配制：（参考项目二中任务3 MS固体培养基的配制与灭菌）

初代培养基：DKW＋6-BA 5.0mg/L＋IBA 0.1mg/L＋AC 0.25mg/L＋维生素C 2.0mg/L

继代培养基：DKW＋IBA 0.01mg/L＋TDZ 1mg/L

生根培养基：1/2MS＋IBA 1.0mg/L

2. 培养过程

（1）外植体的选择　因平榛叶片与茎段有大量绒毛，不易进行表面消毒和除菌，所以平榛组培过程中外植体可选择嫩梢、嫩芽等器官。

（2）外植体的消毒灭菌　把新生嫩梢的叶片和叶托去掉，并用流水冲洗1h，嫩梢用75%的酒精浸泡30s进行表面消毒，然后用无菌水冲洗1次，后浸泡于12%的漂白粉上清液中，每升漂白液外加10滴吐温-20，浸泡15min，最后用无菌水彻底冲洗4～5次。

（3）初代培养　用含1～2个腋芽的茎段作为外植体接种。接种后48h内置黑暗中培养，此后转入光照培养。

（4）继代培养　将初代培养过程中产生的愈伤组织转入芽增殖培养基中。材料接种后置于培养温度25℃、光照强度为3000lx、光周期为16h（光照）的环境下培养。

（5）壮苗生根培养　将平榛试管苗切成带1～2个节位的小段，接种于生根培养基上。材料接种后置于培养温度25℃、光照强度为3000lx、光周期为16h（光照）的环境下培养。

（6）驯化与移栽　待试管苗生根后，将生根小苗的瓶盖打开，于25℃，散射光下炼苗3～4d，之后取出小苗，洗净根部的培养基，将苗移植于灭过菌的蛭石和草炭（配比为1:1）混合基质中，并加盖透光塑料杯，1周后去杯并移栽至大田。

四、考核内容与评分标准

（1）熟练掌握培养基配制技术（20分）。

（2）熟练掌握无菌接种技术（20分）。

（3）熟练掌握继代增殖培养技术（30分）。

（4）熟练掌握生根培养技术（10分）。

（5）熟练掌握驯化移栽技术（20分）。

任务2 毛白杨树的组培快速繁殖

一、工作目标

通过此项工作掌握植物组织培养的基本知识，并掌握毛白杨的组培技术。

二、材料用具

毛白杨、MS固体培养基母液、激素母液、琼脂、蔗糖、75%酒精、无菌水、5%次氯酸钠、电子天平、高压灭菌锅、电磁炉、超净工作台、烧杯、量筒、移液管、镊子、剪刀等。

三、工作过程

1. 培养基的配制（参考项目二中任务3 MS固体培养基的配制与灭菌）

预培养基：MS＋6-BA 0.5mg/L＋水解乳蛋白 100mg/L

初代培养基：MS＋6-BA 0.5mg/L＋NAA 0.02mg/L＋赖氨酸 100mg/L

继代培养基：MS＋6-BA 1.0mg/L＋NAA 0.2mg/L

生根培养基：1/2MS＋IBA 1.0mg/L

2. 培养过程

（1）外植体的选择 进行毛白杨组织培养时，一般采用休眠芽作外植体，取当年形成的直径为5mm左右的枝条最适宜。

（2）外植体的消毒灭菌 先将外植体切成长度为1.5～2cm的小节段，每个节至少带一个休眠芽，用自来水冲洗干净，再用75%的酒精浸泡消毒30s，然后再用5%次氯酸钠溶液浸泡7～8min，最后用无菌水冲洗3～4次。

（3）初代培养 用无菌干滤纸吸去残留在外植体上的水分，于超净工作台上在解剖镜下剥取长2mm左右带有2～3个幼叶原基的茎尖，接种到初代诱导培养基上。经5～6d后，选择没有污染的茎尖再转接到正式的诱导分化的培养基上。培养室温度25～27℃，日光灯连续照光，光照强度为1000lx左右。经2～3个月培养，部分茎尖即可分化出芽。

（4）继代培养 将初代培养诱导出的幼芽从基部切下，转接到继代培养基上。经一个半月左右培养，便长成带有6～7个叶片的完整小植株。选择其中一株健壮小苗进行切段繁殖，以建立无性系。

（5）壮苗生根培养 将继代培养形成的小苗顶端带2～3片叶，以下各段只带一片叶，转接到生根培养基上，6～7d后可见到有根长出。

（6）驯化与移栽 驯化时逐渐降低湿度，并逐渐增强光照，使新叶逐渐形成蜡质，产生表皮毛，逐渐恢复气孔功能，减少水分散失。初始光照应为日光的1/10，其后每3d增加10%，经过30d左右的炼苗即可栽入大田。

四、考核内容与评分标准

（1）熟练掌握培养基配制技术（20分）。

(2) 熟练掌握无菌接种技术（20分）。

(3) 熟练掌握继代增殖培养技术（30分）。

(4) 熟练掌握生根培养技术（10分）。

(5) 熟练掌握驯化移栽技术（20分）。

任务3　香樟的组培快速繁殖

一、工作目标

通过此项工作掌握植物组织培养的基本知识，并掌握香樟树的组培技术。

二、材料用具

香樟树、MS固体培养基母液、激素母液、琼脂、蔗糖、75％酒精、无菌水、10％次氯酸钠、多菌灵、电子天平、高压灭菌锅、电磁炉、超净工作台、烧杯、量筒、移液管、镊子、剪刀等。

三、工作过程

1. 培养基的配制（参考项目二中任务3 MS固体培养基的配制与灭菌）

初代培养基：改良 MS＋6-BA 2.0mg/L＋NAA 0.1mg/L

继代培养基：改良 MS＋6-BA 2.0mg/L＋IBA 0.1mg/L＋GA_3 0.2mg/L

生根培养基：1/2MS＋NAA 0.2mg/L＋IBA 0.8mg/L

2. 培养过程

(1) 外植体的选择　用于香樟组织培养的外植体主要有幼叶、嫩茎、茎段、嫩芽和未成熟的幼胚等。由于香樟内生菌较重，可用多菌灵溶液对3年生的香樟树枝条进行催芽培养，培养1周后多数枝条开始萌芽，2周后新芽长到0.5～2.5cm。

(2) 外植体的消毒灭菌　取经过催芽处理产生的新芽进行消毒灭菌，首先在流水下冲洗干净，再用75％的酒精浸泡消毒30s，然后再用10％次氯酸钠溶液浸泡7～8min，最后用无菌水冲洗3～4次。

(3) 初代培养　将灭过菌的外植体接种在初代培养基上，培养温度25～27℃，光照强度为1000lx左右，时数14h/d。经1个月左右的培养，即可分化出丛生芽。

(4) 继代培养　将丛生芽进行切割接种在继代培养基上，经过一段时间的培养，便形成无根的试管苗。培养温度25～27℃，光照强度为1000lx左右，时数14h/d。

(5) 壮苗生根培养　在超净工作台上将无根试管苗分隔开，分别接种在生根培养基上诱导生根。培养温度25～27℃，光照强度为1000lx左右，时数14h/d。经一段时间的培养，试管苗便长根。

(6) 驯化与移栽　当植株的根系长到0.5～1.0cm时，将试管苗置于大棚内炼苗一个月，使苗木质化程度加强，提高对自然环境的抵抗力。移栽时先将试管苗从瓶内取出，用自来水清洗干净后移栽于塘泥（或蛭石）与沙土配比为1∶2的灭菌基质中，置于温室中培养，培养温度为20～25℃，相对湿度80％。成活率85％～90％。苗木移栽成活后（30～50d）移入网室培育。为培育壮苗，每隔5～6d施叶面肥（0.1％的多效丰产灵）1次，每15～20d施0.1％～0.5％复合肥液1次，定期喷0.1％的多菌灵、百菌清等药物。当6月龄苗，高15～18cm时出圃造林。

四、考核内容与评分标准

(1) 熟练掌握培养基配制技术（20分）。

(2) 熟练掌握无菌接种技术（20分）。

(3) 熟练掌握继代增殖培养技术（30分）。

(4) 熟练掌握生根培养技术（10分）。

(5) 熟练掌握驯化移栽技术（20分）。

课程思政资源

项目十　药用植物快速繁殖技术

知识目标： 通过药用植物快速繁殖技术的学习，熟练掌握药用植物快速繁殖技术。
技能目标： 能够独立完成药用植物的快速繁殖过程。
重点难点： 植物快速繁殖培养基的优化。

任务1　东北红豆杉的组培快速繁殖

一、工作目标

通过此项工作掌握植物组织培养的基本知识，并掌握东北红豆杉的组培技术。

二、材料用具

东北红豆杉、MS固体培养基母液、激素母液、琼脂、蔗糖、75%酒精、无菌水、0.1%升汞、电子天平、高压灭菌锅、电磁炉、超净工作台、烧杯、量筒、移液管、镊子、剪刀等。

三、工作过程

1. 培养基的配制（参考项目二中任务3 MS固体培养基的配制与灭菌）

初代培养基：MS+6-BA 1.0mg/L+NAA 0.02mg/L

继代培养基：MS+KT 2.0mg/L+NAA 0.5mg/L

生根培养基：1/2MS+IBA 0.05mg/L

2. 培养过程

（1）外植体的选择　可选用17年树龄的东北红豆杉的当年生嫩枝和前一年长出的未萌发的休眠枝作为外植体。

（2）外植体的消毒灭菌　将材料用自来水冲洗干净，摘除多余针叶，只留茎尖部位带2~3个幼叶的嫩枝，休眠枝不留叶，先用75%酒精浸泡30s，无菌水冲洗一次。然后在无菌条件下用0.1%升汞浸泡消毒外植体，嫩枝消毒5~6min，休眠枝消毒9~10min，后用无菌水冲洗4~5次。

（3）初代培养　将消毒后的外植体切成0.8~1.0cm长茎段，接种在初代培养基上，在环境温度25℃、相对湿度70%~80%、光照强度1500lx左右、光照10~12h/d条件下培养。

（4）继代培养　培养20d后芽展开，30d后新叶长出，待丛生芽到一定数量后可继续进行增殖培养，将小芽接种在继代增殖培养基上培养。

（5）壮苗生根培养　待小芽长到1cm左右的时候，将其切下后接入生根培养基进行生根培养。

（6）驯化与移栽　关于红豆杉组培苗的移栽还有待进一步研究。

四、考核内容与评分标准

（1）熟练掌握培养基配制技术（20分）。

（2）熟练掌握无菌接种技术（20分）。

（3）熟练掌握继代增殖培养技术（30分）。

(4) 熟练掌握生根培养技术（10分）。

(5) 熟练掌握驯化移栽技术（20分）。

任务2　芦荟的组培快速繁殖

一、工作目标

通过此项工作掌握植物组织培养的基本知识，并掌握芦荟的组培技术。

二、材料用具

芦荟、MS固体培养基母液、激素母液、琼脂、蔗糖、75%酒精、无菌水、0.1%升汞、洗衣粉、多菌灵、电子天平、高压灭菌锅、电磁炉、超净工作台、烧杯、量筒、移液管、镊子、剪刀等。

三、工作过程

1. 培养基的配制（参考项目二中任务3 MS固体培养基的配制与灭菌）

初代培养基：MS+6-BA 2.0mg/L+NAA 0.1mg/L

继代培养基：MS+6-BA 3.0mg/L+NAA 0.1mg/L

生根培养基：1/2MS+IBA 2.0mg/L+NAA 1.0mg/L+活性炭0.2%

2. 培养过程

(1) 外植体的选择　进行芦荟组培及快繁，可取芦荟的茎尖、嫩茎切段作为外植体。

(2) 外植体的消毒灭菌　将整棵芦荟植株，剥去外层较老的叶片，并切去较长的叶片，保留基部5cm左右，用洗衣粉水浸泡，再用自来水冲洗干净，在无菌条件下，将芦荟用75%的酒精消毒30s，再用0.1%升汞溶液浸泡消毒10min，无菌水冲洗4~5次。

(3) 初代培养　将消毒后的外植体，在超净工作台上剥去外层2~3片叶，切成1~2cm大小的小块接种于诱导培养基上培养。

(4) 继代培养　外植体在诱导培养基上培养10d后，顶芽伸长，到25d左右在组织块的基部开始长出腋芽，并且在每个外植体的嫩茎组织基部长出多个小突起，45~50d后小突起和腋芽逐渐长成7~9个绿色单芽，此时芽有2.0~2.5cm高可进行下一步的培养。把丛生芽切割成带2~3个小芽的小块接种在继代增殖培养基中进行扩大培养，培养至30d，在芽的基部可形成10个左右单芽，此时可再次切割增殖培养。

(5) 壮苗生根培养　将高3cm左右的试管苗由丛生芽块上切下转到生根培养基上，7d后在苗的基部便形成白色的突起，并逐渐伸长，至12d可形成明显的幼根，逐渐长成完整的小植株，小苗长至7cm以上时即可移栽。

(6) 驯化与移栽　生根苗在培养室中经过1个月的生长形成完整的植株，幼苗在移栽前进行2~3d的炼苗，之后洗掉粘在根部的琼脂，并用多菌灵1000倍液浸泡10min，然后在遮光条件下自然风干1~2d，至叶色微变，移栽在沙土、腐殖土比例为1:1的无菌基质中，保持土壤湿度80%左右，移栽成活率可达90%以上。

四、考核内容与评分标准

(1) 熟练掌握培养基配制技术（20分）。

(2) 熟练掌握无菌接种技术（20分）。

(3) 熟练掌握继代增殖培养技术（30分）。

(4) 熟练掌握生根培养技术（10分）。

(5) 熟练掌握驯化移栽技术（20分）。

任务3 驱蚊草的组培快速繁殖

一、工作目标

通过此项工作掌握植物组织培养的基本知识，并掌握驱蚊草的组培技术。

二、材料用具

驱蚊草、MS固体培养基母液、激素母液、琼脂、蔗糖、75%酒精、无菌水、0.1%升汞、高锰酸钾或多菌灵、电子天平、高压灭菌锅、电磁炉、超净工作台、烧杯、量筒、移液管、镊子、剪刀等。

三、工作过程

1. 培养基的配制（参考项目二中任务3 MS固体培养基的配制与灭菌）

初代培养基：MS＋6-BA 2.0mg/L＋NAA 0.2mg/L

继代培养基：MS＋NAA 0.1mg/L＋6-BA 2.0mg/L

生根培养基：1/2MS＋IBA 0.3mg/L

2. 培养过程

（1）外植体的选择 驱蚊草组织培养可选择叶片、叶柄以及柔嫩的茎和芽作为外植体。

（2）外植体的消毒灭菌 将新剪下来的外植体在流水中冲洗20min之后置于75%酒精30s，用无菌水冲洗干净后浸于0.1%升汞中浸泡灭菌6～7min，用无菌水清洗4～5次。

（3）初代培养 将灭菌的叶片切成1cm×1cm的小块接种于初代诱导培养基上，置于温度25℃左右、光强2000～2500lx、每天光照14h的条件下培养愈伤组织。

（4）继代培养 将在愈伤组织诱导培养基获得的愈伤组织切成直径约为0.5cm的小块，接种于继代培养基中，置于28℃、光强2500～3000lx、每天光照14h的条件下培养。

（5）壮苗生根培养 将无根的试管苗切成单株，接种于生根培养基内，培养条件同继代培养，进行生根培养。

（6）驯化 把长有健壮根系的植株连瓶不开盖放在温室，经3～4d后打开盖，放置3～4d进行驯化炼苗。驯化期间注意温度和湿度的控制。

（7）移栽 温室小苗床用消过毒的珍珠岩和蛭石或按1∶1的比例做基质，消毒可用开水浸泡，也可用1%的高锰酸钾浇透（或1%多菌灵）。取出小苗，洗去黏附的琼脂培养基，并用0.1%多菌灵洗根，移栽于小苗床上，密度为3cm×5cm，移栽完毕，再浇适量水。用塑料薄膜覆盖保湿，有条件时可用自动喷雾装置，不必盖塑料薄膜。如果是塑料薄膜覆盖，则要注意通风和温度，避免温度过高。菊花2周即可长根成活，长根成活的植株可作第二次移植，移于营养杯中，每杯一苗。再逐渐上盆、换盆或地植，并按常规栽培要求进行管理。

四、考核内容与评分标准

（1）熟练掌握培养基配制技术（20分）。

（2）熟练掌握无菌接种技术（20分）。

（3）熟练掌握继代增殖培养技术（30分）。

（4）熟练掌握生根培养技术（10分）。

（5）熟练掌握驯化移栽技术（20分）。

任务4　灯盏花的组培快速繁殖

一、工作目标

通过此项工作掌握植物组织培养的基本知识，并掌握灯盏花的组培技术。

二、材料用具

灯盏花、MS固体培养基母液、激素母液、琼脂、蔗糖、75%酒精、无菌水、0.1%升汞、电子天平、高压灭菌锅、电磁炉、超净工作台、烧杯、量筒、移液管、镊子、剪刀等。

三、工作过程

1. 培养基的配制（参考项目二中任务3 MS固体培养基的配制与灭菌）

初代培养基：MS+6-BA 0.5mg/L+NAA 0.1mg/L

继代培养基：MS+6-BA 0.5mg/L+IBA 0.5mg/L+10%香蕉汁

　　　　　　MS+2,4-D 5.0mg/L+KT 0.5mg/L+10%香蕉汁+0.5%活性炭

生根培养基：1/2MS+NAA 0.1mg/L

2. 培养过程

（1）外植体的选择与消毒灭菌　取灯盏花幼嫩叶片作为外植体进行灭菌，先将外植体在流水下冲洗干净，再将外植体放入75%的酒精中消毒30s，无菌水冲洗一次，0.1%的升汞溶液浸泡5min，无菌水冲洗3次。

（2）初代培养　将灭菌后的外植体切成1cm×1cm的小块，并接种到初代诱导培养基中培养。培养温度25℃，光照强度2000lx，光照时间16h/d。培养8d后，叶片呈现出不同程度的变厚卷曲膨大，逐渐长出淡绿色颗粒状的愈伤组织，14d后出现大量的愈伤组织。

（3）继代培养　待长出绿色的愈伤组织时，切取并转入继代培养基中进行分化培养。愈伤组织在分化培养基上培养12d，即可观察到愈伤组织的体积明显增大，25d后愈伤组织表层变绿且有小芽点长出，30d后有浅绿色的子叶出现，40d后大量叶子从芽丛中生长形成无根苗丛。

（4）壮苗生根培养　不定芽转接到生根培养基中进行生根培养。6d后便有根原基生成（愈伤组织突起，表面附有少量白色小绒毛）。经2次继代后，18d无根苗下的愈伤片上布满大量根原基并有大量的根生成。

（5）驯化与移栽　当试管苗根长2cm以上时，打开瓶盖，驯化3~5d，之后用镊子将苗轻轻夹出，用清水洗去基部残留的培养基，栽于腐殖土：珍珠岩：蛭石为2∶1∶1的灭菌基质中，保持80%~85%湿度，成活率达95%以上。

四、考核内容与评分标准

(1) 熟练掌握培养基配制技术（20分）。

(2) 熟练掌握无菌接种技术（20分）。

(3) 熟练掌握继代增殖培养技术（30分）。

(4) 熟练掌握生根培养技术（10分）。

(5) 熟练掌握驯化移栽技术（20分）。

任务5　刺五加的组培快速繁殖

一、工作目标

通过此项工作掌握植物组织培养的基本知识，并掌握刺五加的组培技术。

二、材料用具

刺五加、MS 固体培养基母液、激素母液、琼脂、蔗糖、75%酒精、无菌水、0.1%升汞、电子天平、高压灭菌锅、电磁炉、超净工作台、烧杯、量筒、移液管、镊子、剪刀等。

三、工作过程

1. 培养基的配制（参考项目二中任务 3 MS 固体培养基的配制与灭菌）

初代培养基：B_5＋ZT 0.2mg/L＋NAA 2.0mg/L＋GA_3 1.5mg/L

继代培养基：B_5＋6-BA 2.0mg/L＋NAA 3.0mg/L

生根培养基：B_5＋6-BA 2.0mg/L＋NAA 1.0mg/L

2. 培养过程

（1）外植体的选择　选择刺五加生长健壮的植株，可选取着生于植株上部的茎尖、新展开的幼叶和当年生的根作为外植体。

（2）外植体的消毒灭菌　首先将外植体用自来水冲洗干净，然后移到超净工作台上用 75% 的酒精浸泡 30s，无菌水冲洗 1 次，再用 0.1% 的升汞浸泡消毒 8min，取出后用无菌水冲洗 5~6 次，用无菌滤纸吸去表面水珠，备用。

（3）初代培养　用解剖刀剥取茎尖、叶片切成 0.5mm×0.5mm 左右的小块，根切成 0.3cm 左右的小段。将三种外植体分别接种于诱导培养基上诱导愈伤组织。愈伤组织的诱导在黑暗条件下进行较为合适，愈伤组织的扩增在光下进行较合适，此外要求温度（25±2）℃，光照强度为 1500lx，光照时间 10h/d。以叶片为外植体的材料一般培养 15d 就开始膨大，根在培养 20d 时两端伤口略向上翘起，茎尖在培养 25d 才开始肥厚膨大，3 种外植体在培养 30d 左右均能产生淡黄色瘤状愈伤组织并不断扩大。

（4）继代培养　45d 后将诱导出的颗粒状愈伤组织与外植体分开，将愈伤组织接种在继代培养基上，于光下继代培养。培养温度（25±2）℃。

（5）壮苗生根培养　待长出小苗后将试管苗放入生根培养基中进行生根培养。

（6）驯化与移栽　待试管苗长出根后便可进行驯化、移栽。试管苗的移栽出瓶前，先将培养瓶打开口晾苗 3d，后用镊子取出试管苗，轻轻洗净基部的培养基，移至消过毒的河沙和珍珠岩配比为 3∶1 的混合基质中，用水浇透以透光的塑料薄膜覆盖保湿 7d 后，打开薄膜，每隔 2d 用喷雾器喷水保证基质潮湿，每 7d 喷 1 次 800 倍的杀菌剂，保持温度 25℃左右，20d 后幼苗基部有白色新根长出，即可定植于消毒的土壤中，成活率达 60%以上。

四、考核内容与评分标准

（1）熟练掌握培养基配制技术（20 分）。

（2）熟练掌握无菌接种技术（20 分）。

（3）熟练掌握继代增殖培养技术（30 分）。

（4）熟练掌握生根培养技术（10 分）。

（5）熟练掌握驯化移栽技术（20 分）。

任务 6　半夏的组培快速繁殖

一、工作目标

通过此项工作掌握植物组织培养的基本知识，并掌握半夏的组培技术。

二、材料用具

半夏、MS 固体培养基母液、激素母液、琼脂、蔗糖、75%酒精、无菌水、漂白粉、洗衣粉、电子天平、高压灭菌锅、电磁炉、超净工作台、烧杯、量筒、移液管、镊子、剪刀等。

三、工作过程

1. 培养基的配制（参考项目二中任务 3 MS 固体培养基的配制与灭菌）

初代培养基：1/2MS＋6-BA 1.0～2.0mg/L＋NAA 0.1～0.5mg/L

继代、生根培养基：MS＋6-BA 2.0mg/L＋NAA 2.0mg/L

MS＋6-BA 1.0mg/L＋NAA 0.1mg/L

2. 培养过程

（1）外植体的选择与消毒灭菌　将半夏健壮的球茎去掉外皮后，以洗衣粉水洗净，流水冲洗 1h，然后用 75％酒精浸泡 30s，无菌水冲洗 1 次，后用饱和漂白粉溶液浸泡消毒 15～18min，无菌水冲洗 4～5 次。

（2）初代培养　将灭菌后的材料于超净工作台上切去四周坏死的组织，再分切成 4mm 厚的小薄片接种到初代诱导培养基上诱导愈伤组织。培养温度（25±2）℃，光照时间 16h/d。

（3）继代与生根培养　在诱导培养基上培养 28～30d 后，将愈伤组织块的四周有小块茎的部位切下，转接到分化培养基上继续增殖培养，半夏的根和芽可同时分化，且分化速度快，易形成丛生苗。待平均根数在 7～9 条、平均根长 5cm 时，已可以移栽。

（4）驯化与移栽　将试管苗置于培养室中打开瓶盖 2～3d，洗净粘在根部的培养基，植入经高压灭菌的河沙和松针土比例为 1∶1 的基质中，放在有散射光、通风好的地方，量大时以荫棚（透光率 50％）作苗床。每天喷雾 2～3 次，以保持基质湿润，2～3d 后再生植株即可移苗，一般成活率在 99％以上。

四、考核内容与评分标准

（1）熟练掌握培养基配制技术（20 分）。

（2）熟练掌握无菌接种技术（20 分）。

（3）熟练掌握继代增殖培养技术（30 分）。

（4）熟练掌握生根培养技术（10 分）。

（5）熟练掌握驯化移栽技术（20 分）。

任务 7　罗汉果的组培快速繁殖

一、工作目标

通过此项工作掌握植物组织培养的基本知识，并掌握罗汉果的组培技术。

二、材料用具

罗汉果、MS 固体培养基母液、激素母液、琼脂、蔗糖、75％酒精、无菌水、0.1％升汞、电子天平、高压灭菌锅、电磁炉、超净工作台、烧杯、量筒、移液管、镊子、剪刀等。

三、工作过程

1. 培养基的配制（参考项目二中任务 3 MS 固体培养基的配制与灭菌）

初代培养基：MS＋6-BA 1.0mg/L＋IBA 0.5mg/L

继代培养基：MS＋6-BA 2.0mg/L＋IBA 0.5mg/L

生根培养基：1/2MS＋NAA 0.3mg/L

2. 培养过程

（1）外植体的选择与消毒灭菌　首先将罗汉果的种子用自来水冲洗干净。再将洗净的种子拿到超净工作台上进行消毒接种。将种子放到1个干净的三角瓶中，加入75%的酒精消毒30s，这时要不停地摇动，无菌水冲洗1次，再加入0.1%升汞溶液浸泡消毒5min，这时同样也要不断搅动，然后用无菌水冲洗5次，消毒完后，将种子从三角瓶中取出，放在消毒滤纸上将水分吸干，置于不含激素的MS培养基上培养3周左右，可获得长有5～6片真叶的罗汉果无菌苗，取其叶片作为外植体。

（2）初代培养　由于使用试管苗作为外植体，所以材料无需再进行表面消毒灭菌。从试管苗上摘取整片生长健壮、完全展开的幼叶，将叶片用解剖刀在叶片背面（远轴面）横划三刀，但不要完全切断叶片，就是说不要切断叶子的上表皮。将叶片平放于培养基上，使背面与培养基接触。摆放密度要适中，以每片叶子间隔1cm左右为宜，过密则营养不足，过稀则不仅浪费培养基而且再生频率会降低。

（3）继代培养　叶片培养1周左右，体积明显膨大呈凹凸不平状，这预示细胞在进行生长和活跃的分裂。再过3周左右，可以看到从外植体有切口的地方分化出许多圆形小突起，再经过一段时间的培养，众多的小突起分化出一些丛生的芽。由于整个分化的周期比较长，所以中间最好更换一次培养基。

（4）壮苗生根培养　从壮苗培养基上选取较高的壮苗，用解剖刀从基部切去3～5mm，将小苗转到生根培养基上，约10d就可看到小苗长出比较发达的根系。

（5）驯化与移栽　待根长至1cm左右时，将瓶盖打开，但不要把盖子拿掉。将试管苗转到低于培养室温度的地方，最好有散射的太阳光，约一周时间即可以移栽。移栽用的介质是中性土壤，且最好经过消毒灭菌处理。移栽的小苗注意保证一定的湿度，其周围的空气湿度比移栽基质的湿度更重要。一旦移栽，其周围湿度降低，就会使叶片皱缩，容易死苗。生长试管苗的温室温度应在25℃左右，这样与培养室的温度相当，有利于成活。光线不要太强，开始几天最好要遮阴，为了保证试管苗的正常生长，温室内应经常喷洒杀虫剂、杀菌剂。

四、考核内容与评分标准

（1）熟练掌握培养基配制技术（20分）。

（2）熟练掌握无菌接种技术（20分）。

（3）熟练掌握继代增殖培养技术（30分）。

（4）熟练掌握生根培养技术（10分）。

（5）熟练掌握驯化移栽技术（20分）。

任务8　甘草的组培快速繁殖

一、工作目标

通过此项工作掌握植物组织培养的基本知识，并掌握甘草的组培技术。

二、材料用具

甘草、MS固体培养基母液、激素母液、琼脂、蔗糖、75%酒精、无菌水、0.1%升汞、洗洁精、头孢拉定溶液、多菌灵粉剂、硫酸链霉素粉剂、电子天平、高压灭菌锅、电磁炉、超净工作台、烧杯、量筒、移液管、镊子、剪刀等。

三、工作过程

1. 培养基的配制（参考项目二中任务 3 MS 固体培养基的配制与灭菌）

初代培养基：MS＋6-BA 1.0 2mg/L＋2,4-D 0.5mg/L

继代培养基：MS＋6-BA 2.0mg/L＋KT 1.0mg/L

MS＋6-BA 2.0mg/L＋NAA 1.0mg/L

生根培养基：1/2MS＋NAA 1.0mg/L

2. 培养过程

（1）外植体的选择与消毒灭菌　将甘草的根先用自来水冲洗干净，用带芽点的根茎作为接种材料，用洗洁精漂洗一遍，再用自来水冲洗半小时，然后用75％酒精浸泡杀菌 15s 后立刻倒出酒精，用无菌水冲洗 3 遍，再加入 0.1％的升汞浸泡消毒 5min，用无菌水再冲洗 3～5 遍，放在含头孢拉定的抗生素溶液中浸泡 20min，取出放到消过毒的滤纸上吸干水分备用。

（2）初代培养　将消毒后的外植体材料切成 0.5cm 大小，接种到愈伤组织诱导培养基上进行愈伤组织诱导。培养温度为 22℃，光照强度 2000lx。

（3）继代培养　将诱导出的愈伤组织转接于分化培养基上，培养温度为 22℃，光照强度 2000lx。经过一段时间的培养会形成无根试管苗。

（4）壮苗生根培养　将长至 2cm 高的试管苗转入生根壮苗培养基培养，待长根后，就可进行移栽炼苗。

（5）驯化与移栽　将长根的试管苗送入温室准备炼苗。炼苗前先用多菌灵粉剂加硫酸链霉素（浓度为 0.3％）对水喷雾，需喷透基质，然后将附着在苗上的琼脂洗净，移栽于温室内铺有草炭和珍珠岩（配比为 1∶1）混合无菌基质的塑料拱棚里进行移栽炼苗。炼苗第一周注意湿度保证在 80％以上，以后逐渐降低湿度，温度在 20～30℃，一个月后揭掉拱棚，炼苗成活率达到 90％以上，两个月后小苗长到 4 片叶、苗高 10cm 时进行定植。经过组织培养的苗，在苗床上生长健壮、叶片肥大。

四、考核内容与评分标准

（1）熟练掌握培养基配制技术（20 分）。

（2）熟练掌握无菌接种技术（20 分）。

（3）熟练掌握继代增殖培养技术（30 分）。

（4）熟练掌握生根培养技术（10 分）。

（5）熟练掌握驯化移栽技术（20 分）。

任务 9　桔梗的组培快速繁殖

一、工作目标

通过此项工作掌握植物组织培养的基本知识，并掌握桔梗的组培技术。

二、材料用具

桔梗、MS 固体培养基母液、激素母液、琼脂、蔗糖、75％酒精、无菌水、0.1％升汞、漂白粉、电子天平、高压灭菌锅、电磁炉、超净工作台、烧杯、量筒、移液管、镊子、剪刀等。

三、工作过程

1. 培养基的配制（参考项目二中任务 3 MS 固体培养基的配制与灭菌）

初代培养基：MS＋2,4-D 0.2mg/L

继代培养基：MS＋6-BA 0.5mg/L＋NAA 0.05mg/L

生根培养基：1/2MS＋NAA 0.5mg/L＋IAA 0.1mg/L

2. 培养过程

(1) 外植体的选择与消毒灭菌　把种子洗净，在超净工作台上，用漂白粉过饱和溶液上清液浸泡15min，无菌水冲洗2～3次，75％酒精浸泡20s，无菌水冲洗2～3次，用0.1％升汞浸泡2～3min，无菌水冲洗5～8次，用消毒滤纸吸干表面水分备用。

(2) 初代培养　将种子接种入MS培养基，10～15d后，种子开始萌发，取其上胚轴接种入诱导愈伤组织和芽分化培养基上。接种10d后，上胚轴开始膨大，长出浅绿色的愈伤组织。20d后，可见芽产生，并长出绿叶，长成无根丛生苗。

(3) 继代培养　待试管苗长到5～6cm时，将苗分成2～3株的丛苗，基部带愈伤组织，转接到继代培养基中，平均20～25d继代1次。

(4) 壮苗生根培养　将长得健壮的苗分成单株，去除基部愈伤组织，接种于生根培养基中，10d后开始长根，生根率达100％。

(5) 驯化与移栽　待试管苗的根达1～2cm时，打开瓶盖，置于室温下，炼苗2～3d后，取出试管苗，洗去基部的培养基，移栽于灭过菌的腐殖土中，移入温室，需保持湿度。温度可控制在20～24℃，7d后移栽，成活率可达80％以上。

四、考核内容与评分标准

(1) 熟练掌握培养基配制技术（20分）。

(2) 熟练掌握无菌接种技术（20分）。

(3) 熟练掌握继代增殖培养技术（30分）。

(4) 熟练掌握生根培养技术（10分）。

(5) 熟练掌握驯化移栽技术（20分）。

任务10　黄芩的组培快速繁殖

一、工作目标

通过此项工作掌握植物组织培养的基本知识，并掌握黄芩的组培技术。

二、材料用具

黄芩、MS固体培养基母液、激素母液、琼脂、蔗糖、75％酒精、无菌水、0.1％升汞、多菌灵、电子天平、高压灭菌锅、电磁炉、超净工作台、烧杯、量筒、移液管、镊子、剪刀等。

三、工作过程

1. 培养基的配制（参考项目二中任务3 MS固体培养基的配制与灭菌）

诱导培养基：MS＋6-BA 2.0mg/L＋IAA 0.2mg/L

MS＋6-BA 1.0mg/L＋IAA 0.2mg/L

继代培养基：MS＋6-BA 0.1mg/L

生根培养基：1/2MS＋NAA 0.1mg/L

2. 培养过程

(1) 外植体的选择与消毒灭菌，初代培养　取黄芩种子用自来水冲洗干净后放入75％酒精中浸泡消毒1min，无菌水冲洗1次，后转入0.1％升汞溶液中浸泡消毒10min，然后用无菌水冲洗5次，接种在MS基本培养基上无菌萌发，15d后获得无菌苗，在初代诱导培养基上不断继代保存。

（2）愈伤组织诱导培养　取黄芩试管苗 0.5cm 左右的节、节间和切成 0.5cm 见方的叶片分别接种于诱导培养基中。培养条件为（25±2）℃，暗培养。

（3）继代培养　把黄芩愈伤组织切成 0.3cm 见方的小块，分别接种到分化培养基中，进行分化培养。每天光照 16h，光强 1200lx，培养温度（25±2）℃。

（4）壮苗生根培养　将黄芩试管苗切成带 1～2 个节的小段，接种于生根培养基上，培养条件同上。

（5）驯化与移栽　当根长至 1～2cm 时，将生根试管苗在驯化室中炼苗 4～7d，驯化室为防虫网室，然后取出试管苗，洗净基部的培养基，移栽到灭菌基质中。移栽基质采用草炭土与珍珠岩（或蛭石等）按 1∶1 的比例混合，上述基质具有保水、透气和重量轻等优点，非常适宜试管苗移栽，移栽株行距 5cm×5cm，移栽成活率达 90% 以上。

移栽后第 1～2 周为管理的关键阶段，初期湿度控制在 95%、温度 20～25℃、散射光，以后逐步降低空气湿度，增加光照强度。移栽基质用 50% 多菌灵 1000 倍液喷洒消毒，每周 1 次。1 周后进行施肥，用 3 倍 MS 大量元素液喷施，每周 1 次。30d 后，苗高 5～8cm，具 6～8 片叶时，试管苗已经适应了外界环境条件后可进行定植。

四、考核内容与评分标准

（1）熟练掌握培养基配制技术（20 分）。
（2）熟练掌握无菌接种技术（20 分）。
（3）熟练掌握继代增殖培养技术（30 分）。
（4）熟练掌握生根培养技术（10 分）。
（5）熟练掌握驯化移栽技术（20 分）。

任务 11　牛蒡的组培快速繁殖

一、工作目标

通过此项工作掌握植物组织培养的基本知识，并掌握牛蒡的组培技术。

二、材料用具

牛蒡、MS 固体培养基母液、激素母液、琼脂、蔗糖、75% 酒精、无菌水、0.1% 升汞、电子天平、高压灭菌锅、电磁炉、超净工作台、烧杯、量筒、移液管、镊子、剪刀等。

三、工作过程

1. 培养基的配制（参考项目二中任务 3 MS 固体培养基的配制与灭菌）

诱导培养基：MS+2,4-D 2.0mg/L+6-BA 0.5mg/L
继代培养基：MS+NAA 1.0mg/L+6-BA 0.5mg/L
生根培养基：1/2MS+IBA 1.0mg/L+NAA 1.0mg/L

2. 培养过程

（1）外植体的选择与消毒灭菌　外植体选用牛蒡的种子。将种子用 75% 酒精浸泡 30s 灭菌，无菌水冲洗 1 次，后用 0.1% 升汞溶液浸泡灭菌 10min，无菌水清洗 5 次。将灭菌后的种子接种于附加 3% 蔗糖、0.8% 琼脂粉的 MS 基础培养基上，诱导种子的萌发。

（2）愈伤组织诱导培养　取生长 7d 的牛蒡无菌苗，将其子叶和下胚轴切成 5～10mm 的小段，接种在初代诱导培养基中，进行愈伤组织诱导，2 周后愈伤组织诱导率可以达到 87%～100%。每 3 周继代培养 1 次。

(3) 继代培养　将生长状态良好的愈伤组织转至分化培养基上诱导分化，30d 后愈伤组织分化率可达 100%。

(4) 壮苗生根培养　切取生长健壮的幼苗转至生根培养基上进行诱导生根培养。

(5) 驯化与移栽　当小植株长到 6～7cm 时，采用光照强度 1500～2000lx，每天照射 14h，培养 10d。10d 后炼苗 2d，然后取出幼苗，洗净培养基，栽入蛭石基质中，罩上薄膜保湿，15～20d 即可成活。

四、考核内容与评分标准

(1) 熟练掌握培养基配制技术（20 分）。

(2) 熟练掌握无菌接种技术（20 分）。

(3) 熟练掌握继代增殖培养技术（30 分）。

(4) 熟练掌握生根培养技术（10 分）。

(5) 熟练掌握驯化移栽技术（20 分）。

课程思政资源

项目十一　组培苗工厂化生产的经营与管理

知识目标： 了解组培苗工厂化生产的流程及具体过程；了解工厂化生产所需要的厂房和设备；掌握工厂化生产计划的制订方法及相关内容；掌握工厂化生产的成本核算和效益分析方法。

技能目标： 能够制订组培苗工厂化生产计划并进行成本核算和效益分析。

重点难点： 工厂化生产的厂房设计、计划制订、成本核算和效益分析。

必 备 知 识

一、组培苗商品化工厂规划与设计

1. 场地的选择

组培快繁是高密度集中生产，需要无菌环境，应该选择周围安静、无污染、阳光充足、无高大建筑物遮挡的场地，最好选在花卉、蔬菜和果品生产厂区，方便种苗运输和保鲜，也适应植物组培快繁生产的需要。同时根据南北方气候特点，在北方建厂房时选择地势平坦、坐北朝南、厂房后面种植高大的树木，有利于秋冬季节挡风御寒；南方建设厂房时应选择地势平坦、前后都没有建筑物的场所，有利于通风。

2. 组培快繁厂房的设计

组培快繁要求无菌环境，应建设一座比较大的厂房，在厂房内间隔成若干个工作间，主要包括办公室、药品贮藏间、操作间、接种间、无菌培养间（图11-1）。

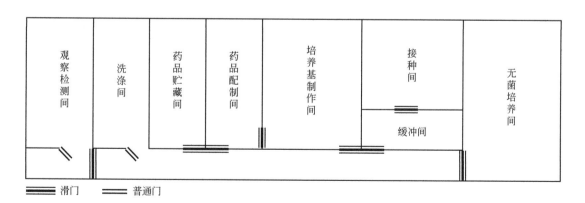

图11-1　组培快繁厂房的设计

二、植物组织培养工厂化生产设施及设备

（一）组织培养、离体快繁设施与设备

以建立一个年产100万株组培苗的工厂为例，具体见表11-1、表11-2。

（1）洗涤间　洗涤间用于器具的清洗、干燥和贮存。房间大小一般在20～30m²，房间内应配置大型水槽，最好用白瓷砖砌成的水槽。为防止碰坏玻璃器皿，可铺垫橡胶，上下水

表 11-1　组培苗工厂化生产中组织培养、离体快繁设施与设备一览表

序号	名称	面积/m²	单价[①]/(元/m²)	金额/万元
1	观察检测间	30	2500	7.5
2	洗涤间	30	2500	7.5
3	药品贮藏间	20	2500	5
4	药品配制间	20	2500	5
5	培养基制作间	80	2500	20
6	接种间	60	2500	15
7	无菌培养间	120	2500	30

① 以佳木斯地区（2010年）楼房市价计。

表 11-2　组培快繁车间主要设施和仪器一览表

序号	名称	规格	数量	单价[①]/元	金额/万元
1	显微摄像系统	分辨率2048×1536，具有314万像素	1	40000	4
2	解剖镜	40倍	1	1500	0.15
3	离心机	3000～10000r/min	2	8000	1.6
4	酶标定仪	96孔微机控制	1	25000	2.5
5	电泳设备		1	4000	0.4
6	洗瓶机	1500瓶/h	1	6000	0.6
7	洗衣机		1	600	0.06
8	干燥架		2	500	0.1
9	医用手术车		3	300	0.09
10	药品橱	100cm×45cm×200cm	4	1000	0.4
11	电子天平	10%、1%、0.1%、0.01%	各1个		1.5
12	操作台	240cm×75cm×85cm，耐腐蚀	5	30000	1.5
13	通风橱		1	500	0.05
14	玻璃器皿柜	120cm×45cm×200cm	2	1500	0.3
15	磁力搅拌器	0～2400r/min	2	300	0.06
16	冰箱	250L	1	3000	0.3
17	高压灭菌锅		4	1000	0.4
18	煤气炉		1	500	0.05
19	电炉		3	200	0.06
20	移液架		3	200	0.06
21	移液器	0.5～10μL、5～20μL、20～200μL、100～1000μL、1～5mL、2～10mL	2套	4000	0.8
22	酸度计		2	3000	0.6
23	蒸馏水器	20L/h	1	1500	0.15
24	冷藏柜	360L	1	4350	0.5
25	电热干燥箱	220V/(250℃±1℃)	2	1500	0.3

续表

序号	名　称	规　格	数量	单价①/元	金额/万元
26	恒温培养箱	150L,0～99℃	2	1500	0.3
27	培养基灌装机	50L	2	5000	1
28	超净工作台	双人单面	8	11700	9.36
29	接种解剖刀	不锈钢	20	20	0.04
30	接种专用盘	Φ14cm 不锈钢	16	10	0.016
31	接种剪	不锈钢	16	10	0.016
32	接种镊子	不锈钢	16	5	0.008
33	培养瓶	200mL、250mL、440mL	10万	0.6～4	6～40
34	培养架	125mm×55mm×180mm	120	1500	18
35	空调	50LW	6	5000	3
36	除湿机	36L	2	3000	0.6
37	加湿器		2	6300	1.26
38	液体培养摇床		2	5000	1
39	温湿度计		若干	100	
40	紫外灯		若干	40	
41	接种工作服		若干	40	
42	相关药品	见项目一	若干		
43	其他		若干		

① 以佳木斯地区（2010）市价计。

道要畅通。主要的设备有洗瓶机、洗衣机、干燥架、医用手术车等，同时需要周转箱，用于运输培养器皿。

(2) **药品贮藏间**　药品贮藏间主要用于药品的贮藏，主要的设备为药品柜。贮藏间的大小可根据药品的多少和生产规模确定，一般大小为 $15～20m^2$。要保持相对较低的温度和较好的通风干燥条件，安装换气扇，同时要遮光。药品要根据需要和类型，按照一定的顺序摆放，同时还应建立药品购进和使用档案，记录药品的购进日期、数量、用量、日期及使用人员等，从而有利于生产按计划安排进行。

(3) **药品配制间**　药品配制间主要用于配制各种母液，面积为 $15～20m^2$，房间内设立一个实验台，实验台最好用抗盐酸台面，且要牢固、平稳，主要放置磁力搅拌器、电子天平、玻璃器皿柜、冰箱等。实验台的抽屉内要存放称量药品用的药匙、硫酸纸、毛刷、吸水纸、玻璃棒等相关用品。在房间的一角装通风橱，以排放有毒、有害气流。

(4) **培养基制作间**　培养基制作间主要用于培养基的制作与灭菌。制作间面积大约为 $80m^2$，制作间内应有大型实验台及高压灭菌锅、电热干燥箱、液化煤气炉、电炉、移液架、培养基灌装机、微量可调移液器、酸度计、蒸馏水器、恒温培养箱、冷藏柜等。

(5) **接种间**　接种间也称无菌接种室，主要用于试管苗的继代培养转接无菌操作。主要的设备是超净工作台、空调，面积在 $40～60m^2$。要求房间内干爽安静，最好用水磨石地面或石砌块地面、白瓷砖墙面和防菌漆天花板等。在房间内位置适当处安装紫外灯，使每个方位都能得到消毒灭菌，每天进行紫外线消毒。

在接种间与外界或其他房间衔接处，隔出一个小缓冲室，工作人员进入接种间前需在缓冲室里换上无菌工作服、拖鞋、戴上口罩、防尘帽等。房间内安装一盏紫外灯，用来进行衣服、拖鞋、工作帽等物品的消毒灭菌。

(6) 无菌培养间　无菌培养间是用于试管苗培养的场所。主要设备有培养架、培养摇床、空调等。面积在 $120\sim200m^2$。最好与无菌操作间相邻，试管苗转接后能及时地运送到培养间培养。

(7) 观察检测间　进行组培苗的观察和检测，主要有显微镜、离心机、酶标定仪、电泳设备、解剖镜等。

(二) 试管苗移栽设施与设备

1. 试管苗移栽设施

试管苗移栽的保护地设施见项目四，具体面积及造价见表11-3。

表11-3　试管苗工厂化生产中移栽设施一览表

序号	名　称	面积/m^2	单价[①]/(元/m^2)	金额/万元
1	温室	1000	200	20
2	塑料大棚	1300	100	13
3	防虫网	2500	15	3.75
4	锅炉房	30	800	2.4
5	仓库	100	800	8

① 以佳木斯地区 (2010) 市价计。

2. 试管苗移栽设备

(1) 基质处理设备　试管苗移栽前要进行基质的混配、消毒、装盘等工序。因此需要有基质消毒机、基质搅拌机、传输系统以及装盘机。

① 基质消毒机　基质消毒机实际上是一台小型蒸汽锅炉，通过生产蒸汽对基质进行消毒。根据锅炉的产汽压力及产汽量在基质消毒机内筑制一定体积的消毒池，池内连通带有出汽孔洞的蒸汽管，设计好进出料口，使其封闭，留有一个小孔，插入耐高温的温度计，以观察基质消毒的温度。

② 基质搅拌机　基质搅拌的目的就是使混配的基质混合均匀，打破结块的基质，以免影响装盘的质量。

③ 装盘机　混匀后的基质通过传输系统进入装盘机完成基质装盘和镇压。

(2) 试管苗移栽设备

① 育苗盘　育苗盘多用塑料制成，既可用于组培苗移栽驯化，也可用于扦插小苗。育苗盘易搬运，适于立体的工厂化育苗，可随时移到不同温度、光照的地方。育苗盘多以穴盘为主，规格多种，穴格形状各异，穴格数目不等，穴格容积亦不同，可根据作物择优选取。

② 育苗筒　育苗筒可用塑料制成，也可用纸制作。规格可根据生产需要而定，一般高度 $11\sim13cm$，可重复利用。两种材料的育苗筒育苗效果差别不大。纸筒定植时连同苗木一起栽于田间。露地育苗后期气温高，纸筒水分蒸发快，需水量大，用工较多。由于育苗筒没有下底，苗坨营养土与放坨的土壤接触，具有调节筒内土壤水分和通透性好的优点，苗长势好。

③ 塑料钵　塑料钵有许多种类，按形状分有圆形、方形、六棱形等；按组合可分为单个钵和连体钵。目前应用以单个、圆形塑料钵为多。一般钵的上口直径 $6\sim10cm$，高 $8\sim$

12cm，生产上要根据苗的大小选用相应口径的育苗钵。

④ 泥炭钵　泥炭钵以泥炭为主要原料，附加其他有机物。用制钵机压制成各种类型、式样和型号的营养钵，其通气、保水好，可为幼苗提供均衡的养分，用后解体，分散到土壤中不污染环境，但成本较高。

⑤ 纸钵　用纸浆和亲水性尼龙纤维等制作而成。纸钵展开时呈蜂窝状，由许多上下开口的六棱柱形纸钵连接而成，不用时可以折叠成册。为了使纸钵中的培养土不散开、相邻纸钵间的土块又易分开，在纸钵下要用垫板，垫板要透水性好、不被根穿透、表面要平、有弹性。

三、工厂化生产规模与生产计划制订

生产规模的大小也就是生产量的大小，要根据市场的需求，根据组织培养试管苗的增殖率和生产种苗所需的时间来确定。

（一）试管苗增值率的估算

试管苗的增殖率以芽或苗为单位，但原球茎或胚状体难以统计，多以瓶为单位。增值率的计算包括理论计算和实际计算。

1. 试管苗增殖率理论值计算

理论增殖率值是指接种一块芽或增殖物经过一段时间的培养后所得到的芽或苗数。估算方法一般以苗或瓶为计算单位。年生产量（Y）决定于母株苗数（m）、每个培养周期增殖的倍数（X）和每年可增殖周期次数（n），其公式为：

$$Y = mX^n$$

如果每年增殖 8 次（$n=8$），每次增殖 4 倍（$X=4$），每瓶 8 株苗（$m=8$），全年可繁殖的苗是：$Y = 8 \times 4^8 = 52$（万株）。

该公式还可以作为制订年生产计划的依据。如在葡萄试管苗生产中，若一株无菌苗每周期增殖 3 倍，一个月为一个繁殖周期，那么，自当年 9 月至翌年的 3 月，欲培育 5000 株成苗应当从多少株无菌苗开始培养？根据上述公式可知：$m = Y/X^n$。

将 $Y=5000$，$X=3$，$n=6$ 代入公式 $m = Y/X^n$ 得：$m = 5000/3^6 = 6.86$（个苗）。若把培养物的污染率、试管苗不合格率以及成活率等因素都考虑在内，保险系数应增加一倍，即由 14 个原种无菌苗开始培养，半年后才能生产 5000 株成苗。

2. 试管苗增殖率实际值的计算

试管苗增殖率的实际值是指接种一个芽或转接一个苗，经过一定的繁殖周期所得到的实际芽或苗数。众所周知，每一次继代培养所得到的新苗并非都可利用，在实际生产过程中由于其他因素如污染、培养条件发生故障、移栽死亡等会造成一些损失，实际生产的数量要比估算的数值低。

试管苗实际增殖值的计算方法是通过生产实践的经验积累而获得的。为了使计算数据更接近实际生产值，引入了有效苗和有效繁殖系数等概念。

有效苗指在一定时间内平均生产的符合一定质量要求的能真正用于继代或生根的试管苗。有效繁殖系数是指平均每次继代培养中由一个苗（或芽段）得到有效新苗的个数。有效苗率则是指有效苗在繁殖得到的新苗数中所占的比率。

若设 N_e 为有效苗数，N_0 为原接种苗数，N_t 为新苗数，L 为损耗苗数，C 为有效繁殖系数，P_e 为有效苗率，则有：$N_e = N_t - L$

$$P_e = N_e/N_t$$
$$C = N_e/N_o = P_e N_t/N_o$$

假设 m 个外植体连续培养 n 次继代繁殖后所获得的有效试管苗（Y）为：
$$Y = mC^n = m(N_e/N_o)^n = m(P_e N_t/N_o)^n$$

如一株高 6cm 的马铃薯试管苗，被剪成 4 段转接于继代培养基上，30d 后这些茎段平均又再生出 3 个 6cm 高的新苗，其中可用于再次转接繁殖的苗为新生苗的 85%。如此反复培养 4 个月，可以获得马铃薯的试管苗为：

将已知 $m=1$；$N_t = 4 \times 3 \times 4 = 48$；$n = (4 \times 30)/30 = 4$；$P_e = 85\%$；$N_o = 4$ 代入公式 $Y = m(N_t P_e/N_o)^n$ 得：
$$Y = m(N_t P_e/N_o)^n = 1 \times (48 \times 85\%/4)^4 = 10824（株）$$

所得到的有效试管苗要成为合格的商品苗，还需要经过生根培养、炼苗与移栽等程序，其中也存在一定消耗。若有效生根率（有效生根苗占总生根苗的百分数）为 R_1，生根苗移栽成活率为 R_2，成活苗中合格商品苗率为 R_3，那么，m 个外植体经过一定时间的试管繁殖后所获得的合格商品苗总量（M）为：
$$M = Y R_1 R_2 R_3$$

如前面提到马铃薯试管苗的有效诱导生根率为 85%，移栽成活率为 90%，合格商品苗的获得率为 90%。那么经过继代培养所获得的试管苗最终可以培养出 $M = Y R_1 R_2 R_3 = 10824 \times 85\% \times 90\% \times 90\% = 7453$（株）合格的商品苗。

（二）生产计划的制订

生产计划的制订是进行试管苗规范化生产的关键，生产量不足或过剩都会带来直接的经济损失。制订生产计划虽不是一件很复杂的事情，但需要考虑全面、计划周密。

1. 生产计划制订的依据

（1）市场需求及生产条件　要根据市场对某种植物的需求量、实验室的规模及生产条件，制订与之相适应的生产计划。

（2）供货数量　如有订单则根据订单制订计划，生产数量应比计划销售的数量增加 20%～30%。若没有订单一般要限制增殖的瓶苗数，并有意识地控制瓶内幼苗的增殖和生长速度。可通过适当降温或在培养基中添加生长抑制剂和降低激素水平等方法控制，或将原种材料进行低温或超低温保存。

（3）供货时间及供货方式　根据订单或市场预测确定苗木生产数量后，尤其是直接销售刚刚出瓶的组培苗或正在营养钵（苗盘）中驯化的组培幼苗，必须明确供货时间，同时要确定是集中供货还是分批供货，根据具体供货要求和时间具体安排生产计划。

2. 工厂化生产计划制订

（1）通过市场调查或根据供货要求了解具体供货的数量、供货时间。

（2）制订工厂化生产的工艺流程。

工厂化生产的工艺流程是制订生产计划的重要依据。拟定工艺流程，又要根据植物组织培养的技术路线。以葡萄为例，其工厂化生产工艺流程见图 11-2。

（3）快速繁殖安排

① 如果供苗时间比较长，从秋季到春季可分期分批出苗，则可在继代增殖 4～5 代后一边增殖一边诱导生根出苗（表 11-4）。

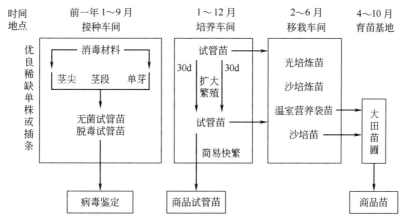

图 11-2 葡萄试管苗工厂化生产工艺流程

表 11-4 组培苗生产计划方案一（引自吴殿兴，2004）

继代次数	继代增殖苗	诱导生根苗
	种苗×增殖系数×（1－污染损耗率）	绿茎数×生根率×（1－污染损耗率）
0	50×5×（1－5%）≈237	
1	237×5×0.95≈1125	
2	1125×5×0.95≈5343	
3	5343×5×0.95≈25379	
4	25379×5×0.95≈120550	
5	120550×3×0.95≈343567①	
6	120000×3×0.95≈342000	223567×0.7×（1－5%）≈148672
7	120000×3×0.95≈342000	222000×0.7×0.95≈147630
8	120000×3×0.95≈342000	222000×0.7×0.95≈147630
9	留 100～200 芽作种苗保存	＞222000×0.7×0.95≈147630
合计		＞591562

① 约 1/3 继续增殖壮苗，2/3 用于诱导生根，保险起见继代周期按 40d 算。

② 如果供苗时间集中，但又有足够长的时间可供继代增殖，则可以连续多代增殖，待存苗达到足够数量后，再一次性壮苗、生根，集中出苗（表 11-5）。

表 11-5 组培苗生产计划方案二（引自吴殿兴，2004）

继代次数	继代增殖苗	诱导生根苗
	种苗×增殖系数×（1－污染损耗率）	绿茎数×生根率×（1－污染损耗率）
0	50×5×（1－5%）≈237	
1	237×5×0.95≈1125	
2	1125×5×0.95≈5343	
3	5343×5×0.95≈25379	
4	25379×5×0.95≈120550	
5	120550×5×0.95≈572612①	120000×0.7×（1－5%）≈79800
6	452612×3×0.95≈1289944	859962×0.7×0.95≥571874
合计		＞651674

① 其中约有 1/5 绿茎已符合生根要求，可用于诱导生根，保险起见继代周期按 40d 算。

③ 如果接到供货订单较晚，离供苗时间很短，这时往往需要增加种苗基数，同时在前

期加大增殖系数（表 11-6）。

表 11-6　组培苗生产计划方案三（引自吴殿兴，2004）

继代次数	继代增殖苗	诱导生根苗
	种苗×增殖系数×（1-污染损耗率）	绿茎数×生根率×（1-污染损耗率）
0	500×8×（1-5%）≈3800	
1	3800×8×0.95≈28880	
2	28880×8×0.95≈219488	
3	219488×3×0.95≈625540①	
合计		417027×0.7×0.95≈277323

① 约 1/3 继续增殖壮苗，2/3 用于诱导生根，增殖系数一般控制在 3～8，保险起见继代周期按 40d 算。

（4）根据快繁的具体安排、生产量及每瓶接种株数、工作效率等计算需培养瓶用量、培养基用量、培养架用量、用工数及相关材料用量，以防止生产中出现人力和设备的不足导致材料积压老化。

3. 工厂化生产计划的实施

工厂化生产主要包括品种选育和母株培育、离体快速繁殖、组培苗驯化、苗木传送和运输、苗木检测。

（1）品种选育与母株培育　根据需要选择有市场需求、发展潜力大、品种典型、纯度高、生长健壮、无病虫害的植株，建立材料和原料培育圃，最好在保护地设施下培育健壮母株。

（2）离体快速繁殖　离体快速繁殖要经过无菌苗建立（包括外植体选择、消毒、接种与脱分化培养）、继代快速繁殖及生根等工序（具体见项目三）。工厂化快速繁殖生产具体安排见"2. 工厂化生产计划制订"。

（3）组培苗的驯化移栽

① 组培苗驯化设施选择　见项目四。

② 基质的选用与消毒　见项目四。

③ 场地及工具消毒　组培苗移栽场地及所用工具必须消毒，一般采用化学药剂消毒。工具通常采用 800 倍液的高锰酸钾浸泡。

④ 营养液配制

a. 营养液配方　植物种类、品种不同所需的矿质元素种类、浓度及比例不同。国内常见的配方如表 11-7 所示。

表 11-7　国内常用营养液配方（引自刘振祥，2007）　　　单位：mg/L

药品名称	果菜配方（1990）	番茄配方（1990）	叶菜 A 配方（1990）	叶菜 B 配方（1990）	豆科配方（1990）	西瓜配方（1978）	番茄-辣椒配方（1978）
四水硝酸钙	472	590	472	472	—	1000	910
硝酸钾	404	404	267	202	322	300	238
硝酸铵	—	—	53	80	—	—	—
磷酸二氢钾	100	136	100	100	150	250	185
磷酸氢二铵	—	—	—	—	250	—	—
硫酸钾	—	—	116	174	—	120	—
七水硫酸镁	246	246	264	246	—	250	500

b. 营养液的配制方法　可以采用直接配制或先配成母液再稀释成工作液。直接配制根

据上述营养液配方中配制 1L 营养液所需的各种化肥的量与实际配液量进行换算，算出具体用量，将各种肥料称取后分别溶解，倒入贮液池中。母液配制可参考项目二培养基母液的配制方法，然后将母液稀释成工作液。

c. 调整 pH　大部分营养液的 pH 值在 4.5～6.5，以 5.5～6.5 为最适。为控制营养液适宜的 pH 值，配制好的工作液首先应测 pH 值，如 pH 值过高，可加入硫酸或盐酸，如 pH 值过低可加入氢氧化钾进行调整。

d. 水质及其盐含量　配制营养液时对水质有一定的要求，其中水的硬度最好低于 15°，溶解氧高于 4～5mg/L，杂质不能过多，无污染，一般采用井水、河水或雨水；同时营养液配制完成后要测定总盐含量，以不超过 200～400mg/L 为限，因此在沿海或盐碱地区，使用前应对水质进行盐分测定。

⑤ 组培苗移栽　见项目四。

⑥ 组培苗驯化管理　见项目四。

⑦ 成苗管理　见项目四。

(4) 苗木传送与运输

① 运输的育苗方法及苗龄　为便于运输，育苗时必须注意以下几项。

若采用水培及基质培（砂砾、炉渣等作基质）进行育苗，起苗后根系全部裸露，须采取保湿及保护等措施，否则经长途运输后成活率会受到影响；采用岩棉、草炭作为基质进行育苗，既保湿又有利于护根，效果较好；穴盘育苗法基质使用量少，护根效果好，便于装箱运输，近些年来推广应用较多。

苗龄方面，一般远距离运输应以小苗为宜，尤其是带土的秧苗。小苗龄植株体积小，叶片少，运输过程中不易受损，单株运输成本低。但是在早期产量显著影响产值的情况下，为保护地及春季露地早熟栽培培育的秧苗必须达到足够大的苗龄才能满足用户要求。

② 包装　包装箱的质量可因苗木种类、运输距离不同而异。为降低成本，近距离运输可用简易的纸箱或木条箱，以降低包装成本；远距离运输要多层摆放，充分利用空间，应考虑箱的容量、箱体强度，以便经受压力和颠簸。

③ 运输工具　运输工具根据运输距离而定，距离近的可用小型运输车；距离远的需依靠火车或大容量汽车。对于珍贵苗木或紧急要求者也可空运。

④ 运输适温　一般植物苗木运输需低温条件（9～18℃）。运输果菜秧苗（番茄、茄子、辣椒、黄瓜等）的运输适温为 10～21℃，低于 4℃ 或高于 25℃ 均不适宜。因此，在长距离运输中最好选用具有调温、调湿装置的汽车。

⑤ 运输前准备

a. 确定具体起程日期　育苗企业按照销售合同和生产量确定具体的送货日期后要及时通知育苗场及用户。注意天气，做好运前的防护准备。如在冬春季运输，应做好秧苗防寒防冻准备。起苗前几天最好进行种苗锻炼，以增强种苗抗逆性。

b. 种苗包装　运前种苗包装工作应快速进行，尽量缩短时间，减少种苗的搬运次数，将苗损伤减少到最低。

c. 根系保护及根系处理　水培苗或基质培苗，取苗后基本上不带基质，根据苗的大小，可由数十株至上百株扎成一捆，用水苔或其他保湿包装材料将根部裹好再装箱。穴盘苗运输前，应先振动种苗，使穴内苗根系与穴盘分离，然后将苗取出，带基质摆到箱内，也可将苗基部营养土洗去后，蘸上用营养液拌和的泥浆护根，再用塑料膜覆盖保湿，以提高定植后的

⑥ 运输　苗运输应快速、准时。远距离运输中途不宜过长时间停留。运到地点后应尽早交给用户及时定植。如用带有温湿度调节的运输车运苗，应注意调节温湿度，防止温湿度过高或过低损害种苗。

(5) 苗木质量检测　苗木质量检测是保证苗木质量和保护种植者利益的重要环节，也是确定苗木价格的重要依据。我国组培苗商品化生产起步晚、规模小，组培苗的质量检测标准尚不完善。目前，组培苗质量检测主要有以下几方面。

① 商品性状
　a. 苗龄　苗龄相对较大，早熟性较好，质量较高，则定级高。
　b. 农艺性状　农艺性状包括叶片数、生长状况、株高、茎粗、植株展幅等，根据不同作物要求定级。
② 健康状况　检测是否携带流行病菌、真菌、细菌、病毒等（详见项目五）。
③ 遗传稳定性　检测的内容主要是试管苗是否具备品种的典型性状、是否整齐一致，并采用 RAPD 或 AFLP 法对快繁材料进行"指纹"鉴定，以确定其遗传稳定性。

四、成本核算与效益分析

（一）成本核算的方法

1. 直接生产成本

直接生产成本包括培养基配制药品费、工人工资、水电消耗费以及各种易耗品（如消毒剂、刀具、纸张、记号笔、玻璃器皿、日光灯管、劳保用品等）消耗费等。按年生产 100 万株组培出瓶幼苗计算，全部生产过程（包括无菌材料培养、继代扩繁培养、诱导生根培养、试管苗的清洗等）的直接生产成本约为 303684 元（表 11-8）。

表 11-8　生产 100 万株组培出瓶苗成本估算（引自刘振祥，2007）

项目	总费用/元	每株费用/元	相对百分数/%
培养基成本（MS）	36473.48	0.036	12
接种成本	88592.50	0.089	29.17
培养成本	147618.24	0.148	48.62
清洗包装成本	15000.00	0.015	4.94
消毒成本	15000.00	0.015	4.94
其他	1000.00	0.001	0.33
合计	303684.22	0.304	100

2. 固定资产折旧

按年产 100 万株试管苗的生产规模，组培工厂的固定资产（包括厂房、基本仪器设备等）投资总金额约 140 万元。若按年均 5% 的折旧率推算，生产 100 万株试管苗固定资产折旧金额约 7 万元，每株出瓶组培幼苗将增加成本费 0.07 元。

3. 市场营销和经营管理开支

如果再加上市场调查、经营与管理等各种经费，按试管苗原始成本的 30% 计算，每株组培幼苗的成本又会增加 0.10~0.18 元。

此外，生产项目的科研开发经费或技术转让经费也是组培苗生产成本的一部分，若每年以 5 万元计，每株组培幼苗的成本将再增加 0.05 元。

以上各项成本费累计计算，每株组培出瓶幼苗的成本约 0.52~0.60 元。但目前组培苗多是以移栽后的成苗作为商品苗出售。若瓶苗的有效苗率为 90%，移栽成活率和移栽后成苗商品合格率均为 95%，那么，100 万株瓶苗通过移栽所得的合格商品苗为 812250 株，每株成本约 0.85~0.90 元（表 11-9）。

表 11-9　生产 80 万株合格商品苗成本估算（引自刘振祥，2007）

项　目	数量	单价	总费用/元	每株费用/元	相对百分数/%
瓶苗成本	—	—	529284.86	0.6516	76.74
移栽成本	—	—	—	—	23.26
其中：育苗容器	100 万	0.025 元	2500	0.031	0.37
移栽基质	500 方	25 元/方	12500	0.0154	1.81
人工工资	9 人	5600 元/年	50400	0.0620	7.30
基建设备折旧	—	—	80000	0.0985	11.6
加温、用水费等	—	—	15000	0.0185	2.18
合计	—	—	689684.86	0.8491	100

若每株定价 2.5 元出售，年可盈利 812250×2.5 元－689684.86 元＝1340940.14 元。从上述两表分析可知，在组培苗成本构成中，试管苗移栽成本、接种成本和培养成本所占的比重较大。因此，实际生产中应该从这些工作环节中挖掘潜力，以降低生产成本。

（二）效益分析

1. 成本核算

从表 7-8，7-9 中可以看出，瓶苗成本较高，其中接种成本及培养成本较高。要降低成本，首先要提高经营者的管理水平、操作工的技术熟练程度，提高生产效率。组培室的加温、降温及人工光照明要充分利用当地的自然条件。

2. 产销对路

一方面根据市场的需求，另一方面引进畅销的名、特、新、优植物品种，快速繁殖种苗，抢占市场，形成批量生产，降低成本，提高经济效益。

3. 规模生产

在一定的条件下，植物组织培养生产规模越大，生产成本越低，利润越高。

总之，植物组织培养工厂化生产，一定要结合市场的需求情况，形成一定的生产规模，降低成本，才能提高经济效益。

五、降低成本提高效益的措施

1. 制订有效的工艺流程、熟练操作技术

组培工厂化生产中要按照工艺流程操作，按计划生产，且技术路线要成熟，操作工转接苗操作熟练，每天转接苗 1000~1200 株，污染率不能超过 1%；培养苗按繁殖周期生产；炼苗成活率要达到 80% 以上，如此可降低成本，提高生产率。

2. 减少设备投资，延长使用寿命

试管苗生产需要一定的设备，但设备购置必须有计划有目的地进行，不能盲目购进。同时对仪器设备要经常检修、保养，避免损坏，延长使用寿命，这也是降低成本提高经济效益的一个重要方面。

3. 使用廉价的代用品、降低消耗

试管苗繁殖中使用大量培养器皿，加上这些器皿易损耗，费用较大。因此，生产中除备有一部分三角瓶供做试验用之外，其他培养瓶可用果酱瓶代替。组培药品中的蔗糖可用食糖代替。

4. 节约能源

水电费在试管苗总生产成本中也占有较大比重，节约水电开支也是降低成本的一个主要途径。试管苗增殖生长均需一定温度、光照，应尽量利用自然光照和自然温度。制备培养基用自来水、井水、泉水等代替无离子水或蒸馏水，以节省部分费用。

5. 降低污染率

试管苗繁殖过程中要注意操作技术的规范性，接种工具消毒要彻底，提高转接苗的成功率。试管苗在培养过程中，培养环境要定期消毒，减少空间杂菌的量。

6. 提高繁殖系数和移栽成活率

在保证原有良种特性的基础上，尽量提高繁殖系数，有利于越低成本。但需要注意中间繁殖体的品种变异现象。

提高生根率和炼苗成活率也是提高经济效益的重要因素，生根率要达到95%以上，炼苗成活率要达85%以上。

7. 发展多种经营，进行横向联合

结合当地的种植结构，安排好每种植物的茬口，发展多种植物试管繁殖。如发展花卉、果树、经济林木、药材等，将多种作物结合起来，以主带副，形成一个灵活的试管苗工厂。同时与科研单位、大专院校、生产单位合作，采取分头生产和经营，相互配合，既可发挥优势，又可减少一些投资。

8. 商品化生产的经营管理

根据市场需求，产销对路，以销定产。市场有需求，便加快产品生产，加快销售，效益就提高。保证产品质量，坚持信誉第一的原则。做好试管苗生产性能示范工作，展示品种特性和种植形式，使用户眼见为实及早接受。坚持使用优良、稀有、名贵品种，多点试验和多点栽培示范，对推广和销售有着重要的意义。

课 后 作 业

1. 工厂化生产需要哪些设备和车间？
2. 怎样计算试管苗繁殖的增殖率？
3. 试制订一个组培苗工厂化生产的年生产计划？
4. 商业化试管苗生产的成本核算包括哪些内容？
5. 核算一种植物年产50万株的成本和利润？
6. 在工厂化生产过程中，降低成本、提高经济效益的措施有哪些？

工 作 任 务

任务1 组培苗工厂化生产厂房设计

一、工作目标

根据组培苗生产特点和规模，学会科学合理地进行组培苗厂房的设计。

二、材料用具

绘图纸、绘图笔、橡皮、笔记本、三角板、直尺、照相机、计算机等，参观小型组培苗生产工厂或观看小型组培苗工厂建造录像。

三、工作过程

(1) 以年产 20 万株组培苗的商业性小工厂为例，参照项目十一内容计算出年生产 20 万株商品苗需要培养的试管苗株数（假设培养物的最初无菌苗株数为 5 株、培养周期为 30d、增殖系数为 4、有效苗率为 85%、有效诱导生根率为 85%、移栽成活率为 90%、合格商品苗的获得率为 95%，供货方式根据具体要求）。

(2) 依据生产量及生产时间计算并确定工作人员（尤其是接种操作人员）用工数和使用设备数量（以每名接种人员日均接种 1000 株、每瓶接种 5 株；一个双人超净工作台占地面积约 $8\sim10m^2$；一个 $1.2m\times0.6m\times1.8m$ 的 5 层培养架占地面积约 $1.5\sim2.0m$，平均每架放置 500 个培养瓶来计算）。

(3) 依据使用设备数量来确定接种室和培养室面积的大小。

(4) 依据规范化组培苗生产车间的构成、经济实力、土地面积与形状以及上述计算出的有关数据等条件，在考虑到生产方便、安全、节省能源与资金等诸多因素的情况下，合理地设计出年产 20 万株组培苗的商业性工厂建房方案，并绘制出平面图。

四、注意事项

(1) 接种室要与培养室相邻，以减少运输环节所造成的污染。

(2) 培养室要最大限度利用自然光。

(3) 接种室必须设有缓冲区域。

五、考核内容与评分标准

1. 相关知识

(1) 有效苗、商品苗计算（10 分）。

(2) 工厂化生产各车间作用、相互间的关系与基本设备（20 分）。

(3) 工厂化生产各车间面积核定（20 分）。

2. 操作技能

(1) 掌握商业性工厂各车间合理布局（10 分）。

(2) 熟练掌握根据生产组培苗量核定接种室和培养室面积（20 分）。

(3) 熟练根据生产量核定仪器设备用量及用工情况（20 分）。

任务 2　组培苗工厂化生产计划的制订与成本核算

一、目标

根据组培苗生产流程、厂家供货要求及供货数量制订科学、合理的组培苗工厂化生产计划，并能够进行成本核算。

二、材料用具

商业性工厂图纸、各车间主要设备及单价、笔、计算器、笔记本等。

三、工作过程

1. 制订工艺流程

根据任务 1 制订年产 20 万株组培苗的工艺流程。

2. 制订生产计划

根据工艺流程、供货方式（根据具体要求）、供货时间为 5 月份（时间充足）制订工厂化生产计划。

3. 成本核算

根据任务1的图纸、现今房价、各车间主要设备及单价等,参考项目十一成本核算相关内容进行成本核算。

四、考核内容与评分标准

1. 相关知识

(1) 组培苗生产的工艺流程(10分)。

(2) 生产计划制订的依据及内容(20分)。

(3) 成本核算的方法(20分)。

2. 操作技能

(1) 熟练掌握组培苗生产的工艺流程(10分)。

(2) 能够根据具体情况制订出科学合理的生产计划(20分)。

(3) 熟练掌握成本核算的方法及内容(20分)。

课程思政资源

参 考 文 献

[1] 朱建华. 植物组织培养技术 [M]. 北京：中国计量出版社，2002.
[2] 谭文澄. 观赏植物组织培养技术 [M]. 北京：中国林业出版社，2000.
[3] 朱建华. 植物组织培养技术 [M]. 北京：中国计量出版社，2002.
[4] 黄晓梅. 植物组织培养 [M]. 北京：化学工业出版社，2011.
[5] 李云. 林花果菜组织培养快速育苗技术 [M]. 北京：中国林业出版社，2001.
[6] 韦三立. 花卉组织培养 [M]. 北京：中国林业出版社，2000.
[7] 熊丽. 观赏花卉的组织培养与大规模生产 [M]. 北京：化学工业出版社，2003.
[8] 曹春英. 植物组织培养 [M]. 北京：中国农业出版社，2006.
[9] 曹孜义，刘国民. 实用植物组织培养技术教程 [M]. 兰州：甘肃科学技术出版社，2001.
[10] 潘瑞炽. 植物组织培养 [M]. 广州：广东高等教育出版社，2000.
[11] 李浚明. 植物组织培养教程 [M]. 北京：中国农业大学出版社，2002.
[12] 刘振祥. 植物组织培养技术 [M]. 北京：化学工业出版社，2007.
[13] 王清连. 植物组织培养 [M]. 北京：中国农业出版社，2002.
[14] 刘庆昌，吴国良. 植物细胞组织培养 [M]. 北京：中国农业大学出版社，2003.
[15] 王蒂. 植物组织培养 [M]. 北京：中国农业出版社，2004.
[16] 曹孜义，刘国民. 实用植物组织培养技术教程. 修订本 [M]. 兰州：甘肃科学技术出版社，2002.
[17] 柏新富，张萍，蒋小满等. 一品红组培苗移栽期叶片生理与解剖变化 [J]. 林业科学，2005，41（6）：11.
[18] 郑必平，徐慧东，刘文. 草莓组培苗移栽驯化技术与优化条件的探讨 [J]. 安徽农业科学，2008，36（22）：9466-9467，9479.
[19] 黄晓梅. 大葱病毒病原鉴定及脱毒苗培养·增殖·农艺性状的研究 [D]. 哈尔滨：东北农业大学，2003.
[20] 梁燕. 大蒜试管苗鳞茎化培养及内源激素的变化 [D]. 哈尔滨：东北农业大学，2005.
[21] 姜玉东. 不同培养条件对分蘖洋葱试管鳞茎形成的影响 [D]. 哈尔滨：东北农业大学，2004.
[22] 徐启江. 分蘖洋葱病毒病原鉴定及脱毒苗培养·增殖技术的研究 [D]. 哈尔滨：东北农业大学，2002.
[23] 洪健. 植物病毒分类图谱 [M]. 北京：科学出版社，2001.
[24] 宗兆峰. 植物病理学原理 [M]. 北京：中国农业出版社，2002.
[25] 黄晓梅. 植物组织培养快繁及脱毒技术 [M]. 哈尔滨：黑龙江人民出版社，2007.
[26] 邱运亮. 植物组培快繁技术 [M]. 北京：化学工业出版社，2000.
[27] 李胜，李唯. 植物组织培养 [M]. 北京：化学工业出版社，2007.
[28] 王存兴. 植物病理学 [M]. 北京：化学工业出版社，2010.